青海九零六工程勘察设计院有限责任公司
青海省地质环境保护与灾害防治工程技术研究中心 资助

大通煤矿沉陷区生态修复技术与实践

魏占玺　谢飞鸿　曹生鸿 等　著

应急管理出版社

·北　京·

内 容 提 要

  本书以大通煤矿为例，详细阐述了沉陷区生态修复关键技术方法。本书内容主要包括大通煤矿采空区物探分析、元树儿煤矿开采岩土层变形数值计算、大煤洞煤矿开采岩土层变形数值计算、小煤洞煤矿开采岩土层变形数值计算、大通矿区地质灾害评价、大通煤矿沉陷区土地平整设计、煤矿沉陷区 InSAR 监测地表变形规律分析等。

  本书可为煤矿企业技术人员提供参考，也可供从事沉陷区生态修复技术的科研人员参考。

著 者 名 单

魏占玺　谢飞鸿　曹生鸿　王凤林　李英钧
董建辉　王　灏　邓晓飞　毋远召　吴启红
马文礼　刘　赟　李东波

前　言

　　煤炭资源是人类生产和生活重要的物质条件，是社会进步和发展的重要动力。煤炭资源作为工业主导能源，对促进工业发展起着重要作用。随着煤炭资源开采量的逐年增加，煤炭开采引发的矿区生态破坏和环境污染问题越来越严重，对矿区经济的可持续发展构成巨大威胁。如何较准确地掌握综采放顶煤在不同地质采矿条件下地表沉陷变化规律，贯彻可持续发展战略，推进生态矿区建设，进行生态恢复和再利用成为国内研究的热点。

　　20 世纪 20 年代开始系统研究矿山岩层与地表移动，1945 年以后主要采煤国家的采矿工程技术人员和科研工作者投入了大量的时间、技术和装备进行此项研究工作，在开采沉陷基本理论和"三下一上"（建筑物下、铁路下、水体下和承压水上）开采方面取得了丰硕成果。20 世纪 90 年代至今，随着科学技术的发展和进步，矿山开采沉陷学科得到了进一步发展，人们已将经典理论的算法编成微机程序，有限元法、边界元法和离散元法均在开采沉陷计算中得到了应用。我国对开采破坏土地的生态恢复始于 20 世纪 60 年代，90 年代我国生态恢复工作有了很大进展，生态恢复理论研究也在兴起，分别在宏观和微观两个方面建立了基本的理论体系。宏观上，复垦决策理论对复垦目标的认识、量化模型的建立、复垦方案的甄选，以及综合评价指标体系等具有重要意义；微观上，主要研究破坏机理和土壤剖面重构原理。此外，多学科交叉理论也被应用在煤矿沉陷区的复垦实践中。

　　本书从具体的工程实际出发，基于青海省西宁市大通煤矿的治理工作，对亟待解决的问题进行研究。西宁市大通煤矿长时间、大规模、高强度的煤炭资源开发对地质环境、生态环境造成了严重破坏，严重制约当地可持续发展和生态文明建设。本书总结分析了煤矿沉陷区的变形现状，对沉陷区进行了地质环境综合分区；利用离散元数值模拟，对煤矿沉陷区的形成机理以及稳定性进行了评价；结合现场踏勘、现场实时监测等方法，查明该地区地质灾害、环境影响的分布特征，开展矿区地质环境风险动态评价，获得地质环境动态演化特征及生态环境修复的关键技术方法。通过跟踪矿山地质环境和生态环境变化，查明矿区地质环境的发展动态和趋势，为西宁市大通县资源枯竭城市采煤沉陷区地质环境治理工程效果评价及生态修复建设等提供基础资料，在提高资源开发利用率的情况下实现资源开发与地质环境保护协调发展。

　　本书共有八章：第一章、第三章由青海省环境地质勘查局魏占玺撰写，共计9万字；第二章由青海省环境地质勘查局曹生鸿撰写，共计2.1万字；第四章由青海省环境地质勘查局魏占玺、成都大学谢飞鸿撰写，其中魏占玺撰写2万字、谢飞鸿撰写5万字；第五章、第六章由成都大学谢飞鸿撰写，共计11.3万字；第七章由青海省环境地质勘查局王凤林撰写，共计5.6万字；第八章由青海省环境地质勘查局曹生鸿、李英钧撰写，其中曹生鸿撰写5万字、李英钧撰写5万字。本书由青海省环境地质勘查局赵振校稿。

　　在本书编写过程中，得到了青海省环境地质勘查局马文礼、王灏、刘赟、邓晓飞、毋远召、李东波，成都大学董建辉、吴启红、杨何、董阳丹等的帮助，在此表示衷心的感谢。

　　对本书引用的参考文献的作者及相关单位表示感谢；特别感谢青海九零六工程勘察设计院有限责任公司、青海省地质环境保护与灾害防治工程技术研究中心给予的帮助。

　　由于水平有限，书中难免存在疏漏之处，请读者批评指正。

著　者

2022年8月

目　　次

第一章 绪 论

20 世纪 70 年代末实行改革开放以来，中国的能源事业取得了长足发展。目前，中国已成为世界上最大的能源生产国，形成了煤炭、电力、石油天然气以及新能源和可再生能源全面发展的能源供应体系，能源服务水平大幅度提升，居民生活用能条件极大改善。煤炭是我国的主要能源，根据调研，截至 2014 年底全国共有煤矿 10683 处。长期以来，煤炭消费在我国一次性能源结构中的比例始终保持在 70% 以上，据预测，到 2030 年煤炭仍占一次能源消费总量的 50% 左右，说明在未来相当长的时间内煤炭消费量仍然很大。我国约 90% 的煤炭开采属于井工开采，井工开采平均深度近 500m，每年还以 20m 的速度向下延伸，煤层赋存及开采条件复杂，地下矿产资源开采必然会引起上覆岩层变形和破坏，进而导致地表沉陷。随着煤层开采深度的不断增加，必然会形成较大的采空区，打破原岩应力平衡，同时，一些采空区会引发一系列的矿山地质灾害，在沉陷区地表会产生地裂缝与不稳定斜坡。据统计，由于煤炭开采造成耕地每年减少，耕地大面积沉陷，给开采区农业造成极大影响，破坏原有的生态环境，进而出现一系列的社会问题。可见开采沉陷区严重制约当地的经济发展，威胁沉陷内居民的人身财产安全。

青海省西宁市大通县重点采煤沉陷区地处北川河流域，在长期的地面沉陷、人类取土开挖情况下，形成不稳定斜坡，造成地质环境破坏。同时因采煤形成的历史遗留渣堆长期压占土地资源，使部分土地资源无法有效利用，严重影响当地生态环境。区域内地形起伏大，下游沟口人口居住密集，人类生产和经济活动频繁，地质环境、生态环境脆弱，这些条件决定了自然与人为诱发的各类地质灾害频繁发生。由地下采空塌陷作用诱发的环境地质问题和人工地面开采形成的地质现象主要为沉陷和不稳定斜坡，当雨水降渗及暴雨出现时，就会导致沟谷与丘陵交接部位滑坡与塌陷地质灾害频繁发生。

为了防止和减轻地质灾害致灾程度，改善村民生产生活条件，保障经济可持续发展，在对大通县重点采煤沉陷区地质灾害现象进行防治勘查的基础上，分析沉陷区的变形破坏机理，总结沉陷区的影响范围及影响程度分级；追踪已经治理的沉陷区地质环境整治与生态修复的关键技术方法；采用遥感与 InSAR 监测技术，通过卫星轨道传送数据获取近年来该区域的地表沉降变化量，研究调查沉陷区生态修复动态状况，评价总结矿区环境整治与生态修复的关键技术方法，分别提出对矿山地质不同灾害区域的防治对策，提升高寒矿区地质环境评价和生态环境修复能力，为大通煤矿矿山地质环境保护、恢复治理提供理论参考依据。研究煤矿开采沉陷的动态变化过程，对该地区沉陷区域灾害的防控和防治具有重要的理论意义和现实工程应用价值。

大通煤矿长时间、大规模、高强度的煤炭资源开发对地质环境、生态环境造成严重破坏，严重制约当地可持续发展和生态文明建设。总结分析煤矿沉陷区的变形现状，对沉陷区进行灾害分区，并利用三维数值模拟手段，对煤矿沉陷区的形成机理以及稳定性进行评价，将数值模拟与沉陷区 InSAR 监测相结合，利用 InSAR 监测技术对沉陷区的沉降进行分析；对煤矿沉陷区进行土地平整设计治理与设计规划，因地制宜地对平整土地还林耕作，实现了农业生产规模的增加并提高了农产值收入；有效增加耕地面积，解决了耕地面积趋势不足的问题；结合现场踏勘、3S 技术、无人机测量、现场实时监测等方法，查明了该地区地质灾害、环境灾害的分布特征，开展矿区地质环境风险动态评价，获得地质环境动态演化特征及生态环境修复的关键技术方法。

通过跟踪矿山地质环境和生态环境变化，查明矿区地质环境的发展动态和趋势，为西宁市大通县资源枯竭城市采煤沉陷区地质环境治理工程效果评价及生态修复建设等提供基础资料，在提高资源开发利用率的情况下实现资源开发与地质环境保护协调发展。

一、国内外研究现状及发展动态分析

（一）高寒区煤矿采动破坏机理研究现状

近年来，煤矿开采活动越来越多，诱发的地质灾害随之增加。当开采遇到特殊条件时，开采难度加大，诱发地质灾害的破坏机理也变得十分复杂，如在高海拔寒冷地区开采。

张宏刚为了建立多年冻土区露天煤矿软弱夹层强度与冻融循环的关系，获取相互之间的变化规律，借助三轴压缩试验对木里露天煤矿软弱夹层在增湿与冻融条件下的冻融损伤进行了试验研究。结果表明：软弱夹层强度参数黏聚力、内摩擦角及弹性模量随着含水率的增加均逐渐降低且呈幂函数关系，泊松比与含水率呈类线性关系；强度参数随着冻融循环次数的增加仍呈明显下降的趋势且呈指数函数关系。

徐拴海通过多年的冻土地质和水文调查以及地温监测，分析研究了多年冻岩露天煤矿边坡岩体的赋存状态，提出了冻结岩土体的 3 种赋存模式；基于地温分布规律概化了地温分布模型。结合边坡类型，调查研究了边坡的冻融破坏规律和现象，首次提出了冻岩（土）边坡冻融破坏的 5 种基本模式；通过室内控温试验阐释了饱和岩石在冻融环境下的温度场分布特征与热量传递规律，提出了可完整表述岩石冻结、融化 3 阶段的温度模型。通过岩石 CT 试验获得了变温过程中岩石微裂隙扩展的实证，提出并建立了"微裂隙扩展因子"，并在此基础上结合质量守恒、能量守恒和内力平衡原理，推导了岩石温度场、水分场、应力场（裂隙场）的时域解析方程，揭示了岩石温度场对岩石裂隙应力场、裂隙扩展的耦合机理。通过系统的冻融循环试验，阐明了典型岩样的力学性质和冻融劣化规律，并结合冻融过程中 CT 细观监测、声波及微裂隙测试，揭示了岩石冻融损伤的内在机理，建立了以微裂隙扩展因子为变量的岩石冻融损伤模型。

田延哲采用离散元数值模拟方法，建立了高陡地形条件下煤层采动数值计算模型，利用水平位移云图和纵向位移云图分析煤层重复采动诱发岩质斜坡变形的渐进破坏过程，得出了高陡山体下重复采动诱发坡体崩塌经历 3 个阶段，即煤层初始变形阶段、重复采动导致坡体不均匀沉陷开裂阶段、坡体整体失稳垮塌阶段。同时得出了坡体的不均匀变形引起整个坡体不同位置产生不同形式的破坏，坡表的最终失稳形式有滑坡和崩塌 2 种形式，主要由坡体的原始地形坡度和地层岩性决定。

董金玉、黄平路等利用有限元数值模拟研究了采矿导致的山体崩塌机理，提出了崩塌形成力学研究理论；邓广哲、陈智强等对矿区开采与地表移动变形和高边坡崩塌灾害演化形成机理进行了分析，其结论对高陡山体边坡灾害防治具有一定的参考价值；王超等采用物理模拟手段深入分析了地下采矿引起的地表变形陷落特征和采空区围岩的变形、破坏特征，获得了许多数值模拟研究无法得到的颇具启发性的全新认识；涂鹏飞通过物理模型试验对三峡链子崖危岩体的变形机制进行了研究，认为随着开采工作面的推进，采空区上覆岩体在垂直方向和水平方向上均会产生张性裂缝，破坏了坡体的整体性。

朱卫兵综合采用理论分析、数值模拟与物理模拟试验、现场实测等方法，对神东矿区浅埋近距离煤层重复采动关键层结构失稳与动载矿压机理进行了深入研究，应用理论研究成果提出了近距离煤层重复采动关键层结构失稳控制与防范措施，通过危险区域预测、周期来压位置预测及工作面支护质量监测等保障工作面的安全回采。成小雨以高应力采区软岩煤巷为研究对象，综合采用现场调研、实验室试验、数值模拟、理论分析和现场工业性试验等研究方法，对高应力软岩煤巷的失稳机理及加固技术进行了系统研究，在一定程度上缓解了高应力软岩煤巷治理难题。曹广远等研究了工作面支架失稳给矿井带来的诸多不安全因素，采用理论分析、公式计算的研究方法，通过构建二维平面模型，分析了支架下滑和倾倒的主要影响因素，研究得出：支架下滑失稳的影响因素是支架自重和支护阻力，支架倾倒失稳主要与支架宽度、支架重心高度、支架高度以及支护阻力有关，分析了各个因素对支架稳定性的影响。于斌等针对大同矿区石炭系特厚煤层综放工作面周期性发生的液压支架立柱大幅度下缩甚至压死支架的工程技术难题，采用理论分析与现场实测方法，研究了特厚煤层开采远场覆岩结构失稳机理。

国外学者 Tulu. I. B. 等应用理论和数值分析方法，研究了上覆岩层厚度和采空区跨度对矿柱应力的影响。N. P. KriPakov 等运用 ADNIA 方法模拟了开采过程中采空区的失稳全过程。

（二）煤矿沉陷区生态环境修复研究现状

近年来，国家特别重视"山水林田湖草"的生态建设方略，习近平总书记提出了"绿水青山就是金山银山"的指导思想。在 2018 年 5 月召开的全国生态环境保护大会上，习近平总书记指出：要把生态环境风险纳入常态化管理，系统构建"全过程、多层级生态环境风险防范体系"。同时，在经济全球化、社会复杂化和自然环境不断恶化的时代背景下，高寒矿区生态环境诱发了多角度的社会问题，使其成为一个不容忽视的重大风险。

时代生态文明建设已上升到国家战略高度，绿水青山就是金山银山，生态环境保护与修复要遵循"山水林田湖草"生命共同体理念，矿山环境治理及生态修复技术研究是煤炭地质研究的重要方向，必须统筹好资源保障与生态环境的关系，以水而定、量水而行，因地制宜，在修复中保护水资源。针对煤矿生态修复治理，国内学者提出了"边采边复"的理念与技术，但大部分是基于低海拔地区的矿山生态修复。近年来，专家学者从高原高寒地区生态修复的现状出发，在加强统一规划、划定生态红线、积极完善生态补偿机制等方面提出了对策建议，并在采坑回填及地表生态恢复、覆土措施、冻土保护及矿山遥感监测等方面做了有益探索，但尚未形成系统化的修复治理体系。

王佟针对以往煤矿开发造成的八大生态环境问题，以煤炭生态地质勘查理论为指导，综合研究并形成了地形地貌重塑技术、土壤重构及植被恢复技术、水系自然连通技术、煤炭资源保护技术、边坡稳定性综合监测技术五大关键技术。综合运用以上技术，对采坑渣山治理、植被恢复、水环境和资源等进行统筹规划，对矿区生态环境进行综合整治，形成了 4 种具有高原高寒特色的生态修复重点治理模式，分别为水系连通、引水代填、关键层再造以及依山就势。杜青松通过对煤矿区地质灾害治理、生态环境恢复和国家矿山公园建设等，在土壤基质处理、草种筛选、栽培技术、混播筛选、喷播技术、推广示范等方面进行集成试验示范研究，得出了"大播量+重施肥+禾草混播+加盖无纺布"是寒区露天煤矿生态修复成功的关键技术。郭光针对西北干旱荒漠区资源枯竭型城市乌海，长期高强度煤炭开采造成土地挖损、占压、植被破坏、荒漠化加剧等生态安全问题，以及当地已治理的土地复垦与生态修复工程技术体系不完善、工程效果差，缺乏科学、规范工程规划设计等问题，以新星矿区为研究区，运用生态学、土地复垦学、水土保持学理论，采用无人机遥感、Arc GIS，结合地面调查方法，在对矿区土地损毁、水资源匮缺、植被破坏、沙尘污染等生态环境影响因素全面调查、分析的基础上，参考国家相关规范、标准，依据生态修复治理规划分区的基本原则与依据，从保障矿区生态安全角度出发，将研究区划分为生态修复保护区、生态修复治理区和生态修复试验示范区。杨惠讨论了采煤塌陷区生态修复效益评估的理论依据，总结出可采用生态经济和循环经济的发展方式，实现采煤塌陷区产业经济、社会、生态环境协调的可持续发展之路。从损毁现状评价、环境影响评价、采空区地质灾害评价、损毁情况预测等4个方面系统地介绍了淮南采煤塌陷区的状况，同时对先前淮南市采煤塌陷区生态修复治理工程进行分析，总结出水系、湿地、种养殖业、工业等4种治理改造模式，提出了生态修复治理工作中存在的问题，为后续生态修复效益评价工作做准备。

二、研究区概况

大通县重点采煤沉陷区位于青海省西宁市大通县东南部，地理位置东经 101°36′ 至 101°40′、北纬 36°56′ 至 36°55′，海拔 2450~2750m，相对高差 300m，属中海拔山地流水侵蚀地貌单元，由小起伏中山和中起伏中山组成。研究区位于大通县重点采煤沉陷区东部，即元树儿村、安门滩村南侧低山丘陵区，行政划属桥头镇管辖，涉及元树儿村和安门滩村两个村。研究区有村庄道路及矿区道路通过，北侧国道 G227（西宁—张掖公路）贯穿桥头镇，交通便利。

（一）水文气象

研究区位于北川河流域属高原大陆性气候。气候垂直变化明显，下游到上游气温逐渐降低，降水逐渐增加，日照时间长，但热量不足，气温日较差较大，降水量充足，但季节分配不均，年季分配很不稳定。根据调查，大通县的年平均气温为 5.0~6.2℃，年平均气温差为 25.3℃，气温平均日较差为 13.2~13.8℃，多年平均降水量在 467.7~662.2mm 之间，多年平均蒸发量为 1252.8~1464.8mm，日照时数为 2570.8~2605h。夏秋季节多东南风，风速较小，冬春季节多西北风，风速较大，平均风速 1.2~1.8m/s，最大风速 11.5m/s，平均无霜期 96.3 天，每年的 11 月至次年的 3 月为冰冻期；出现的最大冻土深度为 137cm，一日最大降水量为 78.8mm（1967 年 8 月 2 日）。降水主要集中在每年的 6~9 月，降水量约占全年降水量的 65% 左右，上游脑山地区降水较多，城关以下降水相对较少。降水入渗使松散坡体极易饱和，一方面增大了松散岩土体容重，另一方面使坡体物理—力学性质降低，降低斜坡的稳定性。

（二）地形地貌

研究区位于湟水流域的大通盆地东南部北川河右侧，研究区地貌总体上可分为侵蚀剥蚀低山丘陵及侵蚀堆积河谷平原。

（1）侵蚀剥蚀低山丘陵：分布于研究区中南部，为大通盆地西南部，海拔 2550～2850m，丘陵后缘切割较浅，切割深度为 100～150m，山坡坡度为 18°～25°，山体浑圆，冲沟大多呈宽浅 "U" 形谷。丘陵区中前缘，切割深度为 120～150m，谷深坡陡，主要由白垩纪、第三纪泥砂岩和第四纪黄土组成，是现代流水侵蚀作用最强的地段。冲沟极发育，冲沟横断面多呈 "V" 形谷，冲沟两侧地形坡度大都为 30°～60°，坎高数米至数十米，局部地段形成临空面，区域内部分村民依山建房，有的居住在坡脚，有的在坡体上部至坡脚依次建房。人类工程活动对地质环境的破坏较严重，为研究区地质灾害及次生灾害易发地带。

（2）侵蚀堆积河谷平原：此地貌沿北川河及其支沟呈带状分布，海拔 2448～2525m，为北川河 II 级阶地，宽度为 200～400m，阶地前缘高出 I 级阶地 3～5m，阶地表面被后期发育的小冲沟分割，构成 II 级阶地的物质除冲积物外，尚有来自河谷两侧丘陵的坡积、洪积、冲洪积物。该区域地形相对平坦、开阔，村庄、工厂、铁路、农田大都坐落于 II 级阶地上。

（三）地层岩性

根据勘查资料，研究区内的地层主要为侏罗系（J）、新近系（N）和第四系（Q）。

1. 侏罗系（J）

出露于研究区内大煤洞垭豁岭滑坡东南侧陡坎、大煤洞不稳定斜坡东侧山嘴处以及小煤洞不稳定斜坡坡脚处，为强风化砂岩，呈灰白色，单层厚度为 0.2～0.8m，中厚层—厚层。表层物理风化作用强烈，岩体较破碎，节理裂隙发育，具有明显的水平层理以及共轭节理裂隙，产状 332°∠22°。

2. 新近系（N）

出露于研究区内立井矿滑坡、黏土场滑坡、安门滩滑坡、小煤洞不稳定斜坡，所有钻孔均有不同程度的揭露，揭露的最大厚度为 51.7m，由棕红色泥岩和砂岩互层组成，表层物理风化作用强烈，岩体较破碎，节理裂隙发育。泥岩呈棕红色，泥质结构，厚层—巨厚层，单层厚度为 0.7～2.6m，具有明显的水平层理以及有石膏充填的垂向节理裂隙；砂岩呈暗红色—青灰色，中层—巨厚层，单层厚度为 0.5～10.4m，产状 209°∠37°。

3. 第四系（Q）

（1）上更新统风积黄土（Q_3^{eol}）。分布于研究区南北两侧丘陵区山体，呈土黄色，稍湿，中密，具有大孔隙，垂直节理发育，0～1.0m 含有大量植物根系及腐殖质，具有自重湿陷性。

（2）全新统杂填土（Q_4^{ml}）。分布于研究区滑坡前缘一带，呈灰黑色，稍湿，稍密，揭露的最大厚度为 6.5m，局部含有大量煤渣以及煤矸石。

（3）全新统滑坡堆积粉土（Q_4^{del}）。分布于研究区滑坡体上，主要由粉土组成，呈土黄色，稍湿，松散—稍密，厚度一般为 2.1～12.8m，表层植物根系较发育，该层由黄土的二次搬运形成，具有湿陷性。

（4）全新统泥石流堆积碎石土（Q_4^{del}）。分布于研究区元树儿泥石流沟道内及沟口，主要由粉土、角砾组成，上部为粉土，下部为角砾，粉土呈土黄色，稍湿，松散—稍密，厚度一般为 2.1～6.8m，表层植物根系较发育。

4. 地质构造

矿区内构造线分为3组：第一组为西北—东南向，构成矿区主要构造线，产生褶皱及断裂，断层为平移断层；第二组大致近于东西向，当与第一组斜交或垂直时，产生褶皱及断裂，断层为逆掩断层或逆断层；第三组大致为东北—西南向，多以正断层形式产生，也有小型的平移断层产生。

1）褶皱

矿区所处的大通盆地呈向斜构造，即以北川河谷为轴部，南北两翼呈近似倾斜（南翼稍后于北翼）。矿区位于大通盆地南缘，元树儿向斜和小煤洞背斜构成矿区内近东西向延展的简单褶曲形态，皆在大通盆地大向斜南翼，形成了矿区主要构造。

小煤洞背斜：地表见于喜鹊岭，两翼被窑街组底部砂砾岩及煤露头线包围，形成一个豆荚状封闭圈。背斜轴向东倾伏，轴面向北歪斜。经勘探及矿井开采证实，背斜横贯全区，其北翼形态完整，南翼则直立倒转，保存不全。在不同深度被断层切割。走向较稳定，总体呈东西向延展，穿顶形态以同心状为主，仅在挤压较紧密处呈尖顶状。

元树儿向斜：地表形态因受F2断层（喜鹊岭断层）切割已不完整，经大通矿务局生产勘探资料证实，在F2断层下盘掩伏着勺状向斜形态，向斜轴的产状与小煤洞背斜相似；北翼陡立，保存不全；南翼形态比较复杂，地层走向与轴向斜交，并向南东方向弯曲，致使以东演变为一个在F1断层夹持下的底面起伏不平的箕状构造。

2）断层

矿区的主要断层为元树儿逆断层（F1平移逆断层）和喜鹊岭逆断层（F2逆断层）。

元树儿逆断层位于大通县元树儿村西部，地表被第四系掩盖，推断其总体呈南北走向，沿牦牛山、老爷山、小石山西侧展布。在老爷山西断层折向西南，并在其下盘形成一个牵引向斜。断层面向东倾斜，断层面（上盘为小峡组，下盘为享堂群）落差大于400m，推测断层在两侧的相对位置达到600~700m。

喜鹊岭逆断层（F2逆断层）西起上甘沟村，向东经喜鹊岭南侧，至元树儿沟口被北川河冲积层掩盖，位于大通县元树儿村北部。倾向310°~352°，倾角60°~81°，规模3.0km。断面北倾，北盘为中侏罗统窑街组第一段，南盘为窑街组第二段。倾向220°，倾角65°，规模3.4km。沿断层见宽达5.0m的破碎带，由板岩、泥岩组成，断层北盘为中侏罗统窑街组，南盘为长城系青石坡组。断层走向变化与向背斜褶曲基本一致，向北倾斜，西陡东缓。

第二章　大通煤矿采空区物探分析

为了研究分析大通煤矿采空区土层变形和采空区积水影响，在采空区现场采用高密度电法和瞬变电磁测深法来探测该区域下方是否存在老空区积水或岩溶水等异常情况。在采空区现场对煤矿水文地质情况进行物探测定，利用数据结果推测和反演出沉陷区的特征，分析其发生的成因机理和影响范围。通过现场调查、室内数值分析研究，明确主沉陷区内变形滞后的关键因素，提出有效治理方法。

第一节　高　密　度　电　法

一、高密度电法勘探原理

高密度电法是以地下被探测目标体与周围介质之间的电性差异为基础，人工建立地下稳定直流电场，依据预先布置的若干道电极采用预定装置排列形式进行扫描观测，研究地下一定范围内大量丰富的空间电阻率变化情况，从而查明和研究有关地质问题的一种直流电法勘探方法。

高密度电法实际上是一种阵列勘探方法，它在二维空间内研究地下稳定电流场的分布，野外测量时，将数十个电极一次性布设完毕，每个电极既是供电电极又是测量电极。通过程式多路电极转换器选择不同的电极组合方式和不同的极距间隔，从而完成野外数据的快速采集。图 2-1 为高密度电法数据采集、处理流程。当电极棒列间距为 Δx 时，测量电极距 $a = nr$。依次取 $n = 1$，$2 \cdots \cdots$ 每个极距依固定的装置形式逐点由左至右移动来完成该投距的数据采集。对于某一极距而言，其结果相当于电阻率剖面法，而对于同一记录点处不同极距的观测而言又相当于一个电测深点。本次物探采用温纳装置高密度电法。

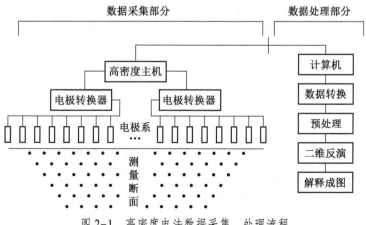

图 2-1　高密度电法数据采集、处理流程

二、高密度电法成果分析

高密度原始数据格式转换后，首先对数据进行预处理，包括剔除坏数据，并对发生严重畸变的数据采用内查插值方法处理，然后建立地形模型进行地形校正；正演计算时采用3种不同的方法进行正演，对比3种效果，选择最优正演结果，采用圆滑约束最小二乘法反演迭代生成反演图像。高密度电法数据处理流程如图2-2所示。

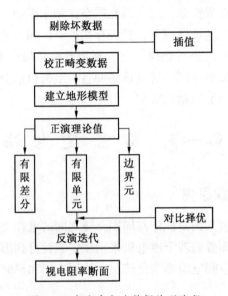

图2-2　高密度电法数据处理流程

根据各测线探测所得电阻率原始数据，加入地形资料进行视电阻率模型反演，并将模型数据正演计算后与原始数据对比得出误差值，数据误差不超过15%即为合格的反演模型。各剖面横轴为各剖面的相对里程（单位为m）也为各剖面的高程（单位为m）。本次解释工作以反演剖面图为依据，结合地质资料及实际情况对各个剖面进行解释，各测线电阻率剖面及其详细解释如下，其中虚线部分推测为岩层界线，岩层界线上方区域推测为塌陷采空区或富水区。

GMD-1测线地形相对较平，从高密度电法反演成果图（图2-3）可以看出，视电阻率总体相对较低。在里程为130~180m时，从地表向下0~35m之间存在明显低阻区，视电阻率小于20Ω·m，推测为相对富水区。

GMD-2测线地形相对较平，从高密度电法反演成果图（图2-4）可以看出，视电阻率总体相对较低。在里程为57~96m时，从地表向下0~28m之间存在明显低阻区，视电阻率小于20Ω·m，推测为相对富水区；在里程为130~230m时，从地表向下0~37m之间存在明显低阻区，视电阻率小于20Ω·m，推测为相对富水区。

GMD-3测线地形相对较平，从高密度电法反演成果图（图2-5）可以看出，视电阻率总体相对较低。在里程为100~230m时，从地表向下0~34m之间存在明显低阻区，视电阻率小于20Ω·m，推测为相对富水区。

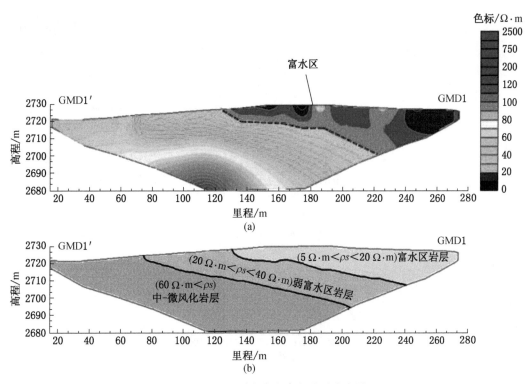

图 2-3　GMD-1 测线高密度电法反演成果图

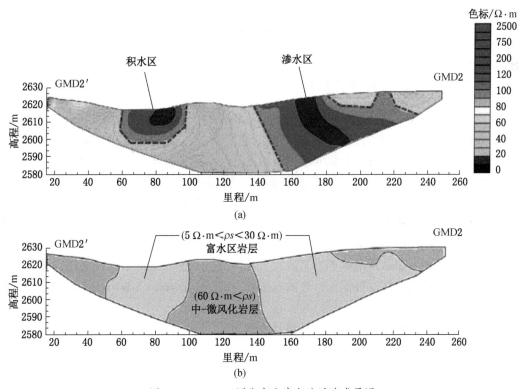

图 2-4　GMD-2 测线高密度电法反演成果图

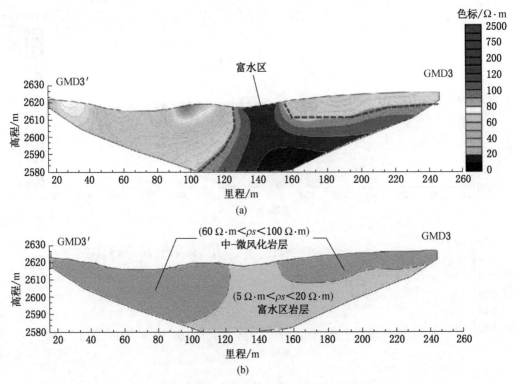

图 2-5　GMD-3 测线高密度电法反演成果图

第二节　瞬变电磁测深法

一、瞬变电磁测深法勘探原理

瞬变电磁测深法（Transient Electromagnetic Method）又称时间域电磁法（Time domain Electromagnetic Method，TEM），属于电磁感应类探测方法，它遵循电磁感应原理。瞬变电磁法机理就是导电介质在阶跃变化的电磁场激发下产生的涡流场效应，即利用一个不接地的回线或磁偶极子（也可以用接地线源电偶极子）向地下发射脉冲电磁波作为激发场源（习惯上称为一次场），根据法拉第电磁感应定律，脉冲电磁波结束以后，大地或探测目标体在激发场源（即一次场）的作用下，其内部会产生感生的涡流，这种涡流有空间特性和时间特性。其大小与诸多因素有关，如目标体的空间特征和电性特征、激发场的特征等，而且会因为热损耗的缘故逐渐减弱直至消失。人们虽然不能直接测量这种涡流的大小，但是可以利用专门仪器观测这种涡流产生的电磁场（称为二次场）的强弱、空间分布特性和时间特性，见式（2-1）。

针对一次脉冲信号所激发的二次场信号表示为

$$V = \frac{\mu_0^{\frac{5}{2}} Mq}{20\pi \sqrt{\pi \rho^{\frac{3}{2}} t^{\frac{5}{2}}}} \tag{2-1}$$

式中　μ_0——磁导率；

　　　M——发送线圈磁矩；

　　　q——接收线圈等效面积；

　　　ρ——地层电阻率；

　　　t——时间。

从式（2-1）可以看出，二次场信号与 $\rho^{\frac{3}{2}}$、$t^{\frac{5}{2}}$ 成反比，即二次场的本质特征是由探测目标的物理性质及赋存状态决定的，其时间特性中，早期信号反映浅部地层地质信息，晚期信号反映深部地层地质信息，时间的早晚与探测深度的深浅具有对应关系。TEM 示波观测波形如图 2-6 所示。

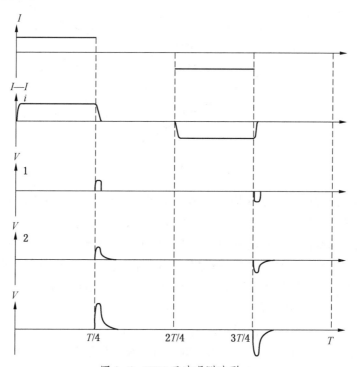

图 2-6　TEM 示波观测波形

一般情况下，探测目标的几何规模越大、埋藏越浅、导电性越好，则二次场的信号越强、持续时间越长；反之，探测目标的几何规模越小、埋藏越深、导电性越差，则二次场的信号越弱、持续时间越短。通过观测、研究"二次场"的空间分布特性和时间特性，可以推测解释地层或地质目标体的几何和物性特征。

当探测地下良导电地质体时，往地面敷设的发送回线中通以一定的脉冲电流，在回线中间及周围一定区域内便产生稳定磁场（称为一次场或激励场），如果一次电流突然中断，则一次场随之消失，使处于该激励场中的良导电地质体内部由于磁通量 Φ 的变化而产生感应电动势 $\varepsilon = -d\Phi/dt$（根据法拉第电磁感应定律），感应电动势在良导电地质体中产生二次涡流，二次涡流又由于焦耳热消耗而不断衰减，其二次磁场也随之衰减，图 2-7 为 TEM 工作原理示意图。

瞬变电磁测深法和其他物探方法相比具有许多优势和特点：

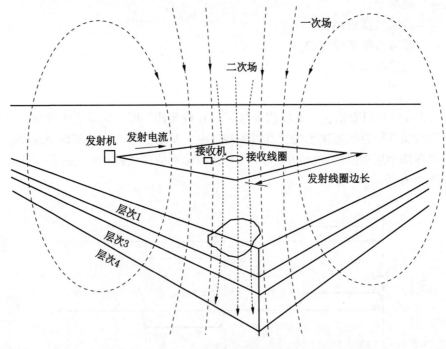

图 2-7　TEM 工作原理示意图

（1）观测和研究的是"二次场"即纯异常场，不存在一次场背景干扰，有异于常规电法（如频率域电磁法）观测综合场的工作方法，使异常简化。

（2）具有穿透高阻覆盖层的能力，优于传导类电法探测。

（3）可以采用同点组合装置进行观测，与探测目标达到最佳耦合，异常响应强，形态简单，对高阻围岩中的低阻体反应敏感，有利于探测低阻地质目标体。

（4）地形影响小，测量简单，工作效率高。

此次瞬变电磁测深法勘探使用的是 V8 多功能电磁法探测仪，该仪器具有抗干扰能力强、测量动态范围大、体积小、功率大、施工方便及测量精度高等特点。

二、瞬变电磁测深法流程

瞬变电磁仪野外观测的是垂直磁感应场的归一化感应电动势 $\Delta V(t)I$ 值，单位为 $\mu V/A$；每个观测点记录的参数为：时间道、采样开始时间、采样窗口宽度、发射电流、归一化感应二次场、转换的磁感应强度值等。

处理野外采集的数据之前，首先逐点对其进行整理或预处理，即检查数据质量，剔除不合格数据，并对其进行编录，整理成专用数据处理软件所需的顺序和格式，再对数据进行滤波，以滤除或压制干扰信号，恢复信号的变化规律，突出地质信息，再利用专用软件反演得到电阻率断面，图 2-8 为处理流程。

三、瞬变电磁测深法成果推测采空区

采用瞬变电磁测深法对煤矿现场水文地质情况进行物探，构建沉陷区的数值分析模

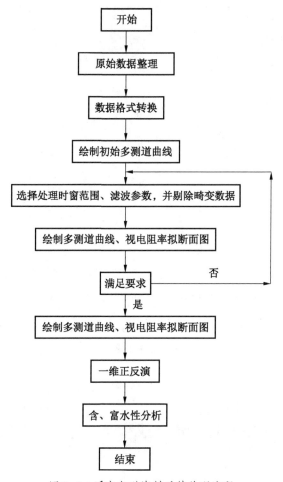

图 2-8　瞬变电磁资料后续处理流程

型，研究和反演沉陷区的特征，分析沉陷发生的成因机理和影响范围，通过现场调查、室内数值分析研究，明确主沉陷区内变形滞后的关键因素，提出有效治理方法。在大通煤矿矿区设置 3 条瞬变电磁剖面线、3 条高密度电法剖面线以探测查明区内含水地质，如岩溶洞穴与巷道、煤矿采空区、深部不规则水体等，并建立地质模型。利用瞬变电磁探测，反演出合理的计算模型，推测出塌陷的煤矿采空区或者富水区。因此在 3 个煤矿主要区域布置物探勘测线，元树儿煤矿勘测线为 E1~E1′，小煤洞煤矿勘测线为 E2~E2′，大煤洞煤矿勘测线为 E3~E3′。物探布置平面如图 2-9 所示。

（一）元树儿煤矿采空区现状

EH-1 测线地形相对较平，表层主要覆盖为粉土，相对较厚。由图 2-10 可以看出，里程为 0~400.0m、深度在 77.0~142.0m 之间时，存在一处低阻闭合区域，由图 2-10 可知视电阻率小于 30Ω·m，推测为煤矿采空塌陷弱富水区；视电阻率大于 30Ω·m，小于 50Ω·m 推测为煤矿采空塌陷富水区。通过综合分析可知采空区分布情况，采空区分布如图 2-11 所示。

大通矿区各煤层均以黑色和黑褐色的粉状、粒状、碎块状煤为主，光泽较暗淡，丝炭

图 2-9　物探布置平面图

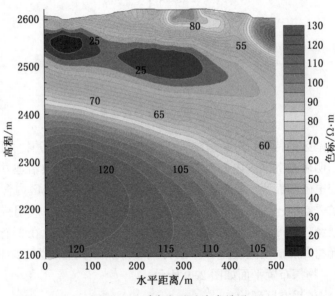

图 2-10　瞬变电磁反演成果图

含量较高，硬度小易燃、烟少、耐烧。长焰煤主要分布在井田西部、东部及北部边缘地带，而井田中部的厚煤层区，均为不黏煤。目前开采了元树儿煤矿煤层 M1 上区段和煤层 M1 下区段。在进行数值模拟计算时，确定煤矿的开采参数，如煤层的开采厚度、开采上下端的高程情况、煤层倾斜角度等。元树儿煤矿煤层开采厚度为 2.4~2.5m，煤层 M1 上区段与下区段相距 30.0~40.0m。煤层 M1 上区段开采起始高程为+2547.0m，沿煤层倾斜

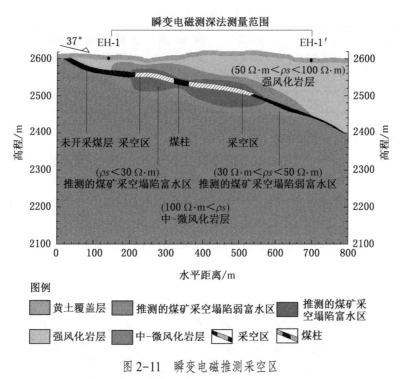

图2-11　瞬变电磁推测采空区

方向开采长度为112.0m；煤层M1下区段开采起始高程为+2512.0m，沿煤层倾斜方向开采长度为172.0m。元树儿煤矿煤层M1上区段和下区段的开采情况如图2-12所示，开采参数见表2-1。

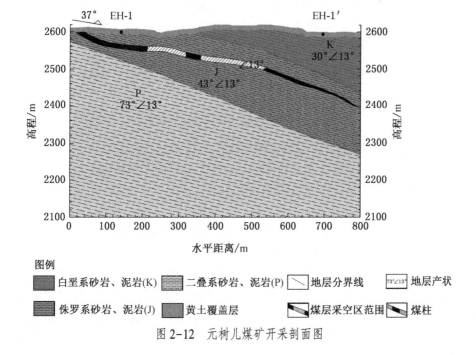

图2-12　元树儿煤矿开采剖面图

表2-1　煤矿开采参数

煤层M1开采区域	开采厚度/m	倾斜角度/(°)	开采长度/m	开采上端顶板高程/m	开采上端底板高程/m	开采下端顶板高程/m	开采下端顶板高程/m
上区段	2.4	13	112	+2549	+2547	+2523	+2521
下区段	2.4	13	172	+2514	+2512	+2474	+2472

(二) 大煤洞煤矿采空区现状

大煤洞煤矿采空区分布范围是通过野外调查、不同煤矿企业所提供的勘察资料和瞬变电磁勘探成果综合分析得出的。由于采空区的分布特征与矿体的分布特征具有一致性,瞬变电磁勘探的任务是勘探大煤洞煤矿采空区的分布范围及深度,由物探成果表明:大煤洞煤矿采空塌陷区呈椭圆状,长770m,宽400m,面积200036m²,大煤洞煤矿巷道长6891m,其中大煤洞煤矿巷道地下硐室体积约940.04×10⁴m³。瞬变电磁测深法反演成果图如图2-13所示。

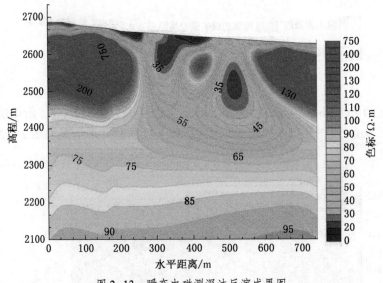

图2-13　瞬变电磁测深法反演成果图

图2-14是用瞬变电磁测深法勘测大煤洞煤矿所得到的预测采空区,EH-3～EH-3′之间地形相对较平,地表层主要为黄土覆盖层,由图2-14可知当视电阻率小于30Ω·m时,推测为煤矿采空塌陷富水区;当视电阻率大于30Ω·m、小于50Ω·m时,推测为煤矿采空塌陷弱富水区;当视电阻率大于50Ω·m、小于100Ω·m时,推测为强风化岩层;当视电阻率大于100Ω·m时,推测为中-微风化岩层。该研究区的剖面走向为27°,在两处开采煤层之间还有一条逆断层,倾角为60°。

图2-15是大煤洞煤矿开采煤层M1和煤层M3的剖面图,该研究区的剖面走向为27°,两处开采煤层厚度都为2.4m,旁边较细的煤层表示此煤层还未开采。该研究区有两种地层产状:二叠系砂岩、泥岩的地层走向为73°,倾角为51°;侏罗系砂岩、泥岩的地层走向为43°,倾角为31°。两处开采煤层之间还有一条逆断层,倾角为60°。各煤层开采参数见表2-2、表2-3。

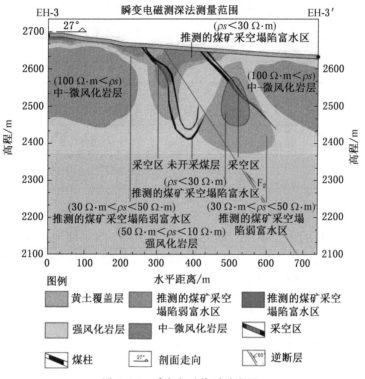

图 2-14　瞬变电磁推测采空区

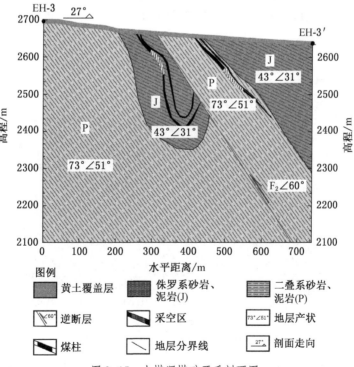

图 2-15　大煤洞煤矿开采剖面图

表2-2　煤层 M1 开采参数

开采区域	开采厚度/m	倾斜角度/(°)	开采长度/m	开采上端顶板高程/m	开采上端底板高程/m
M1	2.4	51	103	+2660	+2648

表2-3　煤层 M3 开采参数

开采区域	开采厚度/m	倾斜角度/(°)	开采长度/m	开采上端顶板高程/m	开采上端底板高程/m
M3	2.4	31	82	+2626	+2614

(三) 小煤洞煤矿采空区现状

研究区是大通煤矿的主要煤田，煤层厚度上厚下薄，煤层结构较复杂，小煤洞煤矿采空塌陷区形状近似长方形，长约1600m，宽约650m，长轴方向为46°。塌陷区分布于采空区内部，塌陷区边缘和采空区边缘基本重合，根据调查塌陷区分布位置也是采煤巷道密集或延伸部位，这足以证明塌陷区形成的原因与地下采空有直接关系，即地下采空是采空区形成的主要原因之一。

EH2-2′测线地形相对较平，表层主要覆盖为粉土，相对较厚。由图2-16可以看出，在里程为300~880m时，从地表向下0~28m之间存在明显低阻区，视电阻率小于30Ω·m，推测为煤矿采空塌陷富水区；在里程为1400~1600m时，从地表向下0~125m之间存在明显低阻区，视电阻率小于30Ω·m，推测为煤矿采空塌陷富水区。整个测线区段视电阻率大于30Ω·m且小于50Ω·m，推测为煤矿采空塌陷弱富水区。具体情况如图2-16、图2-17所示。

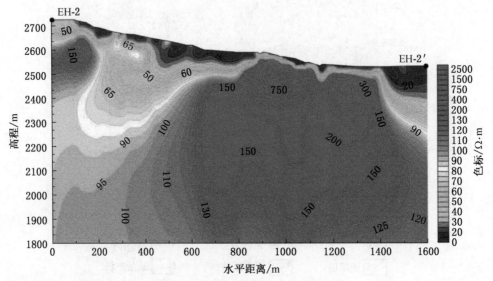

图2-16　瞬变电磁测深法反演成果图

物探工作依据电阻率划分地层和岩石破碎程度，某一种岩性并不完全代表地质断面成果图。由于煤矿采空区地质情况复杂，物探结果只能反映大面积构造或者大面积采空

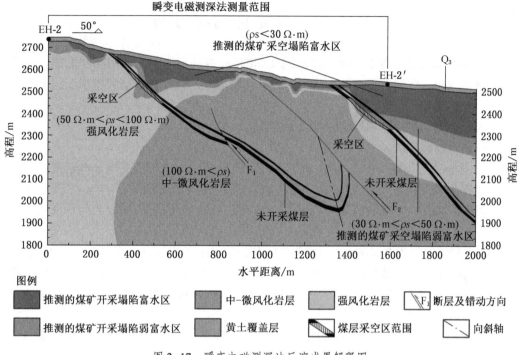

图 2-17　瞬变电磁测深法反演成果解释图

域，因此，结合地表地质调查和钻探等资料进行分析，大致推测出小煤洞煤矿的煤炭开采区范围，采空区位于推测的煤矿采空塌陷弱富水区。推测的地质剖面图如图 2-18 所示。

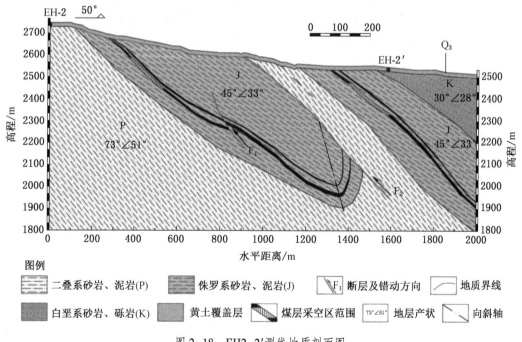

图 2-18　EH2-2′测线地质剖面图

第三节　研究区物探分析

（1）主要采用高密度电法对工作区域 0~40m 范围进行探测，采用瞬变电磁测深法对工作区域 0~800m 范围进行探测，基本查明了区域下方是否存在老空区积水或岩溶水等异常情况，具体如下：

①根据物探电阻率推测探测区域主要岩性为页岩。

②隧道主要存在的异常区为：

GMD-1 测线在里程为 130~180m 时，从地表向下 0~35m 之间存在明显低阻区；GMD-2 测线在里程为 57~96m、130~230m 时，从地表向下 0~28m 之间和 0~37m 之间分别存在明显低阻区；GMD-3 测线在里程为 100~230m 时，从地表向下 0~34m 之间存在明显低阻区，推测为相对富水区。

EH-1 测线里程为 0~400m，深度为 77~142m；EH-2 测线里程为 1050~1450m，深度为 45~405m；EH-3 测线里程为 125~300m，深度为 44~251m 和里程为 390~450m，深度为 29~139m，存在低阻闭合区域，视电阻率小于 $50\Omega \cdot m$，推测可能为塌陷采空区或富水区。

（2）物探工作依据电阻率划分地层和岩石破碎程度，某一种岩性并不完全代表地质断面成果图。电阻率并不代表一种岩性，而是多种因素影响下的综合值，使用时应结合地质资料具体分析。

（3）研究区局部地形地表干燥，碎石较多，对数据采集质量有一定影响，对物探成果解释造成一些不确定性，应结合地表地质调查和钻探等资料进行分析。

（4）由于采空区地下地质情况复杂，物探结果只能反映大面积构造或者大面积采空区域，如果巷道或者采空区面积较小，物探结果无法有效体现。

第三章 元树儿煤矿开采岩土层变形数值计算

随着计算机技术的发展，数值模拟计算在科研中逐渐发挥重要作用，煤层开采岩土层移动数值模拟计算与分析是进行科学研究的重要手段之一，其可以体现煤矿开采岩土层的变形，展现破坏的动态过程，为后续制定控制方案和支护技术提供定量分析的依据。通过建立二维离散元模型，计算分析开采顺序与上覆岩层的变化位移、应力变化规律和地表塌陷，为现场安全开采提供定量分析的依据。

第一节 离散元数值模型建立

本章以青海省西宁市大通县重点采煤沉陷区矿山地质灾害治理为背景，以元树儿煤矿开采岩层的沉陷区域为主要研究对象，煤层采空区为元树儿煤矿开采煤层 M1 上区段和煤层 M1 下区段，平均厚度为 2.4m，煤层平均倾角为 13°。两处煤层开采范围相距 40.0m，煤层 M1 下区段开采深度明显，影响范围大，采用正向开采的动态模拟进行设计。

首先设置用 Round 命令设置圆角 $d=0.1$，在离散元软件中所有块体都有"圆角"，目的在于避免块体悬挂在有棱角的节点上。根据圣维南原理，所建模型的尺寸应该根据计算范围的边长延长 30%~50%，因此需要根据圣维南原理来设置合理的计算范围，建立合适的二维模型。根据元树儿煤矿主采煤层上覆岩层的物理力学性质，对其进行计算模拟开采。为了分析元树儿煤矿开采后地表的变形情况，要求模型的长度应超出开采活动的主要影响范围。计算采用平面应力模型，二维模型长度为 600.0m，高度为 203.0m，煤层 M1 上区段开采工作面上端垂直高度为 54.0m，沿煤层倾向开采深度为 112.0m。煤层 M1 下区段开采工作面上端垂直高度为 93.0m，沿煤层倾向开采深度为 172.0m。计算模拟煤岩层共有 15 层，其中煤层上覆盖岩层有 7 层，煤层倾角为 13°，岩层与节理倾角同为 13°。离散元软件生成的模型如图 3-1 所示。

一、边界应力和初始条件

在地下工程中，任何工况下的开采或建造前，岩层均存在原岩应力，原岩应力也是影响围岩稳定性的主要因素之一，故在离散元模型中通过设定岩层的重力来模拟原岩应力状态。用离散元软件建好的元树儿煤矿几何模型在进行开采模拟前还需要达到应力平衡的要求，才能开展后续工作。理想状态下，原岩应力的参数应该来源于现场勘测的实测数据，但是由于暂时还未获得相关资料，故将该模型的岩层视为具有自由表面、均匀分布的岩层。原岩应力根据岩体的自重计算得到，根据岩土体的密度以及各岩层的厚度计算该设计模型的原岩应力，设置重力加速度为 $9.81m/s^2$，由此计算的原岩垂直应力为 $-6.79833MPa$

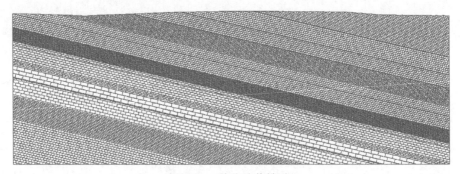

图 3-1　数值计算模型

（压应力为负值、拉应力为正值），原岩水平应力根据泊松效应来计算，取侧向系数为1.2，得出侧向应力为-8.157996MPa。由于模型高度直达表面土层，上部边界条件为自由边界，应力应设置为零，因表面土层其他重物对开采造成的变形影响较小，所以忽略不计。模型左右边界为：速度边界条件为简支，x 方向的速度为零，y 方向的速度不为零；模型底部边界条件为固支，x 和 y 方向的速度都为零。模型块体的本构关系选为摩尔-库仑模型，考虑塑性变形，该本构关系适用范围较广，能处理一般的土与岩石力学问题。

二、模型参数

（一）岩层材料参数选取

影响围岩稳定的因素多种多样，主要包括岩石的物理力学性质、构造发育情况、承受的荷载（工程荷载和初始应力）、应力变形状态、几何边界条件、水的赋存状态等，根据以上描述可知工程段为四级围岩，该地段的岩性较弱，整体较破碎，节理复杂，为较软岩和软岩。以四级围岩来确定数值模拟计算的参数范围，选取合适的参数值反复计算，从而选择符合计算效果的参数。模型不存在断层、穿越破碎带等，岩体参数为定值。

结合二维离散元模型的计算特点，在确定岩层参数前，应先选择与研究内容和材料特性相符合的本构模型，如开采模型、弹性模型、M-C 塑性模型等。由于工程段的四级围岩主要为泥岩、砂岩，土层表面呈强风化状态，中部岩层呈中-微风化状态，岩层较多呈中-微风化状态，结合煤矿开采引起的岩层变形，故选取的本构模型为 M-C 塑性模型，即 $cons=3$，改变块体为摩尔-库仑模型，考虑塑性特性。对于摩尔-库仑塑性模型，岩层需要附上的力学性质有：密度、体积模量、剪切模量、内摩擦角、黏聚力、剪胀角、抗拉强度。不需要赋值的参数，软件系统自动赋零值。

综合考虑分析规范中各级围岩物理力学指标表以及现场勘察数据，各级围岩物理力学指标见表 3-1。

表 3-1　各级围岩物理力学指标

围岩级别	重度 $\gamma/(kN \cdot m^{-3})$	变形模量 E/GPa	泊松比 ν	内摩擦角 $\varphi/(°)$	黏聚力 C/MPa
I	26~28	>33	<0.2	>60	>2.1
II	25~27	20~33	0.2~0.25	50~60	1.5~2.1
III	23~25	6~20	0.25~0.3	39~50	0.7~1.5
IV	20~23	1.3~6	0.3~0.35	27~39	0.2~0.7

表3-1（续）

围岩级别	重度 $\gamma/(kN \cdot m^{-3})$	变形模量 E/GPa	泊松比 ν	内摩擦角 $\varphi/(°)$	黏聚力 C/MPa
V	17~20	1~2	0.35~0.4	20~27	0.05~0.2
VI	15~17	<1	0.4~0.5	<22	<0.1

岩石初始状态下模型块体密度 d 设为 2400kg/m³，变形模量 E 设为 6GPa，泊松比 ν 设为 0.33，内摩擦角取 30°，黏聚力取 0.7MPa，抗拉强度取 0.6MPa，剪胀角系统自动赋为零。体积模量、剪切模量公式如下：

$$K = \frac{E}{3(1 - 2\nu)} \qquad (3-1)$$

式中　K——体积模量；

　　　E——杨氏模量；

　　　ν——泊松比。

$$G = \frac{E}{2(1 + \nu)} \qquad (3-2)$$

式中　G——剪切模量。

经计算可得 K 为 6GPa、G 为 2.3GPa。综上所述，为方便计算，泥岩、砂岩为同一参数设置，模型的块体材料参数见表3-2。

表3-2　材料参数

密度/ $(kg \cdot m^{-3})$	泊松比	变形模量/GPa	体积模量/GPa	剪切模量/GPa	内摩擦角/(°)	黏聚力/MPa	抗拉强度/kPa
2400	0.33	6	6	2.3	30	0.7	0.6

（二）节理材料参数选取

由于研究对象是四级围岩，故四级围岩节理本身的性质是作为定值来研究的，根据现场勘察资料可知，该段的四级围岩部分较完整，部分较破碎，呈碎块状，故根据岩体围岩的完整度进行定性划分，可将节理间距取为 1.0~2.5m。

数值计算选择的最适宜模型是库仑滑动模型，即完全弹塑性模型，所有不连续结构面的缺省模型是 Jcons=2。对于库仑滑动模型，在编码时需要设置的定量参数有：法向刚度、剪切刚度、内摩擦角、黏聚力、剪胀角、抗拉强度。

根据摩尔-库仑准则和 Bandis 经验公式可以计算得到理论上的节理剪切刚度和法向刚度，再结合现场实测数据，暂时不考虑岩层中含水状态的影响，将岩石初始状态下模型的节理法向刚度设置为 5.0GPa，节理剪切刚度设置为 2.5GPa。根据现场勘测实测数据以及四级围岩节理参数可以综合得出内摩擦角为 15°、黏聚力为 0.2MPa、抗拉强度为 0.01MPa。综上所述，模型岩体节理材料参数见表3-3。

表3-3　岩体节理材料参数-1

法向刚度/GPa	剪切刚度/GPa	内摩擦角/(°)	黏聚力/MPa	抗拉强度/kPa
5	2.5	15	0.2	0.01

第二节　变形过程不同工况分析

结合现场实测数据构建几何计算模型，以岩层中含水情况和煤层开采顺序为研究对象进行不同工况的计算。根据现场实际情况按照岩层初始状态不含水、岩层一般含水状态、岩层富含水状态设立了 3 个工况，对煤层 M1 上区段开采和煤层 M1 下区段开采进行计算分析，各工况力学参数见表 3-4。分析不同工况开采后水平位移、竖直位移、组合位移、水平应力、剪应力、竖直应力、最大主应力、最小主应力等方面的计算结果。整个模拟计算过程分为 3 个阶段：①开采前；②开采煤层 M1 上区段；③当煤层 M1 上区段开采稳定一段时间后继续开采煤层 M1 下区段。开采前的阶段不用分析，但此阶段必须进行初始状态下的平衡计算，要求模型达到平衡再进行开采工作计算。为了能够清楚地解释模型计算结果以及为不同工况提供足够的信息，在煤层 M1 上区段的采空区设置 5 条监测线，每条监测线上设置 18 个监测点。在煤层 M1 下区段的采空区设置 5 条监测线，每条监测线上设置 20 个监测点，监测各点处相应的水平位移变化、竖直位移变化、组合位移变化。监测点之间的距离相等，根据开采区长度不同，监测线长短不一。

表 3-4　各工况物理力学参数

工况		体积模量/GPa	剪切模量/GPa	黏聚力/MPa	内摩擦角/(°)	抗拉强度/MPa
一	岩体	6	2.3	0.7	30	0.6
	节理	5	2.5	0.2	15	0.01
二	岩体	4.5	1.7	0.6	25	0.2
	节理	4	2	0.1	15	0.01
三	岩体	2.22	0.909	0.3	20	0.1
	节理	2	1.5	0.05	15	0.01

一、初始状态下煤层 M1 上区段开采数值计算

煤层开采中，不同的开采厚度、煤层倾斜角度、开采煤层段高和水平岩层厚度都会对覆岩的移动情况造成不同程度的影响。通过数值计算分析研究在岩层初始状态下岩层位移变化以及应力变化规律。

煤矿开采前需要对原始应力作用下的模型进行迭代计算，使模型应力达到平衡状态。由图 3-2 可以看出迭代计算过程中最大不平衡力的动态变化。

模型应力平衡后，用 delete range reg 命令对需要开采的块体进行删除，先找出开采区域的 4 个角点，按照顺时针方向输入，对区域内的块体进行删除，以模拟煤层开采工作。求解完成后，输出模型图、最大不平衡历史图、水平应力图、竖直应力图、剪力图、水平位移图、竖直位移图、组合位移图、竖直位移等值线图、监测线图，在初始状态下分析煤层开采后对岩层变形的影响，估计地表沉降值，得出岩层应力变化规律等。

在计算模型中，煤层 M1 上区段从水平距离 75.0m 开始开采到水平距离 187.0m 结束，沿煤层倾斜方向开采长度为 112.0m，煤层开采平均厚度为 2.4m。煤层上覆岩层发生了弯

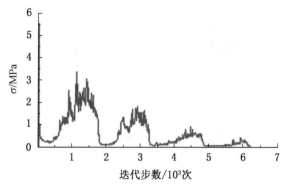

图 3-2　开采前最大不平衡历史图（初始状态 1）

曲下沉，距煤层较近的岩层弯曲较大，距煤层较远的岩层相对于距煤层较近的岩层下沉量较小。采空区顶板发生了较明显的弯曲变形，与上覆岩层产生多条张拉裂隙，岩层产生沿倾向的滑移变形，在煤层采空区上方 20.0m 顶板范围内变形较明显，变形量也随着距煤层距离的增大而减小，近地表岩层出现小范围的垮落、裂隙。煤层 M1 上区段开采下沉示意如图 3-3 所示。

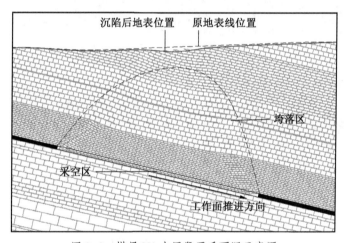

图 3-3　煤层 M1 上区段开采下沉示意图

（一）煤层开采应力分析

分析研究煤层开采后水平应力、竖直应力、剪应力、最大主应力、最小主应力，图 3-4 是煤层 M1 上区段开采后水平应力云图，图 3-5 是煤层 M1 上区段开采后竖直应力云图，图 3-6 是煤层 M1 上区段开采后剪应力云图，图 3-7 是煤层 M1 上区段开采后最大主应力云图，图 3-8 是煤层 M1 上区段开采后最小主应力云图。

水平应力云图主要用于观测工况中岩体所受到的水平应力分布情况，云图比等值线图更直观。图 3-4 为煤层 M1 上区段开采达到平衡后水平应力分布情况，该水平应力云图以 1.0MPa 作为等值间隔，最小应力为 0MPa，最大应力为 -8.0MPa（负号表示压应力），应力分布较均匀。水平应力呈层状分布，最底层应力较大，随着高度的增加应力逐渐减小。在开采区后端出现较明显的应力集中现象，应力集中区的应力在 5.0~6.0MPa 范围内，煤层开采使开采区域应力释放，由原平衡应力 3.0~4.0MPa 减少至 0~2.0MPa；在开采区的起

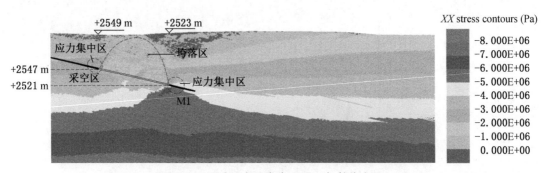

图 3-4　开采后水平应力云图（初始状态 1）

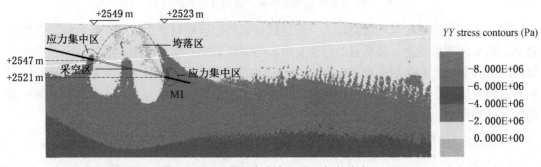

图 3-5　开采后竖直应力云图（初始状态 1）

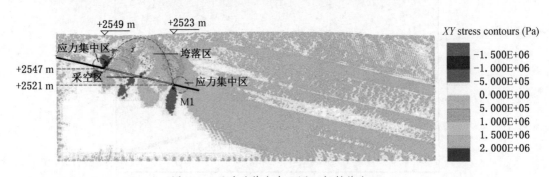

图 3-6　开采后剪应力云图（初始状态 1）

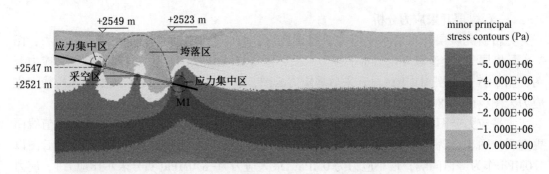

图 3-7　开采后最大主应力云图（初始状态 1）

始段应力集中现象不明显。由水平应力云图可以看出，煤层开采后再次达到应力平衡，在采空区上方形成拱顶的塌陷区，塌陷区的应力为 0~2.0MPa。

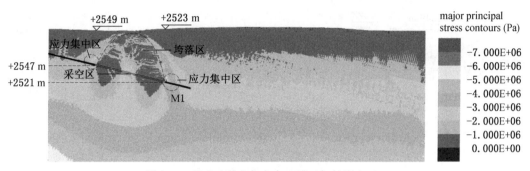

图 3-8　开采后最小主应力云图（初始状态 1）

图 3-5 为煤层 M1 上区段开采达到平衡后的竖直应力分布情况，竖直应力云图主要用于观测工况中岩体所受到的竖直应力分布情况。在自重应力作用下，垂直应力均匀分布，呈层状。垂直应力分成 3 段，最底层应力较大，随着高度的增加应力逐渐减少。煤层开采后，破坏了原岩应力平衡，使应力场重新分布。由图 3-5 可以看出，该图以 2.0MPa 作为等值间隔，最小应力为 0MPa，最大应力为-6.0MPa，大部分应力为 2.0~4.0MPa，煤层开采区底板处应力较大，煤层采空区上部顶板处应力较小。煤层开采使开采区域应力释放，开采区的应力由原平衡应力 2.0~4.0MPa 减少至 0~2.0MPa。在开采区两端出现应力集中现象，应力集中区的应力为 4.0~6.0MPa。

图 3-6 为煤层 M1 上区段开采达到平衡后的剪应力分布情况，可见煤层开采区附近的岩层剪应力有正值和负值，正值表示与沿倾斜层移动方向一致，塌陷区的剪应力大部分为正值，达到 0~1.0MPa。在开采区两端出现应力集中现象，剪应力为负值，数值达到 0~1.0MPa。

图 3-7、图 3-8 为煤层 M1 上区段开采达到平衡后的最大主应力与最小主应力分布情况，可见最大主应力与最小主应力都出现应力分层，最大应力分层较多，最大主应力云图以 1.0MPa 作为等值间隔，最小应力为 0MPa，最大应力为-5.0MPa；最小主应力云图以 1.0MPa 作为等值间隔，最小应力为 0MPa，最大应力为-5.0MPa。由图 3-7 可见，在开采区出现特别明显的应力拱，应力拱区的应力释放后减小到 0~2.0MPa；图 3-7 中开采区两端都出现应力集中现象，图 3-8 中开采区下端出现较明显的应力集中，上端应力集中不明显。

（二）煤层开采上覆岩层位移分析

分析研究煤层 M1 上区段开采后开采区上覆岩层位移情况，煤层开采后迭代至整个模型趋于平衡。图 3-9 是煤层开采后水平位移云图，图 3-10 是煤层开采后竖直位移云图，图 3-11 是煤层开采后组合位移云图，图 3-12 是竖直位移等值线图。

由图 3-12 可以看出，煤层开采平衡后，整个计算模型趋于平衡稳定，煤层开采的顶底板相接，达到最后的岩层变形形态。

图 3-9 为煤层开采达到稳定后上覆岩层水平位移的变化情况，可见在底面表层处水平位移出现最大值，位移量在 0.4~0.6m 之间，采空区以上大范围的岩层位移量为 0.2~0.4m，岩层出现明显的弯曲、塌落。

图 3-10 为煤层开采达到稳定后上覆岩层竖直位移的变化情况，可见岩层变形达到地

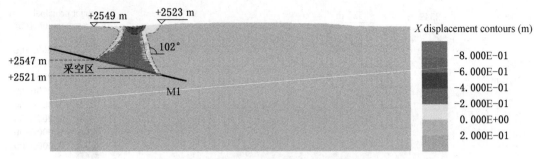

图 3-9　开采后水平位移云图（初始状态 1）

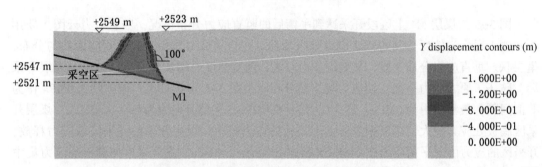

图 3-10　开采后竖直位移云图（初始状态 1）

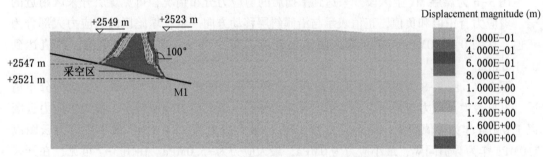

图 3-11　开采后组合位移云图（初始状态 1）

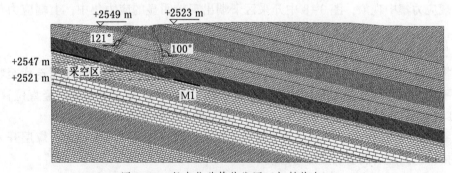

图 3-12　竖直位移等值线图（初始状态 1）

表，采空区上覆岩层的变形集中在主塌陷区，位移变形呈层状分布并向主塌陷区扩散，位移变化量逐渐减小。开采区中部顶板出现最大位移，最大位移量在 1.6~2.0m 之间；同样，整个煤层顶板内的位移变化呈拱形扩散，拱形区域内的上覆岩层位移变化量大于其余区域内的位移。煤层开采区上 20.0m 范围内出现明显裂隙，这个区域的岩层下沉值较大，影响范围较大。

图 3-11 为煤层开采达到稳定后上覆岩层组合位移的变化情况，可见组合位移是水平位移和竖直位移通过计算得到的结果，所以沉降值都显示为正值。结合水平位移和竖直位移的特征，组合位移变化情况与上述两种位移变化情况大致一样，主塌陷区的位移变化量最大，组合位移在 1.6~1.8m 之间，位移变化呈层状分布，其沉降值呈拱形向外逐渐扩散减小。由图 3-11 可以看出，煤层开采区上方顶板 20m 范围内岩层变形较明显；在近地表的岩层内垮落范围不明显，位移变化相对较小。

位移变化云图只能大致估算开采后的一个整体位移量的变化范围，不能得到变形的具体数值。煤层 M1 上区段开采后各岩层变化趋势不同，地表下沉情况也不同，为了更好地分析岩层变形特征和具体位移量，清楚地分析岩层下沉规律，在煤层 M1 上区段开采区上覆岩层中设置 5 条监测线，分别为 M1-1、M1-2、M1-3、M1-4、M1-5，每条监测线设置18 个监测点，各监测点之间的距离相等，间距为 12.6m，每条监测线的间距都为 12.0m。从计算模型中提取各监测线中所有监测点的水平位移、竖直位移、组合位移数据，根据提取的数据绘制位移曲线图，不仅可以看到各个监测点具体的位移，还能看到整个开采过程中位移的演化过程。各监测线在模型中的排列布局如图 3-13 所示。各监测点水平位移数据见表 3-5，监测点竖直位移数据见表 3-6，监测点组合位移数据见表 3-7。

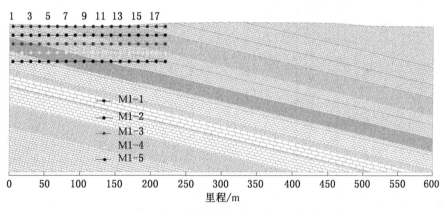

图 3-13　各监测线在模型中的排列布局（初始状态 1）

将各监测点的位移进行横向比较，如图 3-14 所示。将 5 条监测线绘制在同一坐标下进行整体分析，横坐标表示监测点的水平距离，纵坐标表示监测点的水平位移。根据图 3-14 中 5 条监测线的变化规律可得监测线 M1-5 变化量较大，该监测线距离开采区上端 2m，最大变形位移为 0.36m；监测线 M1-1 水平位移波动较大，有 3 个监测点的位移量达到最大值，为 0.6m，该监测线距离开采区 48m。由图 3-14 可见，在开采区变形范围两侧，岩层变形移动都比较小，位移量大致在 0~0.1m 范围内，集中塌陷区的变形量较大，位移量大致在 0.3~0.6m 范围内，呈对称分布。根据监测数据绘制的位移曲线呈 "U" 形变化，同一水平面上水平位移的变化规律为先增加后减小，与位移图中的呈拱形分布一致。由图 3-14 可知，地表的水平位移变化较大，则地表的沉降较大，开采区位移改变量较稳定，在主沉陷区无明显波动。

表 3-5　各监测点水平位移数据（初始状态1）

m

监测线	监测点																	
	1	2	3	4	5	6	7	8	9	10	11	12	13	14	15	16	17	18
M1-1	0.012	0.028	0.039	0.048	0.056	0.056	0.027	0.005	-0.056	-0.121	-0.549	-0.601	-0.427	-0.066	-0.001	0.015	0.048	0.072
M1-2	0.008	0.019	0.033	0.040	0.047	0.049	0.050	0.049	0.063	-0.070	-0.371	-0.406	-0.056	-0.002	0.021	0.033	0.054	0.069
M1-3	0.007	0.014	0.030	0.034	0.040	0.042	0.042	0.038	0.006	-0.216	-0.344	-0.327	-0.066	0.049	0.050	0.051	0.061	0.066
M1-4	0.004	0.014	0.026	0.031	0.034	0.036	0.036	0.009	-0.100	-0.318	-0.329	-0.327	-0.225	0.069	0.070	0.067	0.065	0.065
M1-5	0.003	0.013	0.022	0.028	0.031	0.034	0.038	-0.321	-0.361	-0.348	-0.346	-0.346	-0.231	-0.056	0.081	0.082	0.080	0.065

表 3-6　各监测点竖直位移数据（初始状态1）

m

监测线	监测点																	
	1	2	3	4	5	6	7	8	9	10	11	12	13	14	15	16	17	18
M1-1	0.007	0.005	0.000	-0.004	-0.009	-0.018	-0.021	-0.031	-0.033	-0.226	-1.295	-1.730	-0.618	-0.200	-0.147	-0.123	-0.116	-0.117
M1-2	0.005	0.003	-0.001	-0.005	-0.011	-0.020	-0.029	-0.046	-0.103	-1.054	-1.797	-1.888	-0.716	-0.189	-0.142	-0.119	-0.110	-0.112
M1-3	0.001	-0.001	-0.003	-0.006	-0.013	-0.021	-0.031	-0.047	-0.549	-1.572	-1.917	-1.945	-1.301	-0.175	-0.136	-0.115	-0.105	-0.106
M1-4	-0.004	-0.005	-0.007	-0.009	-0.014	-0.021	-0.032	-0.099	-1.454	-1.903	-1.966	-1.942	-1.553	-0.524	-0.128	-0.108	-0.099	-0.099
M1-5	-0.007	-0.007	-0.008	-0.011	-0.014	-0.019	-0.046	-1.502	-1.901	-1.941	-1.963	-1.945	-1.603	-0.510	-0.117	-0.103	-0.095	-0.092

表 3-7　各监测点组合位移数据（初始状态1）

m

监测线	监测点																	
	1	2	3	4	5	6	7	8	9	10	11	12	13	14	15	16	17	18
M1-1	0.014	0.029	0.039	0.048	0.057	0.058	0.034	0.031	0.065	0.256	1.406	1.907	0.751	0.211	0.147	0.124	0.126	0.137
M1-2	0.009	0.019	0.033	0.041	0.048	0.053	0.058	0.067	0.121	1.056	1.835	1.931	0.718	0.189	0.144	0.124	0.123	0.131
M1-3	0.007	0.014	0.030	0.035	0.042	0.047	0.052	0.060	0.549	1.587	1.947	1.973	1.303	0.181	0.145	0.126	0.122	0.125
M1-4	0.006	0.015	0.027	0.032	0.037	0.041	0.048	0.100	1.457	1.930	1.994	1.970	1.569	0.528	0.146	0.127	0.119	0.118
M1-5	0.007	0.014	0.023	0.030	0.034	0.038	0.060	1.921	1.935	1.972	1.993	1.976	1.624	0.513	0.142	0.132	0.125	0.113

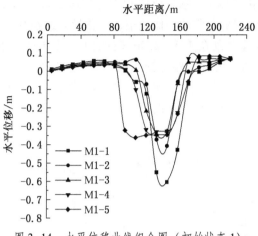

图 3-14　水平位移曲线组合图（初始状态 1）

将各监测点的位移进行横向比较，如图 3-15 所示。将 5 条监测线绘制在同一坐标下进行整体分析，横坐标表示监测点的水平距离，纵坐标表示监测点竖直位移。根据图 3-15 中 5 条监测线的变化规律可得监测线 M1-5 变化量最大，该监测线距离开采区上端 2.0m，最大位移量为 1.96m；监测线 M1-1 变化量最小，该监测线距离开采区上端 48.0m。由图 3-15 可见，在开采区变形范围上端，岩层变形移动较小，位移量大致在 0~ 0.02m 范围内；集中塌陷区的变形量较大，位移量大致在 1.1~2.0m 范围内。根据监测数据绘制的位移曲线呈"U"形变化，同一水平面上竖直位移的变化规律为先增加后减小，与位移图中的呈拱形分布一致；不同深度下，靠近开采区的位移变化较大，距开采区的距离越远上覆岩层位移变化越小，从监测线 M1-1 到监测线 M1-5 上覆岩层的位移量呈逐渐增长的趋势。

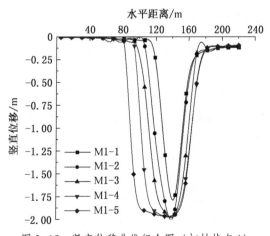

图 3-15　竖直位移曲线组合图（初始状态 1）

由图 3-16 可知，位移量全为正值。为了更好地对比 3 种曲线，人为将数据修正为负值。将各监测点的位移进行横向比较，如图 3-16 所示。将 5 条监测线绘制在同一坐标下进行整体分析，横坐标表示监测点的水平距离，纵坐标表示监测点的组合位移。根据图 3-16 中 5 条监测线的变化规律可得监测线 M1-5 变化量最大，该监测线距离开采区上端

2.0m；监测线 M1-1 变化量最小，该监测线距离开采区上端 48.0m。由图 3-16 可见，在开采区变形范围两侧，岩层变形移动都比较小，位移量大致在 0~0.1m 范围内；集中塌陷区的变形量较大，位移量大致在 1.5~2.0m 范围内。根据监测数据绘制的位移曲线呈"U"形变化，同一水平面上组合位移的变化规律为先增加后减少，与位移图中的分布一致；不同深度下，距开采区近的上覆岩层下沉位移量较大，距开采区的距离越远上覆岩层的位移变化越小，增加不明显，变形区的范围也在减小。

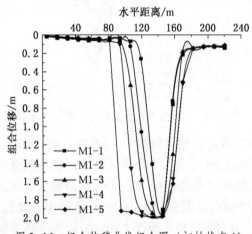

图 3-16　组合位移曲线组合图（初始状态 1）

综上所述，水平位移曲线波动较大，地表沉陷明显；竖直位移曲线和组合位移曲线变化趋势大致相同，3 条曲线都呈"U"形变化，同一水平面位移变化规律为先增加后减少，与位移图中的分布一致；不同深度下，靠近开采区的位移变化较大，距开采区的距离越远，上覆岩层位移变化越小，增加不明显，变形区范围也在减少。

二、初始状态下煤层 M1 下区段开采数值计算

煤层 M1 上区段开采数值模拟计算达到平衡后，继续煤层 M1 下区段开采数值模拟计算。煤层 M1 下区段距离上区段 40.0m，下区段工作面从模型水平距离 225.0m 开始开采，到水平距 397.0m 结束，开采工作面沿煤层倾斜方向推进 172.0m。继上区段迭代平衡后，该工况的模型同样用 delete range reg 命令对该边界内需要开采的块体进行删除，先找出开采区域的 4 个角点的坐标，按照顺时针输入，对区域内的块体进行删除，以模拟开采工作，对下区段迭代使开采数值计算达到平衡。煤层 M1 下区段开采下沉示意如图 3-17 所示。

煤层上覆岩层发生了弯曲下沉，距煤层较近的岩层弯曲较大，距煤层较远的岩层相对于距开采煤层较近的岩层下沉量较小。采空区顶板发生了较明显的弯曲变形和垮落，与上覆岩层产生多条张拉裂隙，岩层产生沿倾向的滑移变形，在煤层采空区上方 30.0m 顶板范围内变形较明显，出现垮落、裂隙。下区段的开采长度较上区段大，影响范围也有所扩大，开采变形量随着距煤层距离的增加而减小。

（一）煤层开采应力分析

分析研究煤层开采后的水平应力、竖直应力、剪应力、最大主应力、最小主应力，图 3-18 是煤层开采后水平应力云图，图 3-19 是煤层 M1 下区段开采后竖直应力云图，图

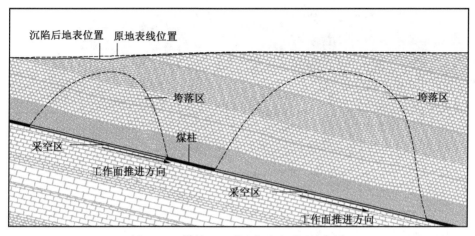

图 3-17　煤层 M1 下区段开采下沉示意图

3-20 是煤层 M1 下区段开采后剪应力云图，图 3-21 是煤层 M1 下区段开采后最大主应力云图，图 3-22 是煤层 M1 下区段开采后最小主应力云图。

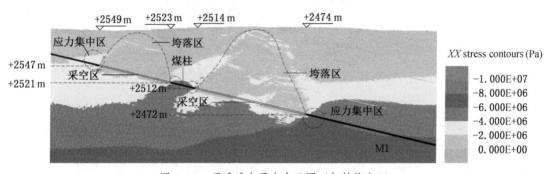

图 3-18　开采后水平应力云图（初始状态 2）

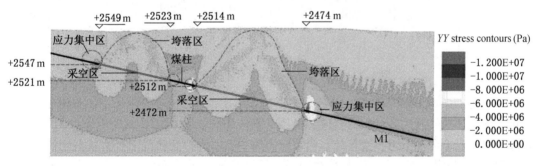

图 3-19　开采后竖直应力云图（初始状态 2）

水平应力云图主要用于观测工况中岩体所受水平应力的分布情况，云图比等值线图更直观。该工况主要分析煤层 M1 下区段开采后应力变化关系，下区段开采对煤层 M1 上区段稳定造成的影响以及应力变化情况。图 3-18 为煤层 M1 下区段开采达到平衡后水平应力的分布情况，该水平应力云图以 2.0MPa 作为等值间隔，最小应力为 0MPa，最大应力为-8.0MPa，应力分布较均匀。水平应力呈层状分布，最底层应力较大，随着高度的增加应力逐渐减少。在煤层 M1 下区段开采区两端都出现了应力集中现象，开采上端应力集中

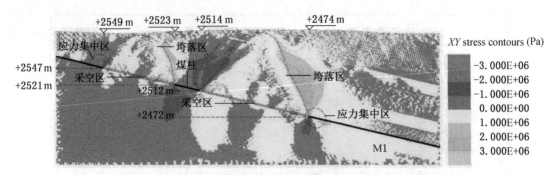

图 3-20　开采后剪应力云图（初始状态 2）

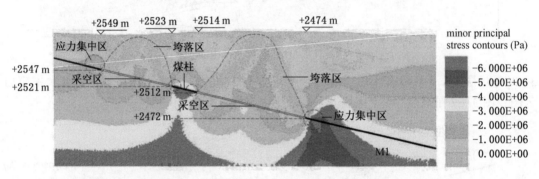

图 3-21　开采后最大主应力云图（初始状态 2）

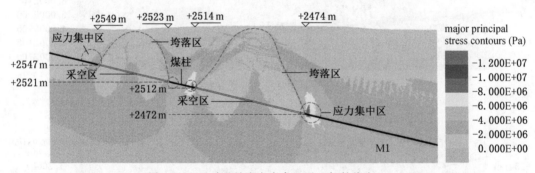

图 3-22　开采后最小主应力云图（初始状态 2）

区的应力在 4.0~6.0MPa 范围内变化，开采下端应力集中区的应力在 4.0~8.0MPa 范围内变化。煤层开采使开采区域应力释放，由原平衡应力 2.0~4.0MPa 减少至 0~2.0MPa。下区段开采造成上区段应力再次释放，两端应力集中区的应力变化范围有所减小。

　　图 3-19 为煤层 M1 下区段开采达到平衡后竖直应力的分布情况，竖直应力云图主要用于观测工况中岩体所受竖直应力的分布情况。在自重应力作用下，垂直应力均匀分布，最底层应力较大，随着高度的增加应力逐渐减少。由图 3-23 可以看出，该竖直应力云图以 2.0MPa 作为等值间隔，最小应力为 0MPa，最大应力为-6.0MPa，煤层开采使开采区域应力释放，由原平衡应力 2.0~4.0MPa 减少至 0~2.0MPa。下区段开采区两端出现较明显的应力集中现象，应力集中区的应力在 6.0~8.0MPa 范围内，同时也能清楚地看到上区段开采区两端应力集中不明显，与煤层 M1 上区段开采后应力变化相比较，上区段的应力集中变化范围有所降低。

图 3-20 为煤层 M1 下区段开采达到平衡后的剪应力的分布情况，由图 3-20 可见，煤层开采区附近的岩层剪应力有正值和负值，正值表示与沿倾斜层移动方向一致，塌陷区的剪应力大部分为正值，达到 0～1.0MPa。在下区段开采区两端出现较明显的应力集中现象，剪应力为负值，数值达到 1.0～3.0MPa。

图 3-21、图 3-22 是煤层 M1 下区段开采达到平衡后的最大主应力与最小主应力的分布情况，可见最大主应力与最小主应力的分布都出现应力分层，应力变化也较规律。最大应力分层较多，最大主应力云图以 1.0MPa 作为等值间隔，最小应力为 0MPa，最大应力为 -6MPa；最小主应力云图以 2.0MPa 作为等值间隔，最小应力为 0MPa，最大应力为 -5MPa。由图 3-21、图 3-22 可见，在下区段开采区出现特别明显的应力拱，上区段应力拱渐渐消失。图 3-21 中下区段开采区两端都出现应力集中现象，上区段开采停止端应力集中明显且较大；图 3-22 中下区段开采区两端都出现较明显的应力集中，上区段应力集中在开采下端，开采上端应力集中不明显。

（二）煤层开采上覆岩层位移分析

分析研究煤层 M1 下区段开采后上覆岩层位移变化规律，煤层开采后迭代至整个模型趋于平衡。图 3-23 是煤层开采后水平位移云图，图 3-24 是煤层开采后竖直位移云图，图 3-25 是煤层开采后组合位移云图，图 3-26 是竖直位移等值线图。

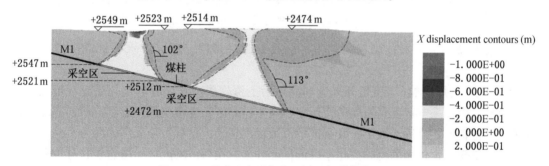

图 3-23　开采后水平位移云图（初始状态 2）

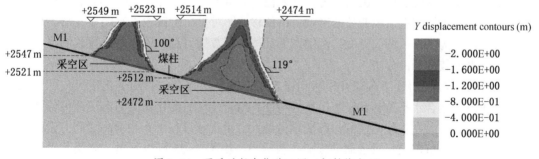

图 3-24　开采后竖直位移云图（初始状态 2）

由图 3-26 可以看出，煤层开采平衡后，整个计算模型趋于平衡稳定，煤层开采的顶底板相接，达到最后的岩层变形形态。下区段开采过程中，也会对稳定的上区段造成影响，加大上区段岩层变形。

图 3-23 为煤层 M1 下区段开采达到稳定后上覆岩层水平位移的变化情况，可见上覆岩层最大水平位移在 0.2～0.4m 之间，主要集中在压实区；并且在压实区外上覆岩层有大

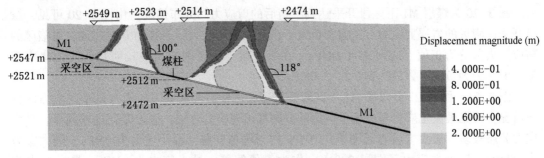

图 3-25　开采后组合位移云图（初始状态 2）

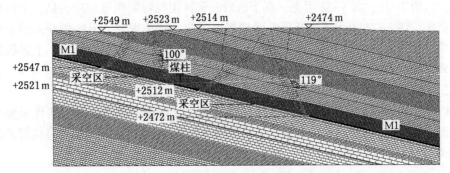

图 3-26　竖直位移等值线图（初始状态 2）

面积的水平位移，影响范围有所扩大，造成未开采煤层上覆岩层水平移动，位移量为 0~0.2m。

图 3-24 为煤层 M1 下区段开采达到稳定后上覆岩层竖直位移的变化情况，可见岩层变形达到地表，采空区上覆岩层的变形集中在主塌陷区，位移变形呈层状分布向主塌陷区外扩散，位移变化量逐渐减小。开采区中部顶板出现最大位移，最大位移量为 1.6~2.4m；同样，整个煤层顶板内的位移变化呈拱形扩散开来，拱形区域内的上覆岩层位移变化量大于其余区域内的位移变化量。煤层开采区域以上 30.0m 的范围内出现明显的裂隙，该区域为压实区，压实区内岩层下沉值较大，影响范围较大。该工况下，煤层 M1 下区段的开采对上区段的稳定没有造成较明显的影响，由位移云图可见，上区段没有明显变形，仍保持原变形，但因为位移云图仅见变形范围，无具体变形数据可见，所以将设置监测点，提取变形数据做出较准确的分析。

图 3-25 为煤层 M1 下区段开采达到稳定后上覆岩层组合位移的变化情况，可见沉降值都为正值。结合水平位移和竖直位移的特征，组合位移的变化情况与上述两种位移的变化情况大致一样，在主塌陷区的位移变化量最大，组合位移在 1.6~2.4m 之间，位移变化呈层状分布，其沉降值呈拱形向外逐渐扩散减小。由图 3-25 可以看出，煤层开采区上方顶板 30.0m 范围内岩层变形较明显；在近地表的岩层内垮落范围增加不明显，位移变化相对较小。

上覆岩层在煤层开采的影响下会产生大量离层和断裂，出现明显的裂隙，可见岩层与采空区分界处的下沉量达到最大值，采空区内部出现明显的垮落拱；当煤层开采的顶底板相接时，上覆岩层压实，移动达到稳定状态。

位移变化云图只能大致估算开采后一个整体位移量的变化范围，不能得到变形的具体数值。煤层 M1 下区段开采后各岩层变化趋势不同，地表下沉情况也不同，为了更好地分析岩层变形特征和变化的具体位移量，清楚地分析岩层下沉规律，在煤层 M1 下区段开采区上覆岩层中设置 5 条监测线，分别为 M1-1′、M1-2′、M1-3′、M1-4′、M1-5′，每条监测线设置 20 个监测点，各监测点之间的距离相等，间距大致为 15.0m，监测线的间距都为 20.0m。从计算模型中提取出各监测线中所有监测点的水平位移、竖直位移、组合位移的数据，绘制位移曲线图，不仅可以看到各个监测点具体的位移，还能看到整个开采过程中位移的演化过程。各监测线在模型中的排列布局如图 3-27 所示。各监测点水平位移数据见表 3-8，监测点竖直位移数据见表 3-9，监测点组合位移数据见表 3-10。

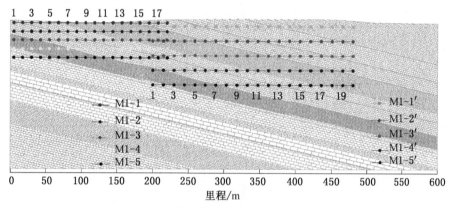

图 3-27　各监测线在模型中的排列布局（初始状态 2）

由表 3-8 中的数据可得煤层 M1 下区段的水平位移变化曲线组合图，可以将各监测点的位移进行横向比较，分析煤层 M1 上区段与下区段同时开采后的水平位移曲线，如图 3-28 所示。将 5 条监测线绘制在同一坐标下进行整体分析，横坐标表示监测点在模型长度方向的水平距离，纵坐标表示监测点水平位移。根据图 3-28 中 5 条监测线的变化规律可得，同时开采煤层两个区段后上区段岩层的变形规律与只开采煤层 M1 上区段后岩层的变形规律较一致，无明显差别，可见下区段开采对上区段岩层的变形影响较小。在煤层 M1 下区段中监测线 M1-5′位移变化量最大，下沉值较大，该监测线距离开采区 2.0m，最大变形位移为 0.34m。由图 3-28 可见，在开采区变形范围两侧，岩层变形移动都比较小，位移量大致在 0~0.1m 范围内，集中塌陷区的变形量较大，位移量大致在 0.1~0.4m 范围内。根据监测的数据绘制的位移曲线呈 "U" 形变化，同一水平面上水平位移的变化规律为先增加后减少，与位移图中的呈拱形分布一致。

将各监测点的位移进行横向比较，分析煤层 M1 上区段与下区段同时开采后的竖直位移曲线，如图 3-29 所示。根据图 3-29 中 5 条监测线的变化规律可得，同时开采煤层两个区段后上区段岩层的变形规律与只开采煤层 M1 上区段后岩层的变形规律较一致，无明显差别，可见下区段开采对上区段岩层的变形影响较小。在煤层 M1 下区段监测线 M1-5′下沉位移量最大，最大位移量为 2.0m，该监测线距离开采区上端 1.0m；监测线 M1-1′变化量最小，该监测线中最大位移量为 1.1m，该监测线距离开采区 81.0m。由图 3-29 可见，在开采区变形范围两侧，岩层变形移动都比较小，位移量大致在 0~0.3m 范围内，集中塌陷区的变形量较大，位移量大致在 0.8~2.1m 范围内。根据监测数据绘制的位移曲线呈 "U" 形变化，同一水平面上竖直位移变形量先增加后减少，与位移图中呈拱形分布一致。

表 3-8　各监测点水平位移数据（初始状态 2）

单位：m

监测线	监 测 点																			
	1	2	3	4	5	6	7	8	9	10	11	12	13	14	15	16	17	18	19	20
M1-1'	0.099	0.121	0.133	0.149	0.153	0.029	-0.003	-0.049	-0.127	-0.249	-0.145	-0.127	-0.126	-0.129	-0.106	-0.086	-0.063	-0.039	-0.029	-0.013
M1-2'	0.088	0.101	0.109	0.108	0.117	0.101	0.078	0.064	-0.242	-0.350	-0.192	-0.080	-0.072	-0.074	-0.069	-0.055	-0.034	-0.021	-0.027	-0.008
M1-3'	0.081	0.065	0.059	0.051	0.033	0.009	-0.006	-0.212	-0.325	-0.334	-0.195	-0.003	0	-0.008	-0.005	-0.004	0.003	-0.013	-0.008	-0.001
M1-4'	0.059	0.051	0.042	0.024	-0.099	-0.201	-0.349	-0.328	-0.333	-0.330	-0.248	-0.026	0.024	0.020	0.021	0.021	0.019	0.021	0.020	0.019
M1-5'	0.058	0.051	0.032	0.021	-0.341	-0.333	-0.335	-0.336	-0.336	-0.334	-0.331	-0.026	0.009	0.037	0.036	0.033	0.033	0.029	0.025	0.022

表 3-9　各监测点竖直位移数据（初始状态 2）

单位：m

监测线	监 测 点																			
	1	2	3	4	5	6	7	8	9	10	11	12	13	14	15	16	17	18	19	20
M1-1'	-0.151	-0.175	-0.218	-0.272	-0.339	-0.415	-0.515	-0.650	-1.003	-1.125	-0.553	-0.420	-0.361	-0.323	-0.291	-0.266	-0.249	-0.239	-0.233	-0.231
M1-2'	-0.141	-0.162	-0.207	-0.260	-0.366	-0.466	-0.561	-0.826	-1.517	-1.478	-0.661	-0.404	-0.350	-0.310	-0.276	-0.255	-0.237	-0.229	-0.222	-0.223
M1-3'	-0.133	-0.150	-0.192	-0.257	-0.372	-0.457	-0.959	-1.716	-2.038	-2.020	-1.121	-0.390	-0.338	-0.298	-0.264	-0.241	-0.224	-0.212	-0.208	-0.207
M1-4'	-0.114	-0.137	-0.176	-0.284	-0.656	-1.772	-1.952	-2.003	-2.032	-2.027	-1.793	-0.459	-0.318	-0.270	-0.237	-0.215	-0.201	-0.193	-0.190	-0.189
M1-5'	-0.086	-0.096	-0.158	-1.205	-1.954	-1.965	-1.988	-2.002	-2.015	-2.032	-2.014	-0.462	-0.293	-0.242	-0.208	-0.186	-0.172	-0.166	-0.162	-0.162

表 3-10　各监测点组合位移数据（初始状态 2）

单位：m

监测线	监 测 点																			
	1	2	3	4	5	6	7	8	9	10	11	12	13	14	15	16	17	18	19	20
M1-1'	0.183	0.229	0.276	0.319	0.371	0.416	0.515	0.652	1.011	1.152	0.572	0.438	0.382	0.348	0.310	0.280	0.257	0.242	0.234	0.232
M1-2'	0.167	0.191	0.234	0.281	0.385	0.477	0.566	0.829	1.536	1.519	0.688	0.412	0.357	0.319	0.285	0.261	0.239	0.230	0.224	0.224
M1-3'	0.156	0.164	0.201	0.262	0.373	0.457	0.959	1.729	2.064	2.047	1.138	0.390	0.338	0.298	0.264	0.241	0.224	0.212	0.208	0.207
M1-4'	0.129	0.146	0.181	0.285	0.664	1.783	1.983	2.030	2.060	2.054	1.810	0.459	0.319	0.270	0.238	0.216	0.202	0.194	0.191	0.190
M1-5'	0.104	0.109	0.165	1.972	1.983	1.993	2.016	2.030	2.043	2.049	2.041	0.568	0.293	0.245	0.211	0.189	0.176	0.168	0.164	0.164

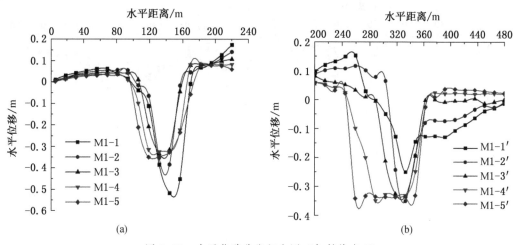

图 3-28　水平位移曲线组合图（初始状态 2）

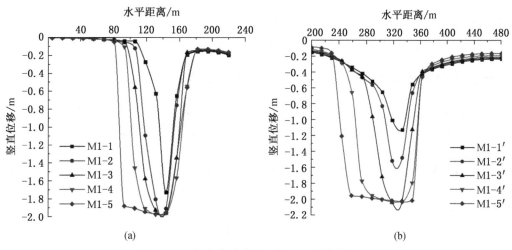

图 3-29　竖直位移曲线组合图（初始状态 2）

由图 3-30 可知，位移量全为正值。为了更好地对比 3 种曲线，人为将数据改成负值。将各监测点的位移进行横向比较，分析煤层 M1 上区段与下区段同时开采后的竖直位移曲线，如图 3-30 所示。将 5 条监测线绘制在同一坐标下进行整体分析，横坐标表示监测点的水平距离，纵坐标表示监测点的组合位移。根据图 3-30 中 5 条监测线的变化规律可得，同时开采煤层两个区段后上区段岩层的变形规律与只开采煤层 M1 上区段后岩层的变形规律较一致，无明显差别，可见下区段开采对上区段岩层的组合变形影响较小；下区段监测线 M1-5′位移变化量最大，该监测线距离开采区 1.0m；监测线 M1-1′变化量最小，该监测线距离开采区 81.0m。由图 3-30 可见，在开采区变形范围两侧，岩层变形移动都比较小，位移量大致在 0~0.4m 范围内，集中塌陷区的变形量较大，位移量大致在 1.0~2.1m 范围内。

综上所述，水平位移曲线、竖直位移曲线和组合位移曲线变化趋势大致相同，3 条曲线都呈 "U" 形变化，同一水平面位移变化规律为先增加后减少，与位移图中的呈拱形分布一致；不同深度下，靠近开采区的位移变化较大，距开采区的距离越远，上覆岩层位移

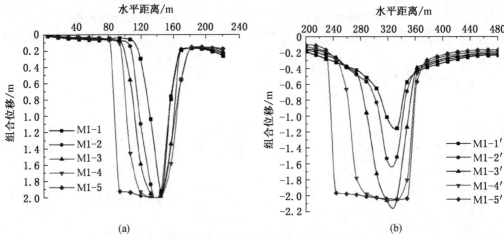

图 3-30　组合位移曲线组合图（初始状态 2）

变化越小，增加不明显，变形区的范围也在减少。根据 5 条监测线的位移变化规律可得，同时开采煤层 M1 两个区段后上区段岩层的变形规律与只开采煤层 M1 上区段后岩层的变形规律较一致，无明显差别，可见下区段开采对上区段岩层的组合变形影响较小。

三、一般含水状态下煤层 M1 上区段开采数值计算

岩体中地下水活动也是影响大多数岩体工程稳定性的主要因素之一。同样，地下水也是影响煤矿开采区上覆岩层变形的重要因素之一。地下水的存在改变了岩体的物理力学性质以及覆盖岩层的应力状态，地下水会降低岩石的弹性极限，提高岩石的延性，使其软化更容易变形。研究煤矿开采诱发的地表变形、塌陷、裂缝不可忽视地下水的影响，煤层采动打破了地下水原有的循环平衡状态，使上覆岩层变形量增大，上覆岩层与地下水相互影响、相互制约。

研究区岩层主要为不同生成年代的泥岩和砂岩，不同性质的岩层也会表现出不同的水文地质特性和力学性质。砂岩具有较强的含水性能，属于含水层，含丰富的地下水；泥岩具有弱透水性，只有少量的含水或者不含水，是地下水移动的屏障，属于覆岩中的隔水层，阻碍地下水的渗流。在实际工程中，从开采煤层以上到地表，往往含有多个含水层和隔水层交替存在。

考虑一般含水状态下煤层开采对上覆岩层变形和地表变形造成的影响以及对岩石力学性质的影响，一般含水状态下岩石力学强度和弹性模量降低为初始岩石的 70% ~ 80%。修改初始状态下的岩石力学参数，调整一般含水状态下开采数值计算模型的岩层物理力学参数。几何模型的建立过程与工况 1 一致，边界和初始条件的设定、网格的划分保持不变，仅改变岩层物理力学参数和节理参数。表 3-11 为一般含水状态下岩层物理力学参数。

表 3-11　岩层物理力学参数（一般含水状态）

岩性	密度/(kg·m⁻³)	体积模量/GPa	剪切模量/GPa	内摩擦角/(°)	黏聚力/MPa	抗拉强度/kPa
砂岩	2400	4.5	1.7	25	0.5	0.2
泥岩	2400	4.5	1.7	25	0.5	0.2
煤	1400	3.9	1.1	30	0.5	1.04

同样，地下水对岩层节理的力学性质也有一定程度的影响，与岩层影响一致，使节理力学参数降低为干燥岩石的 70% ~ 80%，并进行参数调整，根据模拟结果确定合适的参数用于模拟计算。将一般含水状态下模型的节理法向刚度设置为 4.0GPa，节理剪切刚度设置为 2.0GPa，内摩擦角为 12°，黏聚力为 0.1MPa，抗拉强度为 0.01MPa，暂不考虑剪胀角的影响。综上所述，模型岩体节理材料参数见表 3-12。

表 3-12 岩体节理材料参数（一般含水状态）

法向刚度/GPa	剪切刚度/GPa	内摩擦角/(°)	黏聚力/MPa	抗拉强度/kPa
4.0	2.0	12	0.1	0.01

煤矿开采前需要对原始应力作用下的模型进行迭代计算，使模型应力达到平衡状态，由图 3-31 可以看出迭代计算过程中最大不平衡力的动态变化。

模型应力平衡后，用 delete range reg 命令对需要开采的块体进行删除，先找出开采区域的 4 个角点，按照顺时针方向输入，对区域内的块体进行删除，以模拟煤层开采工作。煤层 M1 上区段在开采后又进行迭代以达到平衡。求解完成后，输出模型图、最大不平衡历史图、水平应力图、竖直应力图、剪力图、水平位移图、竖直位移图、组合位移图、竖直位移等值线图、监测线图为解析分析提供计算结果，在初始状态下分析煤层开采对岩层变形的影响，估计地表沉降值，得出岩层应力变化规律等。

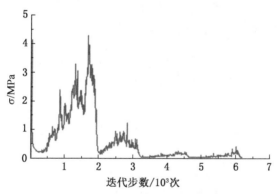

图 3-31 开采前最大不平衡历史图（一般含水状态1）

在计算模型中，煤层 M1 上区段从水平距离 75.0m 开始开采到水平距离 187.0m 结束，沿煤层倾斜长度为 112.0m，煤层开采平均厚度为 2.4m。煤层上覆岩层发生了弯曲下沉，距煤层较近的岩层弯曲较大，距煤层较远的岩层相对于距煤层较近的岩层下沉量较小。采空区顶板发生了较明显的弯曲变形，与上覆岩层产生多条张拉裂隙，岩层产生沿倾向的滑移变形，在煤层采空区上方 20.0m 顶板范围内变形较明显，变形量也随着距煤层距离的增大而减小，近地表岩层出现了小范围的垮落、裂隙。

（一）煤层开采应力分析

岩体中的地下水会对岩体产生一定的应力效应。在重力作用下地下水会对岩层产生静水压力作用；承压水具有较大的水头压力；在渗流过程中，岩层中的颗粒也会产生动水压力作用。岩体中的地下水和孔隙水压力，使得结构体之间的接触压力降低，从而使岩体的抗剪强度下降；随着孔隙水的排除，孔隙水压力降低，有效应力增加，使得岩层变形增大。

分析研究煤层 M1 上区段在一般含水状态下开采后的水平应力、垂直应力、剪应力、最大主应力、最小主应力，与初始状态下煤层开采平衡后各应力云图相比，一般含水状态下的应力有所改变。图 3-32 是煤层开采后水平应力云图，图 3-33 是煤层开采后竖直应力云图，图 3-34 是煤层开采后剪应力云图，图 3-35 是煤层开采后最大主应力云图，图 3-36 是煤层开采后最小主应力云图。

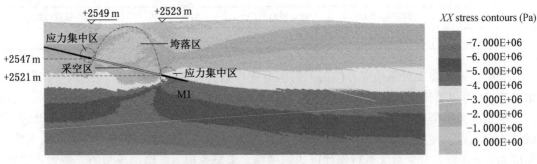

图 3-32 开采后水平应力云图（一般含水状态 1）

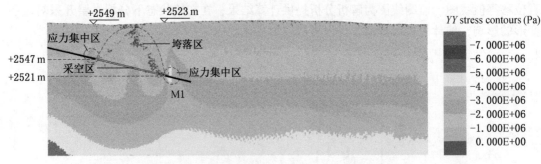

图 3-33 开采后竖直应力云图（一般含水状态 1）

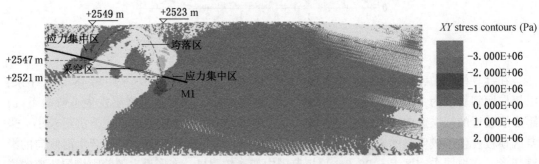

图 3-34 开采后剪应力云图（一般含水状态 1）

水平应力云图主要用于观测工况中岩体所受到的水平应力分布情况，云图比等值线图更直观。图 3-32 为煤层开采达到平衡后的水平应力分布情况，该水平应力云图以 1.0MPa 作为等值间隔，最小应力为 0MPa，最大应力为 -7.0MPa，应力分布较均匀。水平应力呈层状分布，最底层应力较大，随着高度的增加应力逐渐减小。在开采区下端出现应力集中现象，应力集中区的应力在 3.0~5.0MPa 范围内，开采区上端应力集中不明显。煤层开采

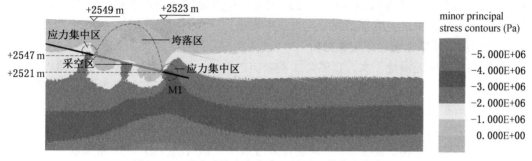

图 3-35　开采后最大主应力云图（一般含水状态 1）

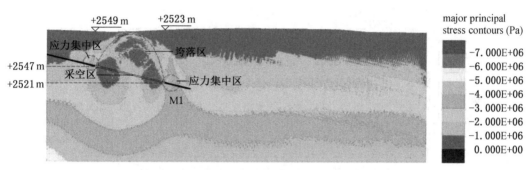

图 3-36　开采后最小主应力云图（一般含水状态 1）

使开采区域应力释放，由原平衡应力由 1.0~3.0MPa 减少至 0~1.0MPa。由水平应力云图可以看出，煤层开采后再次达到应力平衡，在采空区上方形成拱顶的塌陷区，塌陷区的应力为 0~1.0MPa。

图 3-33 为煤层开采达到平衡后的竖直应力分布情况，竖直应力云图主要用于观测工况中岩体所受到的竖直应力分布情况。在自重应力作用下，垂直应力均匀分布，呈层状。最底层应力较大，随着高度的增加应力逐渐减小。煤层开采后，破坏了原岩应力平衡，使应力场重新分布，由图 3-33 可以看出，该云图以 1.0MPa 作为等值间隔，最小应力为 0MPa，最大应力为-6.0MPa。煤层开采区顶板和底板处的应力变化较明显，煤层开采使该区域应力释放，开采区的应力由原平衡应力 1.0~3.0MPa 减小至 0~1.0MPa。在开采区下端出现应力集中现象，应力集中区的应力为 4.0~5.0MPa，开采区上端有小部分应力集中，集中区应力范围较小，为 2.0~3.0MPa。

图 3-34 为煤层开采达到平衡后的剪应力分布情况，可见煤层开采区附近的岩层剪应力有正值和负值，正值表示与沿倾斜层移动方向一致，塌陷区的大部分剪应力为负值，数值在 0~1.0MPa 范围内变化。在开采区两端出现了应力集中现象，剪应力为负值，数值达到 0~2.0MPa。

图 3-35、图 3-36 是煤层开采达到平衡后的最大主应力与最小主应力分布情况，可见最大主应力与最小主应力都出现应力分层，最大应力分层较多，最大主应力云图以 1.0MPa 作为等值间隔，最小应力为 0MPa，应力出现在接近地表的岩层处；最大应力为 -5MPa；最小主应力云图以 1.0MPa 作为等值间隔，最小应力为 0MPa，最大应力为 -5MPa。由图 3-35、图 3-36 可见，在最小主应力云图中开采区出现特别明显的应力拱，

应力释放后减小到 0～1.0MPa；在最大主应力云图中开采区应力拱不是特别明显，拱状呈小范围分布。在开采区两端都出现了应力集中现象。

（二）煤层开采上覆岩层位移分析

岩体的孔隙中充满地下水，自然会加重岩体的重量，相当于加大了采空区顶板和上覆岩层的竖直应力。在这种情况下，采空区上覆岩层变形量增大，更容易引起地面沉降，压实区范围有所扩大。

分析研究煤层 M1 上区段开采后开采区上覆岩层位移情况，煤层开采后计算 7800 步停止，整个模型趋于平衡。图 3-37 是煤层开采后水平位移云图，图 3-38 是煤层开采后竖直位移云图，图 3-39 是煤层开采后的组合位移云图，图 3-40 是竖直位移等值线图。

图 3-37　开采后水平位移云图（一般含水状态 1）

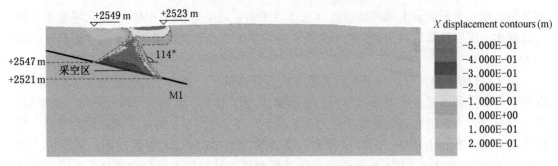

图 3-38　开采后竖直位移云图（一般含水状态 1）

图 3-39　开采后组合位移云图（一般含水状态 1）

由图 3-40 可以看出，煤层开采平衡后，整个计算模型趋于平衡，煤层开采的顶底板相接，达到最后的岩层变形形态，变形量在压实区最大。

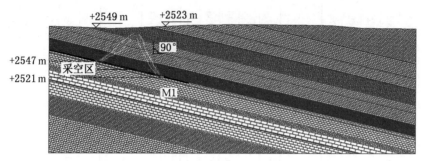

图 3-40　竖直位移等值线图（一般含水状态 1）

图 3-37 为煤层开采达到稳定后上覆岩层水平位移变化情况，可见在开采区顶板处水平位移出现最大值，位移量为 0.3~0.4m；开采区上部地表也有较大移动，位移量为 0.2~0.3m。大范围的岩层位移量出现在采空区上部压实区，岩层出现明显的弯曲、塌落。

图 3-38 为煤层开采达到稳定后上覆岩层竖直位移变化情况，可见岩层变形达到地表，地表沉降量在 0.4~0.8m 范围内；采空区上覆岩层的变形集中在主塌陷区，位移变形呈层状分布向主塌陷区扩散，位移变化量逐渐减小。开采区中部顶板出现最大位移，最大位移量为 1.6~2.4m；同样，整个煤层顶板的位移变化呈对称的拱形扩散开来，拱形区域的上覆岩层位移变化量大于其余区域的位移。煤层开采区上方顶板 40.0m 范围为压实区，区域内出现明显的裂隙、塌落，该区域的岩层下沉值较大，影响范围较大。

图 3-39 为煤层开采达到稳定后上覆岩层组合位移变化情况，可见沉降值都为正值。结合水平位移和竖直位移的特征，组合位移变化情况与水平位移和竖直位移变化情况大致一样，与竖直位移云图相似，变形范围较竖直位移云图有所扩大。主塌陷区的位移变化量有最大值，组合位移为 2.0~2.4m，压实区的大部分变形值为 1.6~2.0m；位移变化呈层状分布，其沉降值呈拱形向外逐渐扩散减小。由图 3-39 可以看出，煤层开采区上方顶板 40.0m 范围内岩层变形较明显；在近地表的岩层内垮落范围增加不明显，位移变化相对较小。

位移变化云图只能大致估算开采后一个整体位移量的变化范围，不能得到变形的具体数值。煤层 M1 上区段开采后各岩层的变化趋势不同，地表下沉情况也不同，为了更好地分析岩层变形特征和变化位移量，得出岩层下沉规律，在煤层 M1 上区段开采区上覆岩层设置 5 条监测线，分别为 M1-1、M1-2、M1-3、M1-4、M1-5，每条监测线上设置 18 个监测点，各监测点之间的距离相等，间距大致为 12.6m，监测线的间距都为 12.0m。从计算模型中提取各监测线中所有监测点的水平位移、竖直位移、组合位移的数据。根据数据绘制位移曲线图，可以清楚地看出位移曲线图不仅可以看到各个监测点具体的位移，还能看到整个开采过程中位移的演化过程。各监测点水平位移数据见表 3-13，各监测点竖直位移数据见表 3-14，各监测点组合位移数据见表 3-15。

由表 3-13 中的数据可以得到水平位移曲线组合图，如图 3-41 所示。将 5 条监测线绘制在同一坐标下进行整体分析，横坐标表示监测点的水平距离，纵坐标表示监测点的水平位移。根据图 3-42 中 5 条监测线的变化规律可以得出监测线 M1-5 变化量较大，该监测线距离开采区上端 2.0m，最大变形位移为 0.29m。由图 3-41 可以看出，在开采区变形范围两侧，岩层变形移动都比较小，位移量大致在 0~0.1m 范围内；集中塌陷区的变形量较

表 3-13 各监测点水平位移数据（一般含水状态 1） m

监测线	监测点																	
---	1	2	3	4	5	6	7	8	9	10	11	12	13	14	15	16	17	18
M1-1	0.020	0.027	0.060	0.065	0.080	0.126	0.162	0.073	0.045	0.037	-0.143	-0.207	-0.223	-0.232	-0.209	-0.203	0.027	0.056
M1-2	0.016	0.023	0.050	0.054	0.064	0.091	0.134	0.133	0.132	0.119	0.022	-0.162	-0.110	-0.120	-0.122	-0.084	0.040	0.063
M1-3	0.010	0.020	0.039	0.045	0.052	0.061	0.071	0.059	0.069	-0.150	-0.269	-0.168	-0.107	-0.012	-0.017	-0.009	0.053	0.065
M1-4	0.005	0.018	0.028	0.034	0.039	0.041	0.044	0.006	-0.084	-0.170	-0.248	-0.249	0.009	0.055	0.050	0.060	0.065	0.069
M1-5	0.003	0.013	0.022	0.028	0.031	0.034	0.038	-0.321	-0.361	-0.286	-0.281	-0.274	-0.095	0.065	0.069	0.084	0.085	0.074

表 3-14 各监测点竖直位移数据（一般含水状态 1） m

监测线	监测点																	
---	1	2	3	4	5	6	7	8	9	10	11	12	13	14	15	16	17	18
M1-1	0.015	0.012	0.004	-0.007	-0.018	-0.039	-0.090	-0.149	-0.256	-0.386	-0.491	-0.588	-0.529	-0.412	-0.300	-0.177	-0.149	-0.140
M1-2	0.011	0.008	0.001	-0.009	-0.020	-0.040	-0.095	-0.197	-0.352	-0.541	-0.787	-1.179	-0.525	-0.406	-0.292	-0.180	-0.142	-0.136
M1-3	0.004	0.003	-0.002	-0.010	-0.021	-0.041	-0.097	-0.227	-0.438	-1.214	-1.794	-1.699	-0.587	-0.393	-0.284	-0.182	-0.134	-0.127
M1-4	-0.002	-0.003	-0.006	-0.012	-0.022	-0.038	-0.114	-0.311	-0.976	-1.649	-1.965	-1.972	-0.939	-0.405	-0.268	-0.161	-0.128	-0.120
M1-5	-0.005	-0.006	-0.009	-0.014	-0.021	-0.032	-0.148	-1.621	-1.869	-1.936	-1.963	-1.988	-1.802	-0.536	-0.267	-0.143	-0.122	-0.113

表 3-15 各监测点组合位移数据（一般含水状态 1） m

监测线	监测点																	
---	1	2	3	4	5	6	7	8	9	10	11	12	13	14	15	16	17	18
M1-1	0.025	0.030	0.060	0.065	0.082	0.131	0.146	0.166	0.235	0.388	0.511	0.623	0.574	0.473	0.365	0.269	0.152	0.151
M1-2	0.019	0.024	0.050	0.055	0.067	0.100	0.164	0.238	0.376	0.554	0.787	1.190	0.537	0.423	0.316	0.198	0.148	0.150
M1-3	0.011	0.020	0.039	0.046	0.056	0.074	0.120	0.235	0.443	1.223	1.814	1.707	0.596	0.394	0.285	0.182	0.144	0.143
M1-4	0.005	0.018	0.029	0.036	0.044	0.056	0.122	0.311	0.980	1.657	1.981	1.988	0.939	0.408	0.273	0.171	0.143	0.138
M1-5	0.006	0.016	0.024	0.032	0.039	0.048	0.155	1.636	1.891	1.957	1.983	2.007	1.804	0.418	0.275	0.166	0.148	0.135

大，位移量大致在 0.1~0.3m 范围内，呈对称分布。根据监测线测出的数据绘制的位移曲线呈"U"形变化，同一水平面上水平位移变化规律为先增加后减少，与位移云图中的呈拱形分布一致，但是有小范围的波动，水平位移变化规律在同一竖直方向不一致，有侧向偏差。

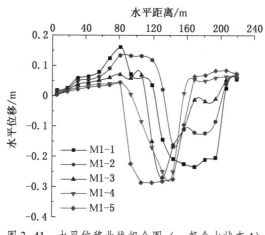

图 3-41　水平位移曲线组合图（一般含水状态 1）

由表 3-14 中的数据可以得到竖直位移曲线组合图，如图 3-42 所示。将 5 条监测线绘制在同一坐标下进行整体分析，横坐标表示监测点的水平距离，纵坐标表示监测点的竖直位移。根据图 3-42 中 5 条监测线的变化规律可以得出监测线 M1-5 位移变化量最大，最大位移量为 2.0m，该监测线距离开采区上端 2.0m；监测线 M1-1 位移变化量最小，最大位移量为 0.6m，该监测线距离开采区上端 48.0m。由图 3-42 可见，在开采区变形范围内一般塌陷区变形量较小，岩层变形移动较小，位移量大致在 0~0.01m 范围内；集中塌陷区的变形量较大，位移量大致在 1.0~2.0m 范围内。根据监测数据绘制的位移曲线呈"U"形变化，同一水平面上竖直位移变化规律为先增加后减少，与位移云图中分析的呈拱形分布一致；不同深度下，靠近开采区的位移变化较大，距开采区的距离越远，上覆岩层位移变化越小，从监测线 M1-1 到监测线 M1-5 上覆岩层的位移量呈逐渐增长的趋势。

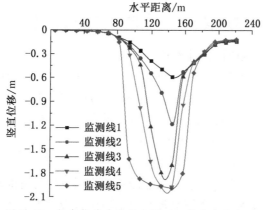

图 3-42　竖直位移曲线组合图（一般含水状态 1）

由组合位移云图可知，其位移量全为正值。为了更好地对比 3 种曲线云图，人为将数据改成负值。将各监测点的位移进行横向比较，如图3-43所示。将5条监测线绘制在同一坐标下进行整体分析，横坐标表示监测点的水平距离，纵坐标表示监测点的组合位移。根据图3-43中5条监测线的变化规律可以得出监测线M1-5变化量最大，最大变形量为2.0m，该监测线距离开采区上端2.0m；监测线M1-1变化量最小，最大位移量为0.62m，该监测线距离开采区上端48.0m。由图3-43可以看出，在开采区变形范围两侧，岩层变形移动都比较小，位移量大致在0~0.08m范围内；集中塌陷区的变形量较大，位移量大致在0.9~2.0m范围内。根据监测线测出的数据绘制的位移曲线呈"U"形变化，同一水平面上组合位移变化规律为先增加后减少，与位移图中的呈拱形分布一致；不同深度下，距离开采区近的上覆岩层下沉位移量较大，距离开采区越远，上覆岩层位移变化越来越小，增加不明显，变形区的范围也在减小。

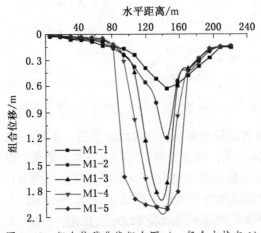

图3-43　组合位移曲线组合图（一般含水状态1）

综上所述，水平位移曲线、竖直位移曲线和组合位移曲线的变化趋势大致相同，都呈"U"形变化规律，同一水平面位移变形量先增加后减少，与位移云图中的呈拱形分布一致；不同深度下，靠近开采区的位移变化较大，距开采区的距离越远，上覆岩层位移变化越小，从监测线M1-1到监测线M1-5上覆岩层的位移量呈逐渐增长的趋势。

四、一般含水状态下煤层M1下区段开采数值计算

煤层M1上区段开采数值模拟计算达到平衡后，继续煤层M1下区段开采数值模拟计算。煤层M1下区段距离上区段40m，下区段工作面从模型水平距离225.0m开始开采，到水平距离397.0m结束，开采工作面沿煤层倾斜方向推进172.0m。上区段迭代平衡后，该工况的模型同样用delete range reg命令对该边界内需要开采的块体进行删除，先找出开采区域的4个角点的坐标，按照顺时针输入，对区域内的块体进行删除，以模拟开采工作，对下区段迭代使开采数值计算达到平衡。

煤层上覆岩层发生了弯曲下沉，距煤层较近的岩层发生的弯曲较大，距煤层较远的岩层相对于距开采煤层较近的岩层下沉量较小。采空区顶板发生了较明显的弯曲变形，与上覆岩层产生多条张拉裂隙，岩层产生沿倾向的滑移变形，在煤层采空区上方20.0m顶板范围内变形较明显，出现垮落、裂隙。下区段的开采长度较上区段大，影响范围也有所扩

大，开采变形量随着距煤层距离的增大有所减小。因为地下水使岩体的延性增加，在开采区造成的垮落和裂隙范围较小，但是变形范围有所扩大。

（一）煤层开采应力分析

分析研究煤层开采后水平应力、垂直应力、剪应力、最大主应力、最小主应力，图3-44是煤层开采后水平应力云图，图3-45是煤层开采后竖直应力云图，图3-46是煤层开采后剪应力云图，图3-47是煤层开采后最大主应力云图，图3-48是煤层开采后最小主应力云图。

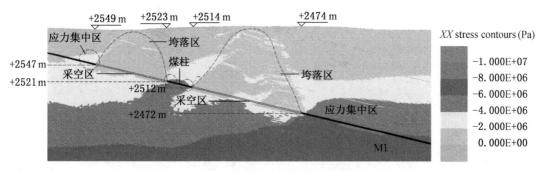

图 3-44　开采后水平应力云图（一般含水状态 2）

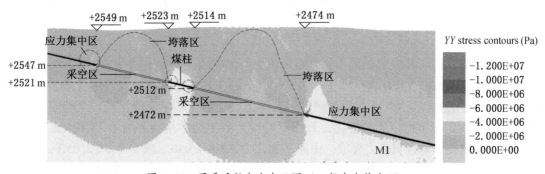

图 3-45　开采后竖直应力云图（一般含水状态 2）

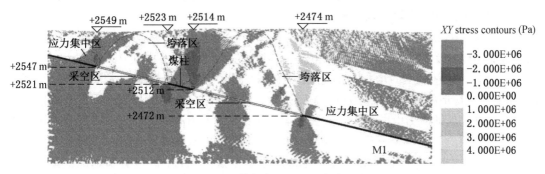

图 3-46　开采后剪应力云图（一般含水状态 2）

水平应力云图主要用于观测岩体所受到的水平应力分布情况，云图比等值线图更直观。分析一般含水状态下煤层 M1 下区段开采后应力变化情况、下区段开采对煤层 M1 上区段造成的影响，以及应力变化情况。图 3-44 为煤层 M1 下区段开采达到平衡后的水平

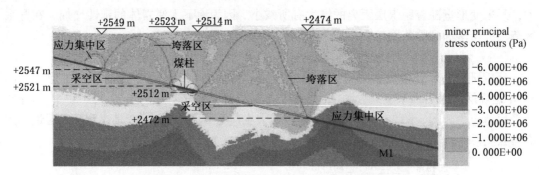

图 3-47　开采后最大主应力云图（一般含水状态 2）

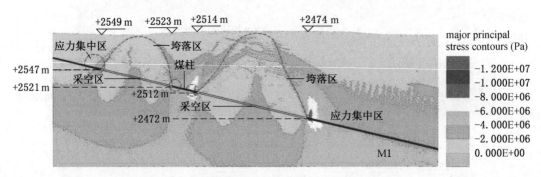

图 3-48　开采后最小主应力云图（一般含水状态 2）

应力分布情况，该水平应力云图以 2.0MPa 作为等值间隔，最小应力为 0MPa，最大应力为-8.0MPa，应力分布较均匀。水平应力呈层状分布，最底层应力较大，随着高度的增加应力逐渐减小。在煤层 M1 下区段开采区两端都出现了应力集中现象，开采上端应力集中区的应力在 4.0~6.0MPa 范围变化，开采下端应力集中区的应力在 4.0~8.0MPa 范围变化。煤层开采使开采区域应力释放，由原平衡应力 2.0~4.0MPa 减少至 0~2.0MPa。下区段开采造成上区段应力再次释放，改变了岩层的应力分布范围；煤层 M1 上区段开采上端应力集中不明显，下端应力集中区的应力在 4.0~6.0MPa 范围变化，下区段开采使上区段下端应力集中区的应力增大较明显。

图 3-45 为煤层 M1 下区段开采达到平衡后的竖直应力分布情况，竖直应力云图主要用于观测岩体所受到的竖直应力分布情况。在自重应力作用下，垂直应力均匀分布，最底层应力较大，随着高度的增加应力逐渐减少。由图 3-45 可以看出，该竖直应力云图以 2.0MPa 作为等值间隔，最小应力为 0MPa，最大应力为-6.0MPa，煤层开采使开采区域应力释放，开采区的应力由原平衡应力 2.0~4.0MPa 减少至 0~2.0MPa。下区段开采区两端出现较明显的应力集中现象，应力集中区的应力在 4.0~6.0MPa 范围内，同时可见煤层 M1 上区段下端应力集中较明显，集中范围较仅开采煤层 M1 上区段有所增加，集中区的应力值也增大了。

图 3-46 为煤层 M1 下区段开采达到平衡后的剪应力分布情况，可见煤层开采区附近的岩层剪应力有正值和负值，正值表示与沿倾斜层移动方向一致。在下区段开采区两端出现较明显的应力集中现象，剪应力为负值，数值达到 0~2.0MPa；上区段两端应力集中区的应力在 0~1.0MPa 范围变化。

图 3-47、图 3-48 为煤层 M1 下区段开采达到平衡后的最大主应力与最小主应力分布情况，由图 3-47 可见最大主应力分布出现较明显的应力分层，最小主应力分层不明显。最大应力分层较多，最大主应力云图以 1.0MPa 作为等值间隔，最小应力为 0MPa，最大应力为 -6MPa；最小主应力云图以 2.0MPa 作为等值间隔，最小应力为 0MPa，最大应力为 -5MPa。在下区段开采区出现特别明显的应力拱，上区段应力拱渐渐消失。最大主应力云图中下区段开采区两端都出现应力集中现象，上区段开采停止端应力集中明显且较大；最小主应力云图中下区段开采区两端都出现较明显的应力集中，上区段应力集中在开采区下端，开采区上端应力集中不明显。

（二）煤层开采上覆岩层位移分析

分析研究煤层 M1 下区段开采后上覆岩层位移变化规律和下区段开采对上区段岩层变形的影响，煤层开采后迭代至整个模型趋于平衡。图 3-49 是煤层开采后水平位移云图，图 3-50 是煤层开采后竖直位移云图，图 3-51 是煤层开采后组合位移云图，图 3-52 是竖直位移等值线图。

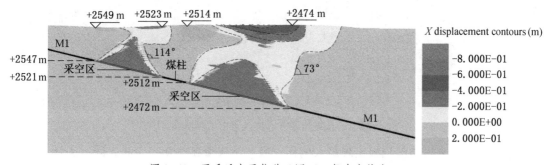

图 3-49　开采后水平位移云图（一般含水状态 2）

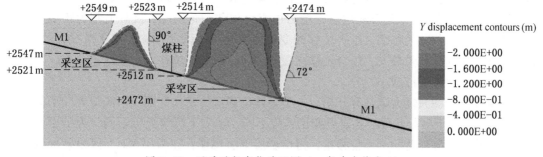

图 3-50　开采后竖直位移云图（一般含水状态 2）

由图 3-52 可以看出，煤层开采平衡后，整个计算模型趋于平衡稳定，煤层开采的顶底板相接，达到最后的岩层变形形态。下区段开采过程中，也会对稳定的上区段造成影响，加大上区段岩层变形。

图 3-49 为煤层开采达到稳定后上覆岩层水平位移变化情况，可见在底面表层处水平位移出现最大值，位移量在 0.4~0.6m 之间；煤层 M1 下区段采空区上覆岩层大部分水平位移量在 0~0.2m 之间；压实区的水平位移量在 0.2~0.4m 之间。

图 3-50 为煤层开采达到稳定后上覆岩层竖直位移变化情况，可见岩层变形达到地表，采空区上覆岩层的变形集中在主塌陷区，位移变形呈层状分布向主塌陷区扩散，位移变化

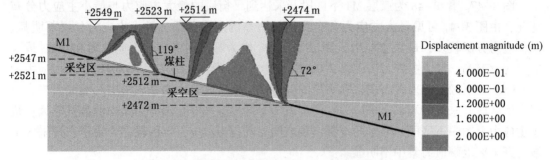

图 3-51   开采后组合位移云图（一般含水状态 2）

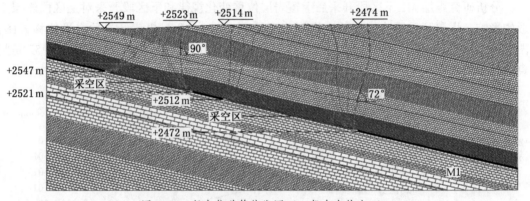

图 3-52   竖直位移等值线图（一般含水状态 2）

量逐渐减小。开采区中部顶板出现最大位移，最大位移量在 2.0~2.4m 之间；同样，整个煤层顶板的位移变化呈拱形扩散开来，拱形区域的上覆岩层位移变化量大于其余区域的位移。因为岩层中含水，采空区上覆岩层位移变化量有所增大，地表更容易沉陷。

图 3-51 为煤层开采达到稳定后上覆岩层组合位移变化情况，沉降值都为正值。结合水平位移和竖直位移的特征，组合位移的变化情况与上述两种位移的变化情况大致一样，在主塌陷区位移变化量最大，组合位移在 2.0~2.4m 之间，位移变化呈层状分布，其沉降值呈拱形向外逐渐扩散减小。

位移变化云图只能大致估算开采后一个整体位移量的变化范围，不能得到变形的具体数值。煤层 M1 下区段开采后各岩层变化趋势不同，地表下沉情况也不同，为了更好地分析岩层变形特征和变化的具体位移量，得出岩层下沉规律，在煤层 M1 下区段开采区上覆岩层中设置 5 条监测线，分别为 M1-1′、M1-2′、M1-3′、M1-4′、M1-5′，每条监测线上设置 20 个监测点，各监测点之间的距离相等，间距大致为 15.0m，监测线的间距都为 20.0m。需要从计算模型中提取所有监测点的水平位移、竖直位移、组合位移数据。根据数据绘制位移曲线图，位移曲线图不仅可以看到各个监测点具体的位移，还能看到整个开采过程中位移的演化过程。各监测点水平位移数据见表 3-16，各监测点竖直位移数据见表 3-17，各监测点组合位移数据见表 3-18。

由表 3-16 中的数据可以得到煤层 M1 下区段的水平位移曲线组合图，水平位移曲线组合图将各监测点的位移进行横向比较，分析煤层 M1 上区段与下区段同时开采后的水平位移曲线，如图 3-53 所示。将 5 条监测线绘制在同一坐标下进行整体分析，横坐标表示

表3-16 各监测点水平位移数据（一般含水状态2）

单位：m

监测线	监测点																			
	1	2	3	4	5	6	7	8	9	10	11	12	13	14	15	16	17	18	19	20
M1-1'	0.019	0.125	0.157	0.163	0.093	-0.026	-0.082	-0.145	-0.271	-0.373	-0.453	-0.445	-0.450	-0.429	-0.352	-0.188	-0.086	-0.047	-0.024	-0.003
M1-2'	0.028	0.098	0.122	0.112	0.085	0.056	0.029	0.011	-0.009	-0.137	-0.189	-0.202	-0.145	-0.136	-0.142	-0.102	-0.047	-0.029	-0.032	-0.016
M1-3'	0.078	0.069	0.083	0.014	-0.069	-0.103	-0.111	-0.117	-0.132	-0.140	-0.135	-0.123	-0.091	-0.026	-0.008	0.010	0.014	-0.023	-0.016	-0.010
M1-4'	0.085	0.082	0.091	-0.042	-0.147	-0.171	-0.309	-0.225	-0.224	-0.222	-0.166	-0.169	-0.050	-0.030	0.012	0.029	0.030	0.032	0.030	0.027
M1-5'	0.088	0.084	0.112	-0.174	-0.250	-0.254	-0.255	-0.255	-0.256	-0.255	-0.249	-0.077	-0.031	-0.025	0.029	0.036	0.038	0.034	0.031	0.029

表3-17 各监测点竖直位移数据（一般含水状态2）

单位：m

监测线	监测点																			
	1	2	3	4	5	6	7	8	9	10	11	12	13	14	15	16	17	18	19	20
M1-1'	-0.182	-0.207	-0.327	-0.500	-0.897	-1.265	-1.622	-1.739	-1.777	-1.736	-1.731	-1.300	-0.876	-0.649	-0.451	-0.328	-0.291	-0.280	-0.273	-0.276
M1-2'	-0.184	-0.195	-0.319	-0.634	-1.106	-1.587	-1.733	-1.848	-1.919	-1.933	-1.854	-1.518	-0.984	-0.641	-0.446	-0.328	-0.286	-0.273	-0.263	-0.265
M1-3'	-0.174	-0.177	-0.293	-0.846	-1.432	-1.607	-1.736	-1.878	-2.029	-2.005	-1.883	-1.541	-0.941	-0.635	-0.418	-0.309	-0.280	-0.259	-0.255	-0.254
M1-4'	-0.146	-0.156	-0.258	-1.094	-1.498	-1.799	-1.992	-2.045	-2.065	-2.070	-1.906	-1.690	-1.010	-0.614	-0.340	-0.263	-0.249	-0.239	-0.236	-0.235
M1-5'	-0.103	-0.110	-0.301	-1.703	-1.938	-2.001	-2.018	-2.032	-2.045	-2.052	-2.054	-1.684	-1.078	-0.548	-0.241	-0.218	-0.209	-0.204	-0.201	-0.202

表3-18 各监测点组合位移数据（一般含水状态2）

单位：m

监测线	监测点																			
	1	2	3	4	5	6	7	8	9	10	11	12	13	14	15	16	17	18	19	20
M1-1'	0.209	0.268	0.431	0.582	0.962	1.265	1.624	1.745	1.798	1.776	1.789	1.374	0.985	0.777	0.572	0.378	0.304	0.284	0.274	0.276
M1-2'	0.186	0.218	0.341	0.643	1.109	1.588	1.733	1.848	1.919	1.937	1.863	1.531	0.995	0.655	0.469	0.343	0.290	0.274	0.265	0.265
M1-3'	0.191	0.190	0.305	0.846	1.434	1.610	1.740	1.882	2.034	2.010	1.888	1.546	0.945	0.635	0.418	0.309	0.280	0.260	0.256	0.254
M1-4'	0.170	0.177	0.273	1.095	1.505	1.807	2.015	2.057	2.078	2.082	1.913	1.699	1.012	0.614	0.340	0.265	0.250	0.242	0.238	0.237
M1-5'	0.136	0.139	0.321	1.712	1.954	2.017	2.034	2.048	2.061	2.068	2.069	1.686	1.078	0.549	0.243	0.221	0.213	0.207	0.204	0.204

监测点的水平距离，纵坐标表示监测点的水平位移。根据图 3-53 中 5 条监测线的变化规律可知，同时开采煤层两个区段后上区段岩层的变形规律与只开采煤层 M1 上区段后岩层的变形规律无明显差别，但前者位移量有较小的增量，含水量使下区段开采对上区段岩层变形造成影响，可见下区段开采对上区段岩层变形有较小影响。监测线 M1-1′水平位移变化量最大，波动也很明显，该监测线距离开采区 81.0m，最大变形位移为 0.45m；其余 4 条监测线波动较小，变化规律较一致。

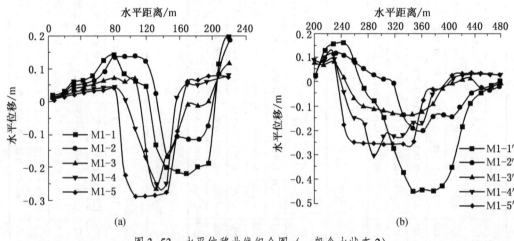

图 3-53　水平位移曲线组合图（一般含水状态 2）

由表 3-17 中的数据可以得到竖直位移曲线组合图，将各监测点的位移进行横向比较，分析煤层 M1 上区段与下区段同时开采后的竖直位移曲线，如图 3-54 所示。根据图 3-54 中 5 条监测线的变化规律可得，同时开采两个区段煤层后上区段岩层的变形规律与只开采煤层 M1 上区段后岩层的变形规律较一致，无明显差别，可见下区段开采对上区段岩层的变形影响较小。监测线 M1-5′下沉位移量最大，最大位移量为 2.1m，该监测线距离开采区上端 1.0m；监测线 M1-1′变化量最小，最大位移量为 1.8m，该监测线距离开采区上端 81.0m。由图 3-18 可见，监测点 16 到监测点 19 的位移变化量较一致，岩层变形移动都比较小，为岩层一般塌陷区，位移量大致在 0.2~0.4m 范围内；集中塌陷区的变形量较大，位移量大致在 1.0~2.1m 范围内。根据监测线测出的数据绘制的位移曲线呈 "U" 形变化，同一水平面上竖直位移变形量先增加后减少，与位移图中的呈拱形分布一致。

由图 3-55 可知，位移量全为正值。为了更好地对比 3 种曲线，人为将数据改成负值。将各监测点的位移进行横向比较，分析煤层 M1 上区段与下区段同时开采后的竖直位移曲线，如图 3-55 所示。将 5 条监测线绘制在同一坐标下进行整体分析，横坐标表示监测点的水平距离，纵坐标表示监测点的组合位移。根据图 3-55 中的 5 条监测线的变化规律可知，同时开采煤层两个区段后上区段岩层的变形规律与只开采煤层 M1 上区段后岩层的变形规律较一致，无明显差别，可见下区段开采对上区段岩层的组合变形影响较小。监测线 M1-5′位移变化量最大，最大位移量为 2.1m，该监测线距离开采区 1.0m；监测线 M1-1′变化量最小，最大位移量为 1.8m，该监测线距离开采区 81.0m。由位移变化量最小和最大的监测线可知，开采后上覆岩层的变形量差值不大。由图 3-55 可见，在开采区变形范围两侧，岩层变形移动都比较小，位移量大致在 0.2~0.4m 范围内，集中塌陷区的变形量

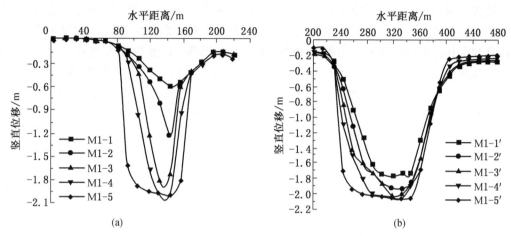

图 3-54　竖直位移曲线组合图（一般含水状态 2）

较大，位移量大致在 1.2~2.1m 范围内。

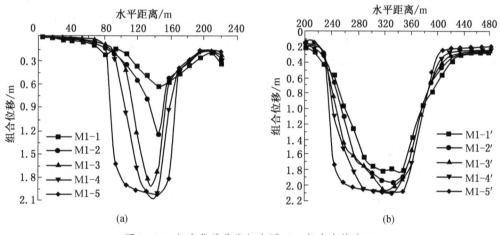

图 3-55　组合位移曲线组合图（一般含水状态 2）

综上所述，水平位移曲线、竖直位移曲线和组合位移曲线变化趋势大致相同，都呈"U"形变化规律，同一水平面位移变形量先增加后减少，与位移图中的呈拱形分布一致；不同深度下，靠近开采区的位移变化量较大，距开采区的距离越远，上覆岩层位移变化越小，从监测线 M1-1 到监测线 M1-5 上覆岩层的位移量呈逐渐增大的趋势。

五、富含水状态下煤层 M1 上区段开采数值计算

岩体中地下水的活动是影响大多数岩体工程稳定性的主要因素之一。同样，地下水也是影响煤矿开采区上覆岩层变形的重要因素之一。地下水改变了岩体的物理力学性质以及覆盖岩层的应力状态，地下水会降低岩石的弹性极限，提高岩石的岩性，使其软化更加容易变形。在地下工程中研究煤矿开采诱发的地表变形、塌陷、裂缝不可忽视地下水的影响，煤层采动打破了地下水原有的循环平衡状态，使上覆岩层变形量增大，上覆岩层与地下水相互影响，相互制约。

一般情况下，岩石中亲水矿物质含量越高，其力学性质越不稳定。在亲水矿物岩石

中，当含水量一般时，岩石强度受水压力较小，岩石强度较高，压缩性小，呈脆性破坏；而当含水量丰富时，岩石强度受水作用大，强度有所降低，表现为塑性介质破坏特征。分析在富含水状态下煤层开采对上覆岩层变形和地表变形造成的影响以及对岩石力学性质的影响。考虑在富含水状态下，岩石力学强度和弹性模量降低为初始岩石的30%~40%。修改初始状态下的岩石力学参数，调整富含水状态下开采数值计算模型的岩层物理力学参数。几何模型的建立过程与前述一致，边界和初始条件的设定、网格的划分保持不变，仅改变岩层物理力学参数和节理参数，岩层物理力学参数见表3-19。

表3-19　岩层物理力学参数（富含水状态）

岩性	密度/(kg·m^{-3})	体积模量/GPa	剪切模量/GPa	内摩擦角/(°)	黏聚力/MPa	抗拉强度/kPa
砂岩	2400	2.22	0.909	20	0.3	0.1
泥岩	2400	2.22	0.909	20	0.3	0.1
煤	1400	3.9	1.1	30	0.5	1.04

地下水对岩层节理的力学性质也有一定影响，与岩层影响一致，使节理力学参数降低为干燥岩石的30%~40%，进行参数调整，根据模拟结果确定合适的参数用于模拟计算。将一般含水状态下模型的节理法向刚度设置为2.0GPa，节理剪切刚度设置为1.5GPa，内摩擦角为15°，黏聚力为0.05MPa，抗拉强度为0.01MPa。岩体节理材料参数见表3-20。

表3-20　岩体节理材料参数（富含水状态）

法向刚度/GPa	剪切刚度/GPa	内摩擦角/(°)	黏聚力/MPa	抗拉强度/kPa
2.0	1.5	15	0.05	0.01

煤矿开采前需要对原始应力作用下的模型进行迭代计算，使模型应力达到平衡状态。由最大不平衡历史图可以看出迭代计算过程中最大不平衡力的动态变化，最大不平衡历史图如图3-56所示。

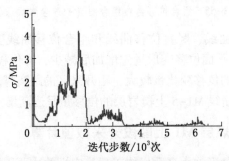

图3-56　开采前最大不平衡历史图（富含水状态）

模型应力平衡后，用delete range reg命令对需要开采的块体进行删除，先找出开采区域的4个角点，按照顺时针方向输入，对区域内的块体进行删除，以模拟煤层开采工作。煤层M1上区段开采后又进行迭代以达到平衡。求解完成后，输出模型图、最大不平衡历史图、水平应力云图、竖直应力云图、剪应力云图、水平位移云图、竖直位移云图、组合位移图、竖直位移等值线图、监测线图，为解析分析提供计算结果，分析煤层开采后对岩层变形的影响，估计地表沉降值，得出岩层应力变化规律等。

在计算模型中，煤层 M1 上区段从水平距离 75.0m 开始开采到水平距离 187.0m 结束，沿煤层倾斜长度为 112.0m，煤层开采平均厚度为 2.4m。距煤层较近的岩土层发生的弯曲较大，距煤层较远的岩土层相对于距开采煤层较近的岩层下沉量较小。采空区顶板发生了较明显的弯曲变形，与上覆岩土层产生多条张拉裂隙，岩层产生沿倾向的滑移变形。地下水会降低岩石的弹性极限，提高岩石的延性，使其软化更容易变形，造成的垮落和裂隙不明显，仅有较明显的弯曲变形。

（一）煤层开采应力分析

分析研究煤层开采后水平应力、垂直应力、剪应力、最大主应力、最小主应力，图 3-57 是煤层开采后的水平应力云图，图 3-58 是煤层开采后竖直应力云图，图 3-59 是煤层开采后剪应力云图，图 3-60 是煤层开采后最大主应力云图，图 3-61 是煤层开采后最小主应力云图。

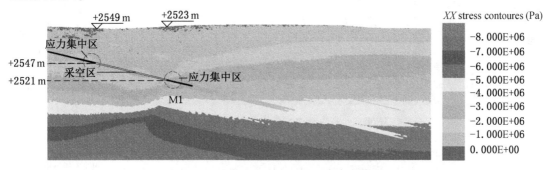

图 3-57　开采后水平应力云图（富含水状态 1）

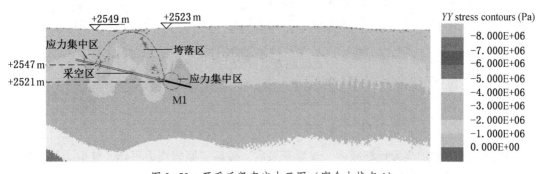

图 3-58　开采后竖直应力云图（富含水状态 1）

水平应力云图主要用于观测岩体所受到的水平应力分布情况，云图比等值线图更直观。图 3-57 为煤层开采达到平衡后的水平应力分布情况，该水平应力云图以 1.0MPa 作为等值间隔，最小应力为 0MPa，最大应力为 -8.0MPa，应力分布较均匀。在开采区下端出现应力集中现象，应力集中区的应力在 2.0~3.0MPa 范围内，开采区上端应力集中不明显。煤层开采使开采区域应力释放，由原平衡应力 1.0~2.0MPa 减少至 0~1.0MPa。由水平应力云图可见，煤层开采后再次达到应力平衡，在采空区上方形成拱顶的塌陷区，塌陷区的应力在 0~1.0MPa 之间。

图 3-58 为煤层开采达到平衡后的竖直应力分布情况，竖直应力云图主要用于观测岩体所受到的竖直应力分布情况。在自重应力作用下，竖直应力均匀分布；最底层应力较

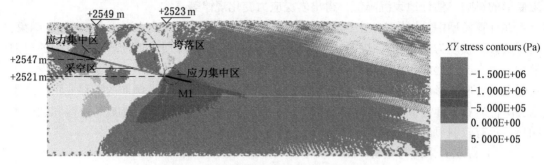

图 3-59　开采后剪应力云图（富含水状态 1）

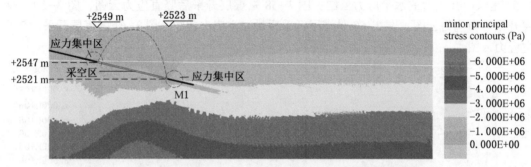

图 3-60　开采后最大主应力云图（富含水状态 1）

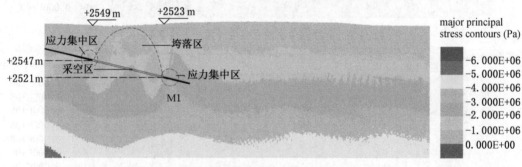

图 3-61　开采后最小主应力云图（富含水状态 1）

大，随着高度的增加应力逐渐减少。煤层开采后，破坏了原岩应力平衡，使应力场重新分布，由图 3-58 可以看出，该竖直应力云图以 1.0MPa 作为等值间隔，最小应力为 0MPa，最大应力为 -5.0MPa。煤层开采区顶板和底板处的应力变化较明显，煤层开采使该区域应力释放，开采区的应力由原平衡应力 1.0~2.0MPa 减少至 0~1.0MPa。开采区两端的应力集中不明显，应力值较小。

图 3-59 为煤层开采达到平衡后的剪应力分布情况，可见煤层开采区附近的岩层剪应力有正值和负值，正值表示与沿倾斜层移动方向一致，塌陷区的剪应力大部分为负值，数值在 0~0.5MPa 范围内变化。在开采区两端出现应力集中现象，剪应力为负值；开采区上端应力集中在 0~0.5MPa 范围内；开采区下端出现大面积应力集中，应力集中现象较明显，应力值在 0.5~1.0MPa 范围内。

图 3-60、图 3-61 为煤层开采达到平衡后的最大主应力与最小主应力分布情况，由图

3-60、图 3-61 可见最大主应力与最小主应力的分布都出现了应力分层，最大主应力云图以 1.0MPa 作为等值间隔，最小应力为 0MPa，出现在地表；最大应力为 -5.0MPa；最小主应力云图以 1.0MPa 作为等值间隔，最小应力为 0MPa，最大应力为 -5.0MPa。由图 3-60、图 3-61 可见，开采区出现特别明显的应力拱，应力拱区的应力释放后减小到 0~2.0MPa；在最大主应力云图中无明显开采应力拱，最大主应力云图和最小主应力云图开采区两端出现小应力集中，变化不明显；与原平衡应力相比较，开采区两端应力变化不大。

（二）煤层开采上覆岩层位移分析

分析研究煤层 M1 下区段开采后上覆岩层位移变化规律，煤层开采后迭代至整个模型趋于平衡。图 3-62 是煤层开采后水平位移云图，图 3-63 是煤层开采后竖直位移云图，图 3-64 是煤层开采后组合位移云图，图 3-65 是竖直位移等值线图。

图 3-62 开采后水平位移云图（富含水状态 1）

图 3-63 开采后竖直位移云图（富含水状态 1）

图 3-64 开采后组合位移云图（富含水状态 1）

由图 3-65 可以看出，煤层开采平衡后，整个计算模型趋于平衡稳定，煤层开采的顶底板相接，达到最后的岩层变形形态，变形量在压实区最大。

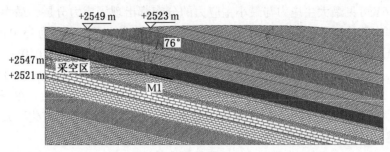

图 3-65 竖直位移等值线图（富含水状态 1）

图 3-62 为煤层开采达到稳定后上覆岩层水平位移变化情况，可见在开采区地表处水平位移出现最大值，位移量在 0.4~0.6m 之间；开采区上覆岩层大部分水平位移在 0~0.2m 之间。

图 3-63 为煤层开采达到稳定后上覆岩层竖直位移变化情况，可见岩层变形达到地表；采空区上覆岩层的变形集中在主塌陷区，位移变形呈层状分布向主塌陷区扩散，位移变化量逐渐减小，位移变化分层较多。开采区中部顶板处出现最大位移，最大位移量在 2.0~2.4m 之间；同样，整个煤层顶板的位移变化呈拱形扩散开来，拱形区域内上覆岩层位移变化量大于其余区域的位移。

图 3-64 为煤层开采达到稳定后上覆岩层组合位移变化情况，沉降值都为正值。结合水平位移和竖直位移的特征，组合位移变化情况与上述两种位移变化情况大致一样，与竖直位移云图相似，变形范围较竖直位移云图有所扩大。在主塌陷区的位移变化量出现最大值，最大组合位移值在 2.0~2.4m 之间；位移变化呈层状分布，其沉降值呈拱形向外逐渐扩散减小。由图 3-64 也可以看出，煤层开采区上覆岩层变形较明显，岩层的垮落和裂隙不明显，因为地下水提高了岩石的延性。

位移变化云图只能大致估算开采后一个整体位移量的变化范围，不能得到变形的具体数值。煤层 M1 上区段开采后各岩层变化趋势不同，地表下沉情况也不同，为了更好地分析岩层变形特征和变化位移量，得出岩层下沉规律，在煤层 M1 上区段开采区上覆岩层设置 5 条监测线，分别为 M1-1、M1-2、M1-3、M1-4、M1-5，每条监测线上设置 20 个监测点，各监测点之间的距离相等间距大致为 13.0m，监测线的间距都为 12.0m。从计算模型中提取所有监测点的水平位移、竖直位移、组合位移的数据。根据数据绘制位移曲线图，不仅可以看到各个监测点具体的位移，还能看到整个开采过程中位移的演化过程。各监测点水平位移数据见表 3-21，各监测点竖直位移数据见表 3-22，各监测点组合位移数据见表 3-23。

由表 3-21 中的数据可以得到水平位移曲线组合图，将各监测点的位移进行横向比较，如图 3-66 所示。将 5 条监测线绘制在同一坐标下进行整体分析，横坐标表示监测点的水平距离，纵坐标表示监测点的水平位移。根据图 3-66 中 5 条监测线的变化规律可得监测线 M1-1 变化量波动最大，该监测线距离开采区 48.0m，最大变形位移为 0.45m；监测线 M1-2 比监测线 M1-1 波动小，但也有明显的变化；监测线 M1-3、M1-4、M1-5 变化浮动不大，较一致。由图 3-66 可见，监测线 M1-1 线条不连通，有 4 个监测点无数据，这是由于地表沉陷过大，原同一水平面的监测点已不在岩层，脱离地表导致无数据。

表 3-21 各监测点水平位移数据（富含水状态 1）

m

监测线	监测点																	
	1	2	3	4	5	6	7	8	9	10	11	12	13	14	15	16	17	18
M1-1	0.032	0.047	0.089	0.103	0.126	0.322	0.356	0.295	0.285	0.124	0.006	-0.256	-0.316	-0.368	-0.426	-0.365	-0.156	0.117
M1-2	0.025	0.043	0.078	0.095	0.117	0.243	0.260	0.285	0.278	0.109	0.005	-0.156	-0.215	-0.188	-0.202	-0.205	-0.055	0.125
M1-3	0.016	0.039	0.068	0.084	0.102	0.127	0.176	0.204	0.212	-0.018	-0.011	-0.009	0.038	0.031	0.019	0.034	0.087	0.130
M1-4	0.009	0.036	0.056	0.074	0.088	0.104	0.151	0.027	0	-0.017	-0.041	-0.040	-0.101	0.127	0.085	0.073	0.137	0.138
M1-5	0.007	0.032	0.051	0.068	0.081	0.093	0.066	-0.045	-0.112	-0.089	-0.073	-0.059	-0.067	-0.098	-0.059	0.092	0.159	0.144

表 3-22 各监测点竖直位移数据（富含水状态 1）

m

监测线	监测点																	
	1	2	3	4	5	6	7	8	9	10	11	12	13	14	15	16	17	18
M1-1	0.024	0.020	0.011	-0.002	-0.018	-0.088	-0.390	-0.625	-1.023	-1.625	-1.785	-1.658	-1.588	-1.269	-0.965	-0.593	-0.328	-0.258
M1-2	0.015	0.010	0.003	-0.009	-0.026	-0.111	-0.411	-0.855	-1.256	-1.776	-1.950	-1.956	-1.632	-1.297	-0.950	-0.587	-0.310	-0.250
M1-3	0.005	0.003	-0.003	-0.013	-0.033	-0.108	-0.441	-1.145	-1.669	-1.878	-2.026	-2.049	-1.776	-1.326	-0.948	-0.594	-0.285	-0.232
M1-4	-0.004	-0.005	-0.007	-0.018	-0.033	-0.060	-0.571	-1.459	-1.743	-1.997	-2.051	-2.061	-1.899	-1.419	-1.020	-0.484	-0.238	-0.218
M1-5	0	-0.002	-0.008	-0.017	-0.030	-0.046	-0.876	-1.656	-1.976	-2.027	-2.040	-2.079	-1.950	-1.642	-1.030	-0.357	-0.212	-0.205

表 3-23 各监测线中监测点的组合位移数据（富含水状态 1）

m

监测线	监测点																	
	1	2	3	4	5	6	7	8	9	10	11	12	13	14	15	16	17	18
M1-1	0.041	0.051	0.089	0.106	0.137	0.414	0.724	0.824	1.234	1.785	1.856	1.796	1.685	1.371	1.112	0.800	0.389	0.283
M1-2	0.029	0.044	0.078	0.096	0.120	0.267	0.486	0.901	1.286	1.780	1.950	1.963	1.646	1.310	0.971	0.622	0.315	0.279
M1-3	0.017	0.039	0.068	0.085	0.107	0.166	0.475	1.163	1.682	1.878	2.026	2.049	1.777	1.327	0.948	0.595	0.298	0.266
M1-4	0.010	0.036	0.056	0.076	0.094	0.120	0.590	1.459	1.743	1.997	2.051	2.061	1.902	1.425	1.023	0.489	0.275	0.258
M1-5	0.007	0.032	0.051	0.070	0.086	0.103	0.878	1.656	1.979	2.029	2.042	2.080	1.951	1.645	1.031	0.369	0.265	0.250

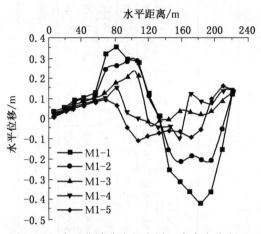

图3-66　水平位移曲线组合图（富含水状态1）

由表3-22中的数据可以得到竖直位移曲线组合图，将各监测点的位移进行横向比较，如图3-67所示。将5条监测线绘制在同一坐标下进行整体分析，横坐标表示监测点的水平距离，纵坐标表示监测点的竖直位移。根据图3-67中5条监测线的变化规律可得监测线M1-5变化量最大，最大变化位移为2.08m，该监测线距离开采区2.0m；监测线M1-1变化量最小，最大变化位移为1.7m，该监测线距离开采区48.0m。由图3-67可见，在开采区变形范围两侧，岩层变形移动都比较小，位移量大致在0~0.1m范围内，集中塌陷区的变形量较大，位移量大致在1.2~2.1m范围内。由图3-67可见，监测线M1-1线条不连通，有4个监测点无数据，这是由于地表沉陷过大，原同一水平面的监测点已不在岩层，脱离地表导致无数据。根据监测线测出的数据绘制的位移曲线呈"U"形变化，同一水平面上竖直位移变形量先增加后减少，与位移云图中的呈拱形分布一致。

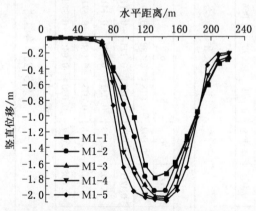

图3-67　竖直位移曲线组合图（富含水状态1）

由组合位移云图可知，位移量全为正值。为了更好地对比3种曲线图，人为将数据改成负值。由表3-23中的数据可以得到组合位移曲线组合图，将各监测点的位移进行横向比较，如图3-68所示。将5条监测线绘制在同一坐标下进行整体分析，横坐标表示监测点的水平距离，纵坐标表示监测点的组合位移。根据图3-68中5条监测线的变化规律可得监测线M1-5变化量最大，最大变化位移为2.08m，该监测线距离开采区2.0m；监测线

M1-1 变化量最小，最大变化位移为 1.7m，该监测线距离开采区 48.0m。组合位移变化规律与竖直位移变化规律较一致，从呈现的"U"形图像可见，主沉陷区变化情况相近，组合位移监测点 1-6 有较明显的变形，在竖直位移中变化接近于 0。由图 3-68 可见，监测线 M1-1 线条不连通，有 4 个监测点无数据，这是由于地表沉陷过大，原同一水平面的监测点已不在岩层，脱离地表导致无数据。

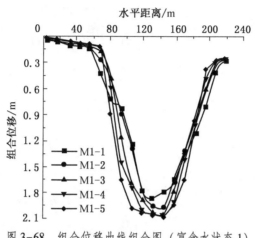

图 3-68　组合位移曲线组合图（富含水状态 1）

综上所述，水平位移曲线、竖直位移曲线和组合位移曲线变化趋势大致相同，都呈"U"形变化规律，同一水平面组合位移变形量先增加后减少，与位移图中的呈拱形分布一致；不同深度下，靠近开采区的位移变化较大，距开采区的距离越远，上覆岩层位移变化越小。

六、富含水状态下煤层 M1 下区段开采数值计算

煤层 M1 上区段开采数值模拟计算达到平衡后，继续煤层 M1 下区段开采数值模拟计算。煤层 M1 下区段距离上区段 40.0m，下区段工作面从模型水平距离 225.0m 开始开采到水平距离 397.0m 结束，开采工作面沿煤层倾斜方向推进 172.0m。继上区段迭代平衡后，该工况的模型同样用 delete range reg 命令对边界内需要开采的块体进行删除，先找出开采区域的 4 个角点，按照顺时针输入，对区域内的块体进行删除，以模拟开采工作，对下区段迭代使开采数值计算达到平衡。

煤层上覆岩层发生了弯曲下沉，距煤层较近的岩层发生的弯曲较大，距煤层较远的岩层相对于距开采煤层较近的岩层下沉量较小。采空区顶板发生了较明显的弯曲变形，与上覆岩层产生了多条张拉裂隙。下区段的开采长度较上区段大，影响范围也有所扩大，开采变形量随着距煤层距离的增大而有所减小。

（一）煤层开采应力分析

分析研究煤层开采后水平应力、垂直应力、剪应力、最大主应力、最小主应力，图 3-69 是煤层开采后水平应力云图，图 3-70 是煤层开采后竖直应力云图，图 3-71 是煤层开采后剪应力云图，图 3-72 是煤层开采后最大主应力云图，图 3-73 是煤层开采后最小主应力云图。

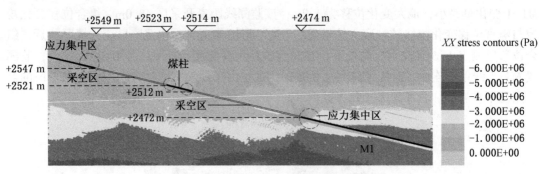

图 3-69　开采后水平应力云图（富含水状态 2）

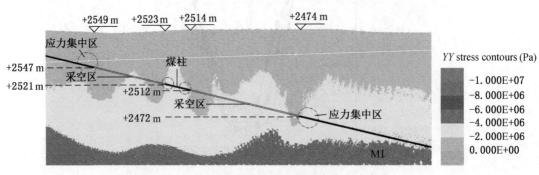

图 3-70　开采后竖直应力云图（富含水状态 2）

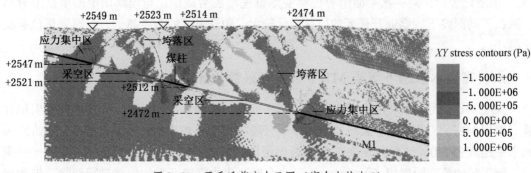

图 3-71　开采后剪应力云图（富含水状态 2）

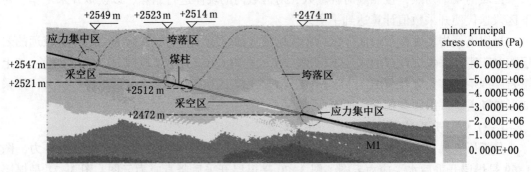

图 3-72　开采后最大主应力云图（富含水状态 2）

水平应力云图主要用于观测岩体所受到的水平应力分布情况，云图比等值线图更直

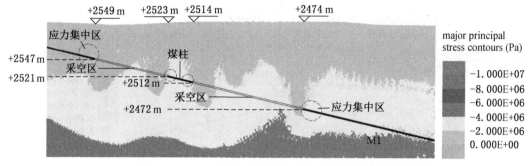

图 3-73　开采后最小主应力云图（富含水状态 2）

观。图 3-69 为煤层开采达到平衡后的水平应力分布情况，该水平应力云图以 1.0MPa 作为等值间隔，最小应力为 0MPa，最大应力为 -8.0MPa，应力分布较均匀。水平应力呈层状分布，最底层应力较大，随着高度的增加应力逐渐减小。开采区后端出现应力集中现象，集中区的应力在 5.0~6.0MPa 范围内，煤层开采使开采区域应力释放，由原平衡应力 3.0~4.0MPa 减小至 0~2.0MPa。由水平应力云图可见，煤层开采后再次计算达到应力平衡，在采空区上方形成拱顶的塌陷区，塌陷区的应力分布在 0~2.0MPa 范围内。

图 3-70 为煤层开采达到平衡后的竖直应力分布情况，竖直应力云图主要用于观测岩体所受到的竖直应力分布情况。在自重应力作用下，竖直应力均匀分布，呈层状。竖直应力分成 3 段，最底层应力较大，随着高度的增加应力逐渐减小。煤层开采破坏了原岩应力平衡，使应力场重新分布，由图 3-70 可以看出，竖直应力云图以 2.0MPa 作为等值间隔，最小应力为 0MPa，最大应力为 -6.0MPa，煤层开采区底板处应力较大，煤层采空区上部顶板处应力较小。煤层开采使开采区域应力释放，由原平衡应力 2.0~4.0MPa 减小至 0~2.0MPa。开采区后端出现了应力集中现象，应力集中区的应力在 4.0~6.0MPa 范围内。

图 3-71 为煤层开采达到平衡后的剪应力分布情况，可见煤层开采区附近的岩层剪应力有正值和负值，正值表示与沿倾斜层移动方向一致，塌陷区的剪应力大部分为正值，数值达到 0~1.0MPa。在开采区两端出现了应力集中现象，剪应力为负值，数值达到 0~1.0MPa。

图 3-72、图 3-73 为煤层开采达到平衡后的最大主应力与最小主应力分布情况，可见最大主应力与最小主应力的分布都出现了应力分层，最大应力分层较多，最大主应力云图以 1.0MPa 作为等值间隔，最小应力为 0MPa，最大应力为 -5.0MPa；最小主应力云图以 1.0MPa 作为等值间隔，最小应力为 0MPa，最大应力为 -5.0MPa。由图 3-72、图 3-73 可见，开采区出现了特别明显的应力拱，应力拱区的应力释放后减小到 0~2MPa；最大主应力云图中开采区两端都出现了应力集中现象，最小主应力云图中开采区下端出现了较明显的应力集中，开采区上端应力集中不明显。

（二）煤层开采上覆岩层位移分析

分析研究煤层 M1 下区段开采后上覆岩层位移变化规律和下区段开采对上区段岩层变形的影响，计算至整个模型趋于平衡。图 3-74 是煤层开采后水平位移云图，图 3-75 是煤层开采后竖直位移云图，图 3-76 是煤层开采后组合位移云图，图 3-77 是竖直位移等值线图。

由图 3-77 可以看出，煤层开采平衡后，整个计算模型趋于平衡稳定，煤层开采的顶

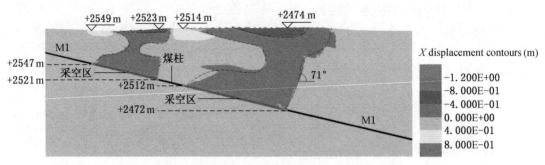

图 3-74　开采后水平位移云图（富含水状态 2）

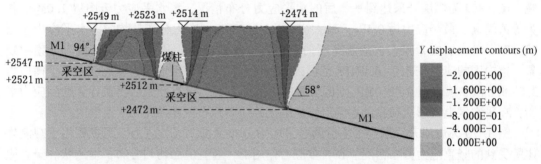

图 3-75　开采后竖直位移云图（富含水状态 2）

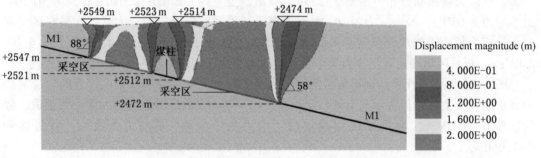

图 3-76　开采后组合位移云图（富含水状态 2）

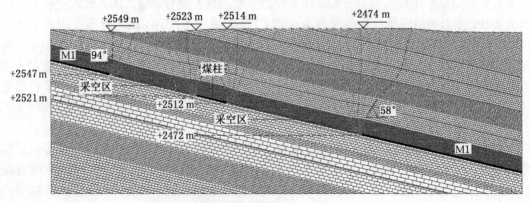

图 3-77　竖直位移等值线图（富含水状态 2）

底板相接，达到最后的岩层变形形态。下区段开采过程中，也会对上区段造成影响，加大上区段岩层变形。

图 3-74 为煤层开采达到稳定后上覆岩层水平位移变化情况，可见在底面表层处水平位移出现最大值，位移量在 0.4~0.6m 之间，采空区以上大范围的岩层位移量在 0.2~0.4m 之间，岩层出现明显的弯曲。由图 3-74 可见下区段开采对上区段岩层变形无明显影响。

图 3-75 为煤层开采达到稳定后上覆岩层竖直位移变化情况，可见岩层变形达到地表，采空区上覆岩层的变形集中在主塌陷区，位移变形呈层状分布向主塌陷区扩散，位移变化量逐渐减小；开采区中部顶板出现最大位移，最大位移量在 1.6~2.0m 之间；同样，整个煤层顶板的位移变化呈拱形扩散开来，拱形区域的上覆岩层位移变化量大于其余区域的位移。由图 3-75 可见，上区段岩层的变形区域与下区段岩层的变形区域有重合部分，下区段开采影响了上区段岩层的竖直位移，需要通过监测线得出具体影响值。

图 3-76 为煤层开采达到稳定后上覆岩层组合位移变化情况，沉降值都为正值。结合水平位移和竖直位移的特征，组合位移的变化情况与上述两种位移的变化情况大致一样，主塌陷区的位移变化量最大，组合位移在 1.6~1.8m 之间，位移变化呈层状分布，其沉降值呈拱形向外逐渐扩散减小。由图 3-76 可见，上区段岩层的变形区域与下区段岩层的变形区域有重合部分，岩层的组合位移受竖直位移的影响而改变，其变化趋势与竖直位移的变化趋势一致。

位移变化云图只能大致估算开采后一个整体位移量的变化范围，不能得到变形的具体数值。煤层 M1 下区段开采后各岩层变化趋势不同，地表下沉情况也不同，为了更好地分析岩层变形特征和变化位移量，得出岩层下沉规律，在煤层 M1 下区段开采区上覆岩层设置 5 条监测线，分别为 M1-1′、M1-2′、M1-3′、M1-4′、M1-5′，每条监测线上设置 20 个监测点，各监测点之间的距离相等，间距大致为 15.0m，监测线的间距都为 20.0m。从计算模型中提取所有监测点的水平位移、竖直位移、组合位移数据。根据数据绘制位移曲线图，不仅可以看到各个监测点具体的位移，还能看到整个开采过程中位移的演化过程。各监测点水平位移数据见表 3-24，各监测点竖直位移数据见表 3-25，各监测点组合位移数据见表 3-26。

由表 3-24 中的数据可以得到水平位移曲线组合图，将各监测点的位移进行横向比较，分析煤层 M1 上区段与下区段同时开采后的水平位移曲线，如图 3-78 所示。将 5 条监测线绘制在同一坐标下进行整体分析，横坐标表示监测点的水平距离，纵坐标表示监测点的水平位移。根据图 3-78 中 5 条监测线的变化规律可知，同时开采煤层两个区段后上区段岩层的变形规律与只开采煤层 M1 上区段后岩层的变形规律无明显差别，但是可见下区段开采导致上区段岩层的水平位移量增加，增加值较小。由于岩层含水增加了延性，使岩层变形弯曲增加。监测线 M1-1′ 水平位移变化量最大，波动很明显，该监测线距离开采区 81.0m，最大变形位移为 0.62m；其余 4 条监测线波动较小，变化规律较一致，变形近于波浪状，各点差值不大，位移曲线不再呈现"U"形的变化，可见地下水对岩层水平位移有影响。

由表 3-25 中的数据可以得到竖直位移曲线组合图，将各监测点的位移进行横向比较，分析煤层 M1 上区段与下区段同时开采后的竖直位移曲线，如图 3-79 所示。根据图 3-79 中 5 条监测线的变化规律可得，同时开采煤层两个区段后上区段岩层的变形规律与只开采

表 3-24　各监测点水平位移数据（富含水状态 2）

m

监测线	监测点																			
	1	2	3	4	5	6	7	8	9	10	11	12	13	14	15	16	17	18	19	20
M1-1'	-0.284	0.579	0.623	0.613	0.629	-0.153	-0.165	-0.217	-0.234	-0.296	-0.451	-0.472	-0.549	-0.507	-0.444	-0.432	-0.222	-0.092	-0.006	0.012
M1-2'	0.105	0.205	0.262	0.245	0.219	0.194	0.183	0.162	0.152	0.115	0.055	-0.169	-0.189	-0.106	-0.116	-0.112	-0.082	-0.022	-0.021	-0.007
M1-3'	0.131	0.193	0.282	0.228	0.093	0.061	0.053	0.053	0.051	0.044	0.036	0.001	-0.057	-0.114	-0.097	-0.030	0.047	-0.001	0.002	0.004
M1-4'	0.163	0.230	0.346	0.199	0.078	0.030	-0.058	-0.054	-0.028	-0.010	-0.010	-0.021	-0.091	-0.158	-0.116	0.005	0.060	0.070	0.067	0.062
M1-5'	0.185	0.186	0.282	-0.016	-0.053	-0.033	-0.031	-0.027	-0.027	-0.028	-0.028	-0.011	-0.064	-0.163	-0.056	0.046	0.063	0.059	0.054	0.052

表 3-25　各监测点竖直位移数据（富含水状态 2）

m

监测线	监测点																			
	1	2	3	4	5	6	7	8	9	10	11	12	13	14	15	16	17	18	19	20
M1-1'	-0.610	-0.585	-0.966	-1.272	-1.693	-1.814	-2.025	-2.142	-2.223	-2.220	-2.212	-2.079	-1.623	-1.298	-1.025	-0.784	-0.594	-0.516	-0.502	-0.504
M1-2'	-0.543	-0.571	-0.931	-1.315	-1.759	-2.072	-2.222	-2.298	-2.344	-2.369	-2.320	-2.129	-1.831	-1.276	-1.029	-0.778	-0.564	-0.486	-0.464	-0.474
M1-3'	-0.402	-0.422	-0.814	-1.447	-1.948	-2.095	-2.191	-2.274	-2.328	-2.364	-2.385	-2.302	-1.916	-1.383	-0.962	-0.699	-0.523	-0.445	-0.449	-0.453
M1-4'	-0.224	-0.261	-0.705	-1.744	-2.028	-2.120	-2.167	-2.215	-2.266	-2.305	-2.334	-2.309	-1.954	-1.357	-0.824	-0.521	-0.421	-0.423	-0.426	-0.429
M1-5'	-0.137	-0.150	-0.807	-1.935	-2.097	-2.133	-2.160	-2.191	-2.222	-2.248	-2.278	-2.290	-2.051	-1.298	-0.577	-0.358	-0.344	-0.353	-0.362	-0.370

表 3-26　各监测点组合位移数据（富含水状态 2）

m

监测线	监测点																			
	1	2	3	4	5	6	7	8	9	10	11	12	13	14	15	16	17	18	19	20
M1-1'	0.673	0.823	1.149	1.412	1.806	1.820	2.031	2.153	2.235	2.240	2.258	2.132	1.713	1.394	1.117	0.895	0.634	0.525	0.502	0.504
M1-2'	0.553	0.607	0.967	1.338	1.773	2.081	2.230	2.304	2.349	2.372	2.321	2.136	1.841	1.281	1.036	0.786	0.570	0.486	0.465	0.474
M1-3'	0.423	0.464	0.861	1.464	1.950	2.096	2.192	2.275	2.328	2.365	2.386	2.302	1.917	1.388	0.967	0.699	0.525	0.445	0.449	0.453
M1-4'	0.277	0.348	0.786	1.755	2.030	2.120	2.168	2.216	2.266	2.305	2.334	2.309	1.956	1.366	0.832	0.521	0.425	0.429	0.432	0.434
M1-5'	0.230	0.239	0.855	1.935	2.097	2.133	2.160	2.191	2.222	2.248	2.279	2.290	2.052	1.308	0.579	0.361	0.350	0.358	0.366	0.373

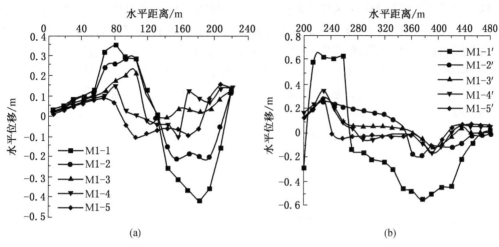

图 3-78　水平位移曲线组合图（富含水状态）

煤层 M1 上区段后岩层的变形规律较一致，无明显差别，可见下区段开采对上区段岩层的竖直变形影响较小。监测线 M1-5′下沉位移量不再最大；监测线 M1-1′主沉陷区变化量最小，最大位移量为 2.25m，该监测线距离开采区 81.0m。由图 3-79 可见，监测点 1 到监测点 4 的位移变化规律明显与前述工况不一样，因为与上区段岩层沉降重合，造成接近地表的监测线位移量较大，监测线 M1-4′和 M1-5′受重叠位移影响较小；监测线 M1-3′有最大沉陷值，最大位移量为 2.38m，接近煤层开采厚度，可见开采区中部已压实，达到开采区底板。根据监测数据绘制的位移曲线呈"U"形变化，同一水平面上竖直位移变形量先增加后减少，与位移图中的呈拱形分布一致。

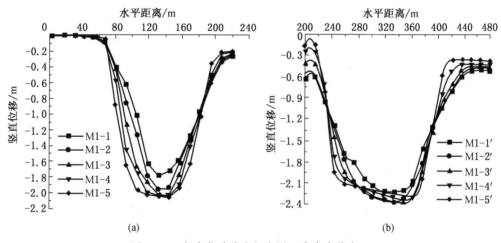

图 3-79　竖直位移曲线组合图（富含水状态 2）

　　由组合位移云图可知，位移量全为正值。为了更好地对比 3 种曲线图，人为将数据改成负值。由表 3-26 中的数据可以得到组合位移曲线组合图，将各监测点的位移进行横向比较，如图 3-80 所示。将 5 条监测线绘制在同一坐标下进行整体分析，横坐标表示监测点的水平距离，纵坐标表示监测点的组合位移。根据图 3-80 中 5 条监测线的变化规律可得，组合位移的变化规律与竖直位移的变化规律一致。开采煤层两个区段后上区段岩层的变形规律与只开采煤层 M1 上区段后岩层的变形规律较一致，无明显差别，变化仅为毫米级，可见下区段开采对上区段岩层的竖直变形影响较小。监测线 M1-5′ 下沉位移量不再最大；监测线 M1-1′ 主沉陷区变化量最小，最大位移量为 2.25m，该监测线距离开采区 81.0m。由图 3-80 可见，监测点 1 到监测点 4 的位移变化规律明显与前述工况不一样，由于与上区段岩层的沉降重合，造成接近地表的监测线位移量较大，监测线 M1-4′ 和 M1-5′ 受重叠位移影响较小；监测线 M1-3′ 有最大沉陷值，最大位移量为 2.38m，接近煤层开采厚度，可见开采区中部已压实，达到开采区底板。根据监测线测出的数据绘制的位移曲线呈 "U" 形变化，同一水平面上竖直位移变形量先增加后减少，与位移图中的呈拱形分布一致。

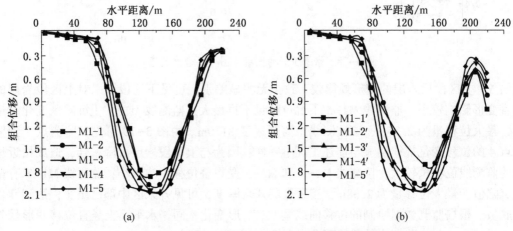

图 3-80　组合位移曲线组合图（富含水状态 2）

综上所述，水平位移曲线、竖直位移曲线和组合位移曲线变化趋势大致相同，都呈 "U" 形变化，同一水平面位移变形量先增加后减少，与位移图中的呈拱形分布一致；不同深度下，靠近开采区的位移变化较大，距开采区的距离越远，上覆岩层位移变化越小，增加不明显，变形区范围也在减小。

第三节　工　程　分　析

通过以上工作，取得的主要研究成果如下：

（1）依据勘察资料和瞬变电磁推测的元树儿煤矿采空塌陷区的分布范围和勘探线位置，建立元树儿煤矿煤层采空区 CAD 剖面图，清楚地了解元树儿煤矿煤层分布形态、煤层倾斜角度、煤层高程、煤层开采上下端高程，以及煤层分布于侏罗系砂岩、泥岩中。

（2）由于 CAD 剖面图所示区域范围较大，整个区域建模对后续计算耗费时间长，且全部模型建立计算对研究区域无较大意义，所以在剖面图中适当区域增加两边的水平位移，增加向下的高度，得到模拟计算的元树儿煤矿开采模型。在煤层 M1 上区段开采上端左侧延长 80m 确定为几何模型的起边，在煤层 M1 下区段开采下端右侧延长 200.0m 确定为几何模型的终边。建立的二维离散模型长度为 600.0m，高度为 203.0m，计算模拟煤岩层共有 15 层，煤层上覆盖岩层有 7 层，煤层倾角为 13°，岩层与节理倾角同为 13°。

（3）根据现场实际情况按照岩层初始状态不含水、岩层一般含水状态、岩层富含水状态设立了3个工况。对不同工况开采后的水平位移、竖直位移、组合位移、水平应力、剪应力、竖直应力、最大主应力、最小主应力等进行分析。基于3种不同的岩石力学参数得到了不同工况的数值模拟结果。

（4）对比分析平缓煤层开采平衡后的水平应力云图、竖直应力云图、剪应力云图、最大应力云图、最小应力云图，探讨3个工况下煤层开采对岩层应力变化及开采顺序的影响，结果表明：

①首先开采平缓煤层M1上区段，煤层倾角为13°，煤层开采厚度为2.4m，沿煤层倾斜方向开采长度为112.0m。处于初始状态下，根据应力云图可见，开采后的水平应力最小应力为0MPa，最大为-8MPa，应力分布较均匀，在开采区后端出现较明显的应力集中现象，应力集中分布在5.0~6.0MPa范围内。竖直应力最小为0MPa，最大为-6.0MPa，大部分应力为2.0~4.0MPa，煤层开采区底板处应力较大。在开采区两端出现应力集中现象，应力在4.0~6.0MPa范围内。处于一般含水状态下，根据应力云图可见，开采后的水平应力最小为0MPa，最大为-7.0MPa，应力分布较均匀。在开采区下端出现应力集中现象，应力在3.0~5.0MPa范围内，开采区上端应力集中不明显。竖直应力最小为0MPa，最大为-6.0MPa，在开采区下端出现应力集中现象，应力在4.0~5.0MPa范围内，开采区上端有小部分应力集中，集中区应力较小，在2.0~3.0MPa之间。处于富含水状态下，根据应力云图可见，水平应力最小为0MPa，最大为-8.0MPa，在开采区下端出现应力集中现象，应力在2.0~3.0MPa范围内，开采区上端应力集中不明显。竖直应力最小为0MPa，最大为-5.0MPa，大部分应力为2.0~4.0MPa。开采区两端应力集中不明显，应力值较小。

综上所述，岩层含水影响应力，导致开采端水平应力和竖直应力集中现象随含水量的增加不明显，应力改变值降低。煤层顶板因开采引起上覆岩层卸压，使开采区上覆岩层很大范围处于低应力区。

②煤层M1上区段开采后继续开采下区段，下区段煤层倾角为13°，开采厚度为2.4m，沿煤层倾斜方向开采长度为172.0m，开采长度增大导致岩层塌陷区面积增加，影响范围大。处于初始状态下，根据应力云图可见，开采后的水平应力最小为0MPa，最大为-8.0MPa，应力分布较均匀。在煤层M1下区段开采区两端都出现了应力集中现象，开采上端应力集中分布在4.0~6.0MPa范围内，开采下端应力集中分布在4.0~8.0MPa范围内。竖直应力最小为0MPa，最大为-6.0MPa。下区段开采区两端出现较明显的应力集中现象，应力集中分布在6.0~8.0MPa范围。处于一般含水状态下，根据应力云图可见，水平应力最小为0MPa，最大为-8.0MPa，在煤层M1下区段开采区两端都出现了应力集中现象，开采上端应力集中分布在4.0~6.0MPa范围内，开采下端应力集中分布在4.0~8.0MPa范围内。竖直应力最小为0MPa，最大为-6.0MPa，下区段开采区两端出现较明显的应力集中现象，开采上端应力集中分布在4.0~6.0MPa范围内，开采下端应力集中分布在4.0~8.0MPa范围内。处于富含水状态下，水平应力最小为0MPa，最大为-8.0MPa，在开采区后端出现应力集中现象，应力集中分布在5.0~6.0MPa范围内。竖直应力最小为0MPa，最大为-6.0MPa，在开采区后端出现应力集中现象，应力集中分布在4.0~6.0MPa范围内。

综上所述，煤层M1下区段岩层因含水情况不同，各种应力变化较小，改变差值不大。但因上区段与下区段距离较小，下区段开采长度较大，下区段开采会影响到上区段开采平衡后的应力状态，应力波动，其开采两端应力集中不明显，集中应力值会降低。由各种应力云图可见，应力呈现层状分布，分布较均匀，底部应力最大，沿高度向上逐渐减少。在3种工况下的应力云图中，开采区上覆岩层因岩层移动压实，应力出现拱状，有些应力拱状不明显，拱状集中区域为压实区，该区域内应力因扰动重新分布，压实区的应力明显减小。

（5）对比分析平缓煤层M1上区段开采后的水平位移云图、竖直位移云图、组合位移云图和监测数据，结果表明：

①开采平缓煤层M1上区段，根据位移云图可见，岩层的位移变化量在一个范围内，只能估计一个大概值，难以得到具体的变形值，采取设置监测线的方法，提取数据绘制位移组合曲线。在初始状态下，开采区上覆岩层最大水平位移为0.6m，最大竖直位移为1.96m，最大组合位移为1.97m。处于一般含水状态下，根据位移组合曲线可见，开采后岩层最大水平位移为0.3m，最大竖直位移为2.0m，最大组合位移为2.0m。处于富含水状态下，根据位移组合曲线可见，开采后岩层最大水平位移处于地表，最大水平位移为0.45m，最大竖直位移为2.1m，最大组合位移为2.1m。

②煤层M1上区段开采后继续开采下区段，处于初始状态下，根据各方向位移云图可知，煤层M1下区段开采后上覆岩层最大水平位移为0.34m，最大竖直位移为2.0m，最大组合位移为2.05m。处于一般含水状态下，开采后岩土层最大水平位移处于地表，最大水平位移为0.45m，最大竖直位移为2.1m，最大组合位移为2.1m。处于富含水状态下，开采后岩土层最大水平位移为0.62m，最大竖直位移量2.38m，最大组合位移为2.38m，都呈层状分布。

③上区段开采后的岩层沉降量随着含水量的增加而增大；由计算结果可得岩层组合位移与竖直位移变化规律一致，且受竖直位移变化的影响较大，受水平位移变化的影响较小；采空区顶板会产生较明显的弯曲变形，与上覆岩层产生多条张拉裂隙，岩层产生沿倾向的滑移变形，在初始状态下煤层采空区上方20.0m顶板范围内弯曲变形和断裂较明显，变形量也随着距煤层距离的增大而减小，近地表岩层出现小范围的垮落和裂隙。在富含水状态下，煤层采空区上方5.0~10.0m顶板范围内弯曲变形较明显，断裂不明显，地下水增大了岩石的延性，岩层产生了较大的弯曲变形。

④根据监测数据绘制的位移曲线大多呈"U"形变化，同一水平面上位移的变化规律为先增加后减少，与位移图中的呈拱形分布一致；不同深度下，距离开采区近的上覆岩层下沉位移量较大，距开采区的距离越远，上覆岩层位移变化越小，增加不明显，变形区的范围也在减少。因含水强度降低，岩层更容易发生下沉，地表更容易发生沉陷。

（6）利用数值模拟计算方法建立了离散元计算模型，并对不同工况下平缓煤层开采上覆岩层移动以及地表沉陷变形规律进行了模拟计算分析，进一步加深了对平缓煤层开采岩层移动以及地表变形规律的认识。

（7）由煤层开采后岩层移动变形特征可见，采空区顶板岩层移动量大于采空区底板岩层移动量，采空区中部移动量比两端大；煤层M1下区段开采在一定程度上会影响上区段岩层移动量；煤层开采顺序和开采长度对岩层移动量和地表变形值有很大的影响，随着煤层开采长度的增加，岩层移动量增大，地表下沉值增大。

第四章 大煤洞煤矿开采岩土层变形数值计算

目前，数值模拟方法已经在地表覆岩移动领域得到了广泛应用，其可以揭示现场工程岩层变形与破坏规律，可以更好地解决各种地质条件和不同开采模式下的地表覆岩移动变形规律等问题。采用二维离散单元数值模拟软件，主要针对青海省西宁市大煤洞煤矿开采后岩土层的变形量进行数值模拟计算，根据相关工程规范及相关公式对3种不同的工况进行参数选取。

第一节 数值模型建立

一、边界和初始条件确定

当计算区域的几何模型建立后，还要定义块体边界条件，并且必须与实际工程情况的边界条件一致，否则计算的数据不准确。结合离散元的相关实际工程案例可知，设计的边界条件为固定边界，即左右和下边界的应力和位移均设置为0。垂直应力为岩体的自重应力，根据岩体密度及煤层开采深度计算数值模型的垂直应力，为-9.09201MPa，在二维离散软件中压应力为负值，拉应力为正值，侧向应力根据泊松效应计算，为-4.5886MPa。未开采煤层的几何模型如图4-1所示。

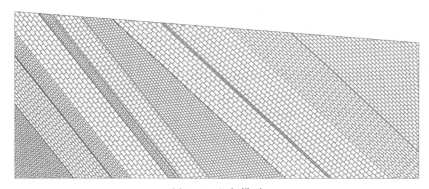

图4-1 几何模型

本章以大煤洞煤矿开采岩层的沉陷区为主要研究对象，简化推测的煤矿开采剖面图，煤层采空区为大煤洞煤矿主采倾斜煤层M1和缓斜煤层M3，煤层开采度均为2.4m，倾斜煤层M1的倾角为51°，缓斜煤层M3的倾角为31°，两个开采煤层区域相距150m。利用离散元建立几何模型，再利用所建立的模型研究相关煤矿的工作面，在模型建立前，首先要确定研究的工作面，设计选择大煤洞煤矿的横断面，即进行正向开采的动态模拟。

首先用 Round 命令设置块体圆角 $d=0.1$，根据圣维南原理设置合理的计算区域范围，应根据开采煤层的区域范围边长建立几何模型尺寸，在此基础上延长边长的 30%~50%。根据青海省西宁市大通煤矿地质勘查资料建立数值模型，适当简化其区域后，左侧开采边界距建立的几何模型边界 50m，右侧开采边界距建立的几何模型边界 200m。设计用 Block 命令建立长 670m、一侧高 270m、另一侧高 220m 的梯形块体作为研究计算区域，再用 Arc 命令划分大煤洞煤矿煤层中的各个节理层，以便对此区域进行动态模拟，该离散元几何模型左边界、右边界、下边界都采用位移进行固定，利用离散元软件中的加载方式模拟数值模型上覆岩开采过程中的实际受力情况。开采模型模拟的岩层共有 15 层，将该区域的岩体划分为两部分，一部分岩体节理倾角为 51°，另一部分岩体节理倾角为 31°。

二、模型参数

（一）岩体材料参数选取

岩体材料参数为围岩参数的恒量，结合离散元计算程序的特点，在进行岩体参数选取前，应先选择与研究问题以及材料特性相符合的本构模型，离散元块体本构模型见表 4-1。由于设计研究的煤矿开采工程的四级围岩主要有砂岩和泥岩，再结合所研究的问题，故应选取的本构模型为 M-C 塑性模型，即 cons=3，改变块体为摩尔-库仑模型，考虑其塑性特性。

表 4-1 离散元块体本构模型

模　型	代表性材料	应用实例
开采模型	空洞	钻孔、开采、待回填的采空区等
弹性模型	均质、各向同性、连续、线性	荷载低于极限强度的人造材料（即钢铁）、安全系数计算
D-P 塑性模型	低摩擦角软黏土，应用范围有限	与有限元程序比较的通用模型
M-C 塑性模型	松散和黏结颗粒材料，土、岩石和混凝土	一般土或岩石力学问题（即边坡稳定性和地下开采）
应变软化/硬化 M-C 模型	具有明显的非线性硬化或软化的颗粒材料	峰后效应研究（即渐进坍塌、矿柱屈服、地下塌陷）
堆砌节理模型	材料强度具有显著各向异性的薄层状材料	在封闭的层状地层中开采
双屈服模型	压力引起孔隙永久性减小的低黏结性颗粒材料	水力装置充填

在离散元数值计算程序中，对于摩尔-库仑塑性模型，需要考虑岩层的 7 个基本参数，分别是密度、体积模量、剪切模量、内摩擦角、黏聚力、剪胀角、抗拉强度。

根据离散元软件特性，剪胀角忽略不计，系统会把该项自动赋零值。体积模量与剪切模量根据与泊松比和变形模量之间的关系得到：

$$K = \frac{E}{3(1-2\nu)} \tag{4-1}$$

式中　K——体积模量；

E——变形模量；

ν——泊松比。

$$G = \frac{E}{2(1+\nu)} \qquad (4-2)$$

式中　G——剪切模量。

经计算，K 为 6.0GPa、G 为 2.3GPa，岩层物理力学参数设置见表4-2。

表4-2　岩层物理力学参数

岩性	密度/(kg·m⁻³)	体积模量/GPa	剪切模量/GPa	内摩擦角/(°)	黏聚力/MPa	抗拉强度/kPa
砂岩	2400	6.0	2.3	30	0.7	0.6
泥岩	2400	6.0	2.3	30	0.7	0.6
煤	1400	3.9	1.1	30	0.5	1.04

(二) 节理材料参数选取

由离散元计算程序的特点可知，针对岩体的不连续面，离散元开发了4种节理本构模型。但对于大部分模型分析来说，最适宜的模型是库仑滑动模型，即完全弹塑性模型。对于库仑滑动模型，需要设置的恒量参数有：法向刚度、剪切刚度、内摩擦角、黏聚力、剪胀角、抗拉强度。

根据 M-C 准则和 Bandis 经验公式可以计算理论上的节理剪切刚度和法向刚度，再结合现场实测数据和二维离散单元数值模拟软件中的节理接触嵌入度综合考虑，将模型的节理法向刚度设置为 2.5GPa，节理剪切刚度设置为 5GPa。详细的节理材料参数见表4-3。

表4-3　岩体节理材料参数 -2

法向刚度/GPa	剪切刚度/GPa	内摩擦角/(°)	黏聚力/MPa	抗拉强度/kPa
2.5	5	15	0.5	0.01

第二节　变形过程不同工况分析

以青海省西宁市大通煤矿的大煤洞煤矿为主要研究区域，结合现场的勘察资料和实测数据构建几何计算模型，以不同含水量和开采区域为研究对象进行不同工况的计算分析。根据大煤洞煤矿不同状态下的含水量，煤层分为初始状态下的煤层、一般含水状态下的煤层、富含水状态下的煤层；开采区域分为单独开采倾斜煤层、同时开采倾斜煤层和缓斜煤层。通过模拟计算得到的结果重点分析处于不同含水状态下的煤层开采后，岩土层的位移变化规律和应力变化规律。3 种不同工况的物理力学参数见表4-4。

表4-4　3 种不同工况物理力学参数

工况	岩层类别	体积模量/GPa	剪切模量/GPa	黏聚力/MPa	内摩擦角/(°)	抗拉强度/MPa
一	岩体	6	2.5	0.7	30	0.6
	节理	5	2.5	0.5	15	0.01

表4-4（续）

工况	岩层类别	体积模量/GPa	剪切模量/GPa	黏聚力/MPa	内摩擦角/(°)	抗拉强度/MPa
二	岩体	4.5	1.7	0.5	25	0.2
	节理	4	2	0.1	15	0.01
三	岩体	2.22	0.909	0.3	20	0.1
	节理	2	1.5	0.05	15	0.01

一、初始状态下煤层 M1 开采数值计算

开采煤层前，对处于原岩应力作用下的几何计算模型进行迭代计算，只有当迭代计算后达到平衡状态，才可以继续后续的动态开采模拟。开采前迭代至最大不平衡力，其与初始施加的合力相比较小时，认为迭代计算达到平衡，所以继续进行后期的动态开采模拟。由开采前的最大不平衡历史图（图4-2）可以看出，在整个迭代计算中最大不平衡力的动态变化，当迭代的最大不平衡力已经趋近于0，说明整个模型已达到稳定状态，此模型可以进行下一步的煤层开采；若最大不平衡力未接近于0或者仍然存在较大量级的不平衡力时，说明变形状态还没有达到稳定，为了让计算结果更加准确有效，需要叠加步数以达到平衡。

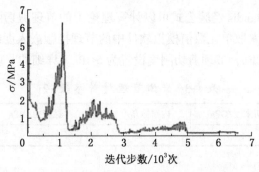

图4-2　开采前最大不平衡历史图（初始状态3）

对初始状态下煤层 M1 的开采数值进行计算，对该工况原岩应力作用下的几何模型进行迭代计算达到平衡后，用 delete range reg 命令对模型内需要开采的岩土层块体进行删除，首先找出开采区域的4个节点坐标，按照顺时针输入，再删除该区域内的块体，以此来模拟动态开采工作。开采后迭代达到平衡，输入不同的命令以输出相应的图形，根据图形解释分析开采后的煤层 M1。

（一）煤层开采应力分析

分析研究煤层 M1 开采后的水平应力云图、竖直应力云图、剪应力云图、最大主应力云图、最小主应力云图。

水平应力云图主要表示在初始状态下岩体所受的水平应力分布情况，如图4-3所示。图4-3中，开采后的水平应力云图以 1MPa 作为等值间隔，最小应力为0MPa，最大应力为-6MPa，水平应力云图中大部分应力为 1~2MPa。图4-3 中，应力随着高度的递增逐渐减小，最底层应力较大，在煤矿采空区前端和后端都出现了应力集中区，水平应力分布在

2~4MPa范围内，煤矿岩土层的采空区域也由于煤层开采导致采空区域应力释放，由原平衡应力1~2MPa减少至0~1MPa。由图4-3可见，当开采煤层再次达到应力平衡时，将会在采空区上方形成垮落区，垮落区的应力分布在0~2MPa范围内。

图4-3　开采后水平应力云图（初始状态3）

图4-4表示初始状态下煤层M1开采达到平衡后的剪应力分布情况，在煤矿岩土层开采区附近岩层的剪应力有正值和负值之分，正值表示与沿倾斜层移动方向一致，当开采的煤层再次达到应力平衡时，将会在采空区上方形成垮落区，塌陷区的剪应力大部分为正值，达到0~2MPa。图4-4中，在采空区前端和后端都出现了应力集中区，且剪应力为负值，数值分布在1~3MPa范围内。

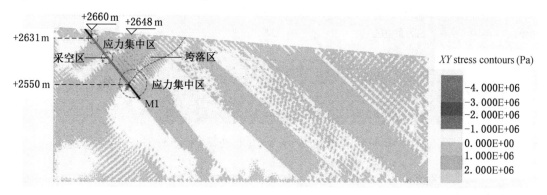

图4-4　开采后剪应力云图（初始状态3）

图4-5表示初始状态下煤层M1岩体所受到的竖直应力分布情况。在自重应力的作用下，竖直应力层状均匀分布。随着煤层高程的增加，竖直应力逐渐减小，最底层应力较大。煤层开采后，破坏了原岩应力平衡，使应力场重新分布，如图4-5所示。竖直应力云图以2MPa作为等值间隔，最小应力为0MPa，最大应力为-8MPa，大部分应力为0~2MPa，煤层开采区底部竖直应力较大，煤层采空区上部顶板处应力较小。煤层M1岩土层的采空区域也由于煤层开采导致采空区域应力释放，开采区的竖直应力由原平衡应力2~4MPa减少至0~2MPa。在煤矿采空区前端和后端都出现了应力集中区，应力集中区分布在4~8MPa范围内。

图4-6、图4-7是初始状态下倾斜煤层M1开采达到平衡后的最大主应力与最小主应力分布情况，由图4-6、图4-7可见最大主应力与最小主应力的分布都出现了应力分层，

图4-5 开采后竖直应力云图（初始状态3）

应力随着煤矿区域高程的增加逐渐减小，最底层应力较大，这与上述各个方向应力云图规律一致，最大主应力云图以1MPa作为等值间隔，最小应力为0MPa，最大应力为-4MPa，垮落区的大部分应力为0~1MPa；最小主应力云图以2MPa作为等值间隔，最小应力为0MPa，最大应力为-10MPa，垮落区的大部分应力为0~4MPa。由图4-6、图4-7可见，最大主应力云图和最小主应力云图中开采区下端出现较明显的应力集中区，采空区上端应力集中区较不明显。

图4-6 开采后最大主应力云图（初始状态3）

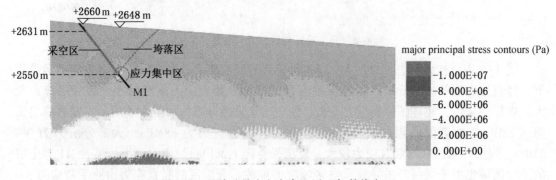

图4-7 开采后最小主应力云图（初始状态3）

（二）煤层开采位移分析

分析研究煤层M1开采后的水平位移云图、竖直位移云图、组合方向位移云图、竖直位移等值线图、各监测线布局图。

由图 4-8 可以看出煤层 M1 开采达到平衡后，整个计算模型趋于平衡稳定，煤层开采的顶底板相接，到达最后的岩层变形形态。

图 4-8　开采后水平位移云图（初始状态 3）

图 4-8 为初始状态下煤层 M1 岩体开采达到稳定后上覆岩层水平位移变化情况，在煤层 M1 开采区中部顶板处水平位移出现最大值，最大位移量为 1.6m，煤矿采空区较近岩层水平方向位移变化较大，开采区岩层出现了明显的弯曲和塌落。煤矿采空区岩层水平方向位移变化呈倾斜的层状分布，该变形区域的水平方向位移变化量都比较大，主塌陷区的位移量最大，大变形区域范围为 0~1.6m。

图 4-9 为初始状态下煤层 M1 岩体开采达到稳定后上覆岩层竖直位移变化情况，煤层 M1 岩层变形已达到地表，采空区上覆岩层变形集中在主塌陷区，开采后的竖直位移变形呈层状分布，位移变化量随着范围的增大逐渐减小。在煤层 M1 开采区中部顶板处水平位移出现了最大竖直位移值，最大位移为 1.2m；主塌陷区的位移量最大，大变形区域范围为 0~1.2m。

图 4-9　开采后竖直位移云图（初始状态 3）

图 4-10 为初始状态下煤层 M1 岩体开采达到稳定后上覆岩层的组合位移变化情况，组合位移是水平位移和竖直位移根据勾股定理计算得到的结果，组合沉降值都为正值。组合位移变化情况与水平位移和竖直位移变化大致一样，开采后的组合位移变形呈层状分布，煤矿采空区顶板的位移变化量最大，大变形区域的组合位移达到 0.4~2m，位移变化呈层状分布，位移变化量随着范围的增大逐渐减小。

图 4-11 为煤层 M1 上覆岩层开采后的竖直位移等值线图，可以看到煤层开采平衡后，岩土层出现明显的裂隙，开采区上部顶板范围内岩层变形较明显，大变形区域倾角为 56°。

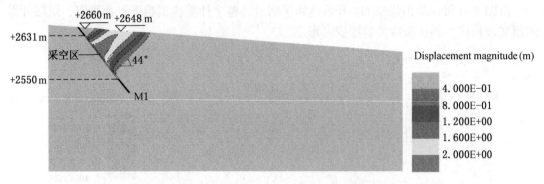

图4-10 开采后组合方向位移云图（初始状态3）

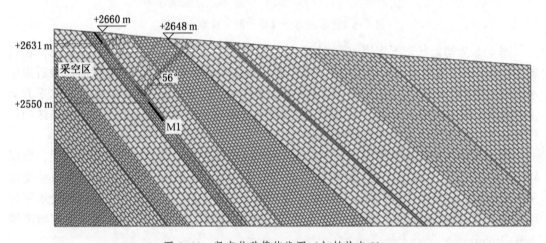

图4-11 竖直位移等值线图（初始状态3）

位移变化云图表示煤层 M1 开采平衡后最终的整体位移量，由于煤层 M1 开采后不同岩层的变化趋势不同，所以岩层塌陷下沉的情况也不同。为了更清楚直观地分析煤层开采后岩层的下沉位移量和岩层下沉规律，在煤层 M1 开采区上覆岩层设置平行于地表的 5 条监测线，分别为 M1-1、M1-2、M1-3、M1-4、M1-5，其中每条监测线都设置 14 个监测点，图4-12中1、3、5、7、9、11、13表示监测点。监测点间距大致相等为15m，每条监测线的间距都为10m。各监测线的布局如图4-12所示。

由表4-5中的数据可以得到图4-13中的水平位移曲线组合图。图4-13中横坐标表示监测点在数值模型中的水平距离，纵坐标表示该监测点的水平位移监测值。根据图4-13中监测线的变化规律可知监测线 M1-5 的水平位移变化量最大，最大变形位移量为1.8m；监测线 M1-1 的水平位移变化量较小，该监测线距离地表最近，最大变形位移量为1.5m。由图4-13可见，根据5条监测线数据所绘制的水平位移曲线组合图呈"U"形变化，在水平距离为75~180m的岩层主塌陷区水平位移变形量较大，大致为0.3~1.8m，而在大变形区域外两侧，岩层水平位移变形量都比较小，大致为0~0.1m。图4-13中的变化规律也与水平位移云图的规律一致，在岩层的不同深度下，越靠近煤层开采区水平位移变化量越大，远离主塌陷区的区域上覆岩层的水平位移变化量越来越小。

由表4-6中的数据可以得到图4-14中的竖直位移曲线组合图。图4-14中横坐标表示

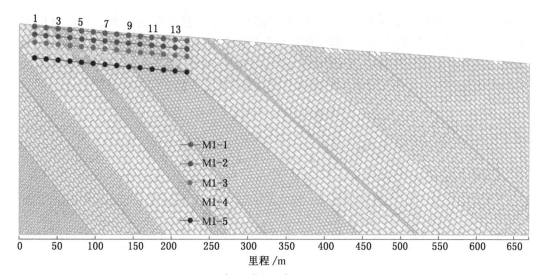

图 4-12　各监测线的布局（初始状态 3）

表 4-5　各监测点水平位移数据（初始状态 3）　　　m

监测线	监 测 点													
	1	2	3	4	5	6	7	8	9	10	11	12	13	14
M1-1	0.018	0.024	0.029	0.035	0.057	-0.734	-1.200	-1.500	-1.490	-1.210	-0.792	-0.202	0.024	0.098
M1-2	0.016	0.026	0.030	-0.014	0	-1.100	-1.470	-1.540	-1.390	-1.040	-0.591	-0.041	0.084	0.099
M1-3	0.018	0.027	0.032	0.036	-0.500	-1.370	-1.630	-1.400	-1.100	-0.780	-0.384	0.033	0.096	0.097
M1-4	0.015	0.026	0.034	0.038	-0.100	-1.580	-1.550	-1.270	-0.867	-0.437	-0.088	0.066	0.098	0.096
M1-5	0.015	0.027	0.037	0.004	-0.200	-1.650	-1.510	-0.963	-0.627	-0.239	0.065	0.095	0.099	0.095

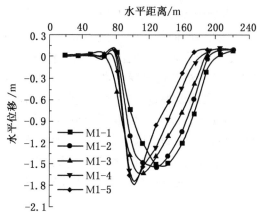

图 4-13　水平位移曲线组合图（初始状态 3）

监测点在数值模型中的水平距离，纵坐标表示该监测点的竖直位移监测值。根据图 4-14 中监测线的变化规律可知监测线 M1-5 的竖直位移变化量最大，最大变形位移量约为 1.65m；由于 M1-1 监测线距离地表最近，所以该监测线的变形量较小，最大变形位移量为 1.25m。由图 4-14 可见，根据 5 条监测线数据所绘制的竖直位移曲线组合图呈"U"

形变化，在水平距离为 80~180m 的岩层主塌陷区竖直位移变形量较大，大致为 0.25~ 1.65m，而在大变形区域外两侧，岩层竖直位移变形量都较小，大致为 0~0.1m。图 4-14 的变化规律也与上述竖直位移云图的规律一致，在岩层的不同深度下，靠近煤层开采区竖直位移变化量越大，远离主塌陷区的区域上覆岩层的竖直位移变化量越来越小。

表 4-6　各监测点竖直位移数据（初始状态 3）　　　　　　　　　　　　　m

监测线	监 测 点													
	1	2	3	4	5	6	7	8	9	10	11	12	13	14
M1-1	-0.057	-0.061	-0.064	-0.065	-0.243	-0.694	-1.010	-1.190	-1.250	-1.150	-0.807	-0.361	-0.131	-0.092
M1-2	-0.055	-0.060	-0.062	-0.063	-0.260	-0.700	-1.190	-1.310	-1.140	-0.880	-0.600	-0.257	-0.100	-0.091
M1-3	-0.055	-0.059	-0.061	-0.062	-0.280	-1.200	-1.400	-1.280	-1.090	-0.800	-0.382	-0.151	-0.088	-0.088
M1-4	-0.049	-0.055	-0.060	-0.063	-0.270	-1.450	-1.460	-1.150	-0.844	-0.473	-0.119	-0.076	-0.084	-0.085
M1-5	-0.047	-0.054	-0.057	-0.060	-0.230	-1.430	-1.600	-1.080	-0.605	-0.284	-0.113	-0.076	-0.079	-0.084

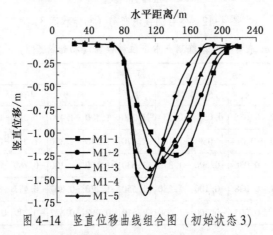

图 4-14　竖直位移曲线组合图（初始状态 3）

由表 4-7 中的数据可以得到图 4-15 中的组合位移曲线组合图，组合位移量应为正值，但为了更直观清楚地对比 3 种类型的曲线，将正值改成负值。图 4-15 中横坐标表示监测点在数值模型中的水平距离，纵坐标表示该监测点的竖直位移监测值。与上述两种监测线的变化规律相似，监测线 M1-5 的组合位移变化量最大，该监测线的组合变形最大位移约为 2.1m；由于 M1-1 监测线距离地表最近，所以该监测线变形量较小，最大变形位移量为 1.9m。由图 4-15 可见，根据 5 条监测线数据所绘制的组合位移曲线组合呈 "U" 形变化，在水平距离为 80~180m 的岩层主塌陷区组合位移变形量较大，大致为 0.3~2.1m，而在大变形区域外两侧，岩层组合位移变形量都比较小，大致为 0~0.1m。在岩层的不同深度下，越靠近煤层开采区组合位移变化量越大，远离主塌陷区的区域上覆岩层的组合位移变化量越来越小。

表 4-7　各监测点组合位移数据（初始状态 3）　　　　　　　　　　　　　m

监测线	监 测 点													
	1	2	3	4	5	6	7	8	9	10	11	12	13	14
M1-1	-0.060	-0.066	-0.067	-0.086	-0.250	-1.010	-1.562	-1.914	-1.944	-1.675	-1.203	-0.414	-0.133	-0.135
M1-2	-0.057	-0.065	-0.067	-0.005	-0.200	-1.461	-1.896	-2.022	-1.797	-1.392	-0.908	-0.261	-0.131	-0.134

表4-7（续）　　　　　　　　　　　　　　　　　　　　　　　　　m

监测线	监 测 点													
	1	2	3	4	5	6	7	8	9	10	11	12	13	14
M1-3	-0.058	-0.065	-0.069	-0.066	-1.350	-1.890	-2.126	-1.893	-1.527	-1.055	-0.541	-0.155	-0.130	-0.131
M1-4	-0.051	-0.061	-0.069	-0.066	-0.073	-2.045	-1.988	-1.582	-1.210	-0.721	-0.148	-0.101	-0.129	-0.129
M1-5	-0.049	-0.060	-0.068	-0.066	-0.269	-2.069	-1.881	-1.340	-0.944	-0.371	-0.131	-0.122	-0.127	-0.127

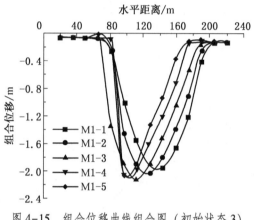

图4-15　组合位移曲线组合图（初始状态3）

二、初始状态下煤层 M3 开采数值计算

对初始状态下煤层 M3 的开采数值进行计算，对该工况原岩应力作用下的几何模型进行迭代计算达到平衡后，再按照顺时针方向删除煤层 M3 内的采空区，以此来模拟动态开采工作。开采煤层 M1 后再开采煤层 M3，计算达到平衡，输入不同的命令来输出相应的图形，根据得到的图形解释分析开采后的煤层 M3。

（一）煤层开采应力分析

分析研究煤层 M3 开采后的水平应力云图、竖直应力云图、剪应力云图、最大主应力云图、最小主应力云图。

图4-16 为初始状态下煤层 M3 开采达到平衡后的水平应力分布情况，水平方向应力云图以1MPa 作为等值间隔，最小应力为0MPa，最大应力为-6MPa，水平方向应力云图中大部分应力为 0~2MPa。应力状态随着高度的递增逐渐减小，最底层应力较大，在煤矿采空区前端和后端都出现了应力集中区，水平应力分布在 3~4MPa 范围内，煤矿岩土层的采空区域也由于煤层开采导致采空区域应力释放，由原平衡应力 1~2MPa 减少至 0~1MPa。由图4-16 可见，当开采煤层再次达到应力平衡时，将会在采空区上方形成垮落区，垮落区的应力分布在 0~2MPa 范围内。

图4-17 表示初始状态下煤层 M3 开采达到平衡后的剪应力分布情况，该剪应力云图以1MPa 作为等值间隔，开采煤层再次达到应力平衡时，将会在采空区上方形成垮落区，塌陷区的大部分剪应力为正值，达到 0~2MPa。图4-17 中煤矿采空区前端和后端都出现了应力集中区，且剪应力为负值，分布在 1~2MPa 范围内。

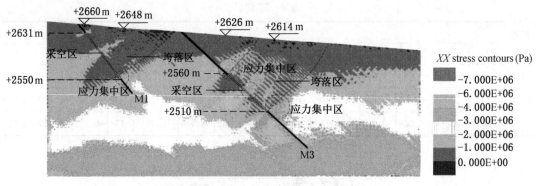

图4-16　开采后水平应力云图（初始状态4）

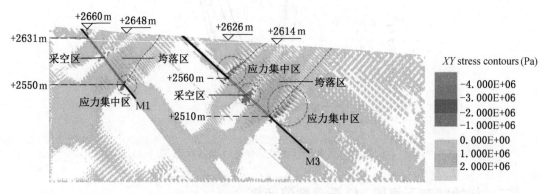

图4-17　开采后剪应力云图（初始状态4）

图4-18为初始状态下煤层M3所受到的竖直应力分布情况。在自重应力的作用下，竖直应力呈层状均匀分布。竖直应力随着高度的增加逐渐减小，最底层应力较大。煤层开采后，原岩应力的平衡被破坏，应力场重新分布，如图4-18所示，该竖直应力云图以2MPa作为等值间隔，最小应力为0MPa，最大应力为−6MPa，大部分应力为0~2MPa，煤层开采区底部竖直应力较大，煤层采空区上部顶板处应力较小。开采区的竖直应力由原平衡应力2~4MPa减少至0~2MPa。在煤矿采空区前端和后端都出现了应力集中区，应力集中区分布在6~8MPa范围内。

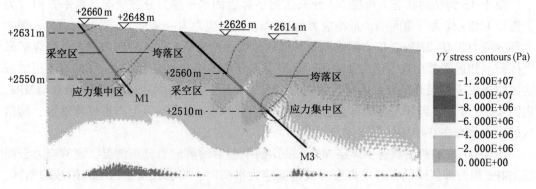

图4-18　开采后竖直应力云图（初始状态4）

图 4-19、图 4-20 表示初始状态下煤层 M3 开采达到平衡后最大主应力与最小主应力的分布情况，由图 4-19、图 4-20 可见最大主应力与最小主应力分布都出现了应力分层，应力随着高度的增加逐渐减小，最底层应力较大，最小应力为 0MPa，最大应力为-8MPa，垮落区的大部分应力为 0~2MPa；最小主应力云图以 1MPa 作为等值间隔，最小应力为 0MPa，最大应力为-5MPa，垮落区的大部分应力为 0~1MPa。由图 4-19、图 4-20 可见，最大主应力云图和最小主应力云图中开采区下端出现较明显的应力集中区，上端应力集中区较不明显。

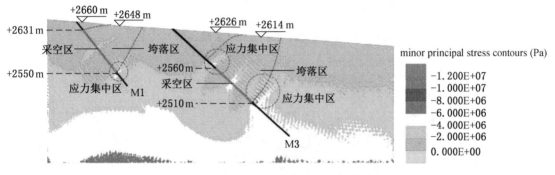

图 4-19　开采后最大主应力云图（初始状态 4）

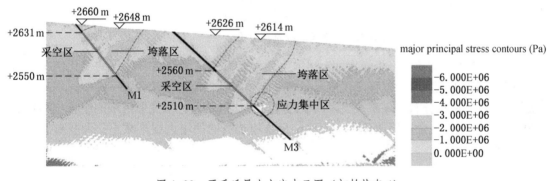

图 4-20　开采后最小主应力云图（初始状态 4）

（二）煤层开采位移分析

分析研究大煤洞矿区煤层 M3 开采后的水平方向位移云图、垂直方向位移云图、组合方向位移云图、竖直位移等值线图、各监测线布局图进行研究分析。

图 4-21 表示初始状态下煤层 M3 开采达到稳定后上覆岩层水平方向位移的变化情况，在煤层 M3 开采区中部顶板处水平位移出现最大值，最大位移量为 1.2m。煤矿采空区岩层的水平方向位移变化呈倾斜的层状分布，该变形区域的水平位移变化量都比较大，主塌陷区的位移量最大，大变形区域范围为 0~1.6m。

图 4-22 表示初始状态下煤层 M3 开采达到稳定后上覆岩层竖直位移的变化情况，煤层 M3 的岩层变形已达到地表，采空区上覆岩层的变形集中在主塌陷区，开采后的竖直位移变形呈层状分布，位移变化量随着范围的增大逐渐减小。在煤层 M3 开采区中部顶板处水平位移出现最大竖直位移值，最大位移为 1.6m；主塌陷区的位移量最大，大变形区域范围为 0~1.6m，大变形区域倾角为 52°。

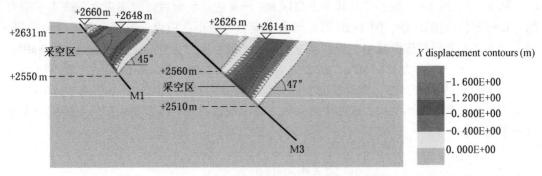

图 4-21　开采后水平位移云图（初始状态 4）

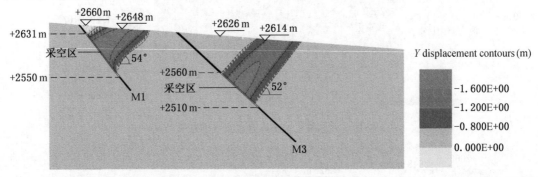

图 4-22　开采后竖直位移云图（初始状态 4）

图 4-23 表示初始状态下煤层 M3 开采达到稳定后上覆岩层组合位移的变化情况，组合沉降值都为正值。组合位移变化情况与水平位移和竖直位移变化大致一样，开采后的组合位移变形呈层状分布，煤矿采空区顶板的位移变化量最大，大变形区域的组合位移达到 0.4~1.6m，位移变化呈层状分布，位移变化量随着范围的增大逐渐减小，大变形区域倾角为 51°。

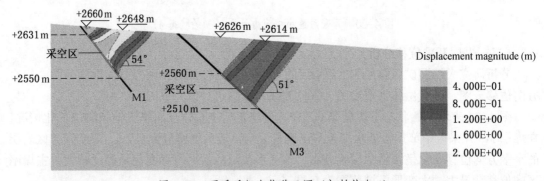

图 4-23　开采后组合位移云图（初始状态 4）

图 4-24 为煤层 M3 上覆岩层开采后的竖直位移等值线图，可以看到煤层开采平衡后，岩土层会出现明显的裂隙，开采区上部顶板岩层变形较明显，大变形区域倾角为 52°。

位移变化云图表示煤层 M3 开采平衡后最终的整体位移量，由于煤层 M3 开采后不同岩层的变化趋势不同，所以岩层塌陷下沉的情况也有所不同。为了更清楚直观地分析煤层

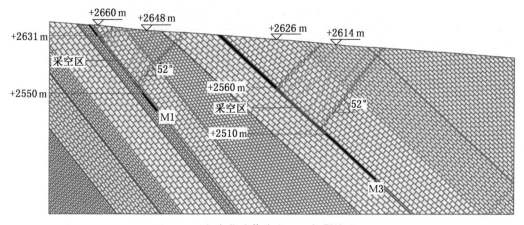

图 4-24 竖直位移等值线图（初始状态 4）

开采后岩层的具体下沉位移量和岩层下沉规律，在煤层 M3 开采区的上覆岩层设置平行于地表的 5 条监测线，分别为 M3-1、M3-2、M3-3、M3-4、M3-5，其中每条监测线都设置 14 个监测点。煤层 M3 的测距水平区域范围为 300～520m，测点间距大致相等为 16m，M3-1 和 M3-2、M3-3 和 M3-4 之间的间距为 20m，M3-2 和 M3-3、M3-4 和 M3-5 之间的间距为 10m。各监测线的布局如图 4-25 所示。

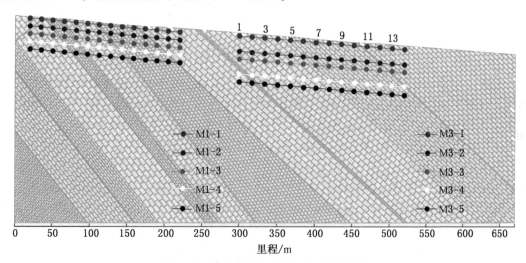

图 4-25 各监测线的布局（初始状态 4）

由表 4-8 中的数据可以得到图 4-26 中的水平位移变化曲线组合图。根据图 4-26 中监测线的变化规律可知监测线 M3-5 的水平位移变化量最大，该监测线的最大变形位移为 1.0m；监测线 M3-1 的水平位移变化量较小，该监测线距离地表最近，最大变形位移为 0.8m。由图 4-26 可见，根据 5 条监测线数据所绘制的水平位移曲线组合图呈 "U" 形变化，在水平距离为 320～480m 的岩层主塌陷区水平位移变形量较大，大致在 0.2～1.0m 范围内，而在大变形区域外两侧，岩层水平位移变形量都比较小，大致在 0～0.1m 范围内。图 4-26 中的规律与水平位移云图的规律一致，在岩层不同深度下，越靠近煤层开采区的水平位移变化量越大，远离主塌陷区的区域上覆岩层的水平位移越来越小。

表4-8　各监测点水平位移数据（初始状态4）　　　　　m

监测线	监测点													
	1	2	3	4	5	6	7	8	9	10	11	12	13	14
M3-1	0.072	0.046	0.046	0.012	-0.004	-0.139	-0.550	-0.794	-0.891	-0.780	-0.480	-0.019	0.021	0.023
M3-2	0.066	0.063	0.057	0.029	-0.059	-0.496	-0.818	-0.903	-0.700	-0.438	-0.084	-0.002	0.019	0.020
M3-3	0.061	0.060	0.052	-0.040	-0.235	-0.658	-0.892	-0.819	-0.593	-0.211	-0.036	0.014	0.015	0.020
M3-4	0.075	0.044	-0.026	-0.233	-0.655	-0.922	-0.898	-0.601	-0.364	-0.047	0.012	0.020	0.018	0.017
M3-5	0.073	0.043	-0.134	-0.403	-0.825	-0.947	-0.761	-0.343	-0.120	0	0.023	0.022	0.019	0.019

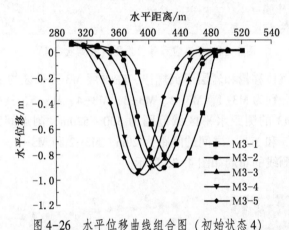

图4-26　水平位移曲线组合图（初始状态4）

由表4-9中的数据可以得到图4-27中的竖直位移曲线组合图。根据图4-27中监测线的变化规律可知监测线M3-5的竖直位移变化量最大，该监测线的竖直变形最大位移约为1.3m；由于M3-1监测线距离地表最近，所以该监测线变形量较小，最大位移为1.0m。由图4-27可见，在水平距离320~480m范围内岩层的主塌陷区竖直位移变形量较大，大致在0.2~1.3m范围内，而在大变形区域外两侧，岩层竖直位移变形量都比较小，大致在0~0.1m范围内。图4-27中的规律与竖直位移云图的规律一致，在岩层不同深度下，越靠近煤层开采区竖直位移变化量越大，远离主塌陷区的区域上覆岩层的竖直位移变化量越来越小。

表4-9　各监测点竖直位移数据（初始状态4）　　　　　m

监测线	监测点													
	1	2	3	4	5	6	7	8	9	10	11	12	13	14
M3-1	-0.100	-0.103	-0.099	-0.068	-0.080	-0.342	-0.640	-0.926	-1.000	-0.868	-0.491	-0.215	-0.174	-0.164
M3-2	-0.095	-0.101	-0.105	-0.114	-0.303	-0.693	-1.020	-1.100	-0.900	-0.581	-0.218	-0.153	-0.153	-0.151
M3-3	-0.092	-0.098	-0.107	-0.166	-0.500	-0.905	-1.160	-1.100	-0.790	-0.431	-0.179	-0.145	-0.140	-0.144
M3-4	-0.101	-0.090	-0.142	-0.540	-0.953	-1.200	-1.150	-0.814	-0.420	-0.194	-0.135	-0.129	-0.128	-0.128
M3-5	-0.099	-0.104	-0.170	-0.503	-1.150	-1.300	-1.050	-0.711	-0.247	-0.147	-0.130	-0.126	-0.125	-0.124

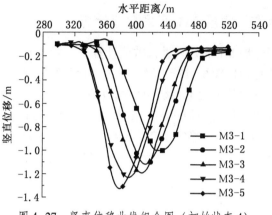

图 4-27　竖直位移曲线组合图（初始状态 4）

由表 4-10 中的数据可以得到图 4-28 中的组合位移曲线组合图。与上述两种监测线的变化规律相似，监测线 M3-5 的组合位移变化量最大，该监测线的组合变形最大位移约为 1.6m；由于 M3-1 监测线距离地表最近，所以该监测线变形量较小，最大位移量为 1.38m。由图 4-28 可见，根据 5 条监测线数据所绘制的组合位移曲线组合图呈 "U" 形对称分布变化规律，在水平距离为 320~480m 的岩层主塌陷区组合位移变形量较大，大致在 0.3~1.5m 范围内，而在大变形区域外两侧，岩层组合位移变形量都比较小，大致在 0~0.1m 范围内。在岩层不同深度下，越靠近煤层开采区的组合位移变化量越大，远离主塌陷区的区域上覆岩层的组合位移变化量越来越小。

表 4-10　各监测点组合位移数据（初始状态 4）　　　　　　　　　　　　　　　m

监测线	监测点													
	1	2	3	4	5	6	7	8	9	10	11	12	13	14
M3-1	-0.123	-0.123	-0.114	-0.069	-0.069	-0.373	-0.882	-1.219	-1.339	-1.167	-0.686	-0.216	-0.175	-0.165
M3-2	-0.116	-0.119	-0.120	-0.117	-0.407	-0.852	-1.307	-1.423	-1.140	-0.727	-0.234	-0.153	-0.154	-0.152
M3-3	-0.111	-0.115	-0.119	-0.171	-0.639	-1.120	-1.464	-1.371	-0.988	-0.480	-0.183	-0.145	-0.141	-0.146
M3-4	-0.126	-0.100	-0.144	-0.681	-1.157	-1.514	-1.461	-1.011	-0.556	-0.199	-0.135	-0.130	-0.130	-0.129
M3-5	-0.123	-0.123	-0.406	-0.989	-1.419	-1.567	-1.298	-0.789	-0.312	-0.147	-0.132	-0.128	-0.126	-0.126

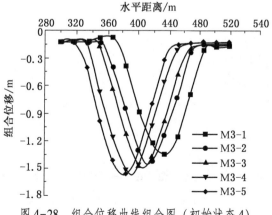

图 4-28　组合位移曲线组合图（初始状态 4）

三、一般含水状态下煤层 M1 开采数值计算

对一般含水状态下煤层 M1 的开采进行数值计算，一般含水状态下迭代至最大不平衡力，其与初始所施加的总力比较相对较小时，认为迭代计算达到平衡，所以继续进行后期的动态开采模拟。由开采前的最大不平衡历史图（图 4-29）可以看到在整个迭代计算中最大不平衡力的动态变化，初始的最大不平衡力最高达到 4.5MPa，当最大不平衡力已经趋近于 0，说明整个模型已经达到稳定状态，此数值模型可以对需要开采的煤层岩体进行删除，开采后迭代达到平衡，输入不同的命令来输出相应的图形，根据得到的图形解释分析开采后的煤层 M1。

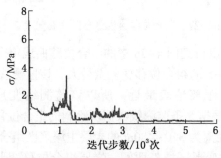

图 4-29　开采前最大不平衡历史图（一般含水状态 3）

（一）煤层开采应力分析

分析研究一般含水状态下煤层 M1 开采后的水平应力云图、垂直应力云图、剪应力云图、最大主应力云图、最小主应力云图。

图 4-30 为一般含水状态下煤层 M1 开采达到平衡后的水平应力分布情况，最小应力为 0MPa，最大应力为 -4MPa，大部分应力为 0~1MPa。图 4-30 中水平应力呈层状分布，应力随着高度的增加逐渐减小，最底层应力较大。如图 4-30 所示，仅在煤层 M1 采空区后端出现了应力集中区，水平应力分布在 3~4MPa 范围内，煤矿岩土层的采空区域也由于煤层开采导致采空区域应力释放，原平衡应力由 1~2MPa 减少至 0~1MPa。由图 4-30 可见，当开采煤层再次达到应力平衡时，将会在采空区上方形成垮落区，垮落区的应力分布在 0~1MPa 范围内。

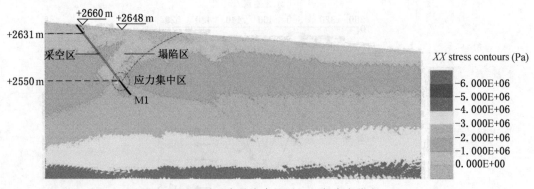

图 4-30　开采后水平应力云图（一般含水状态 3）

图 4-31 表示一般含水状态下煤层 M1 开采达到平衡后的剪应力分布情况，当开采煤层再次达到应力平衡时，将会在采空区上方形成垮落区，垮落区的剪应力大部分为正值，达到 0~2MPa。图 4-31 中，仅在煤层 M1 采空区后端出现了应力集中区，且剪应力为负值，分布在 2~3MPa 范围内。

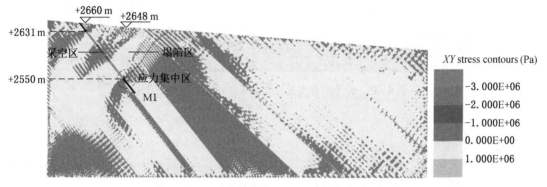

图 4-31　开采后剪应力云图（一般含水状态 3）

图 4-32 表示一般含水状态下煤层 M1 岩体所受到的竖直应力分布情况。在自重应力的作用下，竖直应力层状均匀分布。由于开采煤层 M1 破坏了原岩应力平衡，使应力场重新分布，该竖直应力云图以 1MPa 作为等值间隔，最小应力为 0MPa，最大应力为-6MPa，大部分应力为 0~2MPa，煤层 M1 开采区底部竖直应力较大，煤层 M1 采空区上部顶板处应力较小。煤层 M1 岩土层采空区上部顶板区域变形由释放的弹性势能所致，开采区竖直应力由原平衡应力 2~4MPa 减少至 0~2MPa。在煤层 M1 采空区后端出现了应力集中区，应力分布在 3~4MPa 范围内。

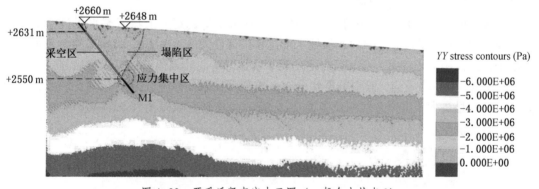

图 4-32　开采后竖直应力云图（一般含水状态 3）

图 4-33、图 4-34 表示一般含水状态下煤层 M1 岩体开采达到平衡后最大主应力与最小主应力分布情况，最大主应力与最小主应力都出现了应力分层，应力随着高度的增加逐渐减少，最底层应力较大。最大主应力云图以 2MPa 作为等值间隔，最小应力为 0MPa，最大应力为-8MPa，垮落区应力为 0~2MPa；最小主应力云图以 1MPa 作为等值间隔，最小应力为 0MPa，最大应力为-4MPa，垮落区的大部分应力为 0~1MPa。由图 4-33、图 4-34 可见，最大主应力云图和最小主应力云图中开采区下端出现较明显的应力集中区，而采空区上端应力集中区较不明显。

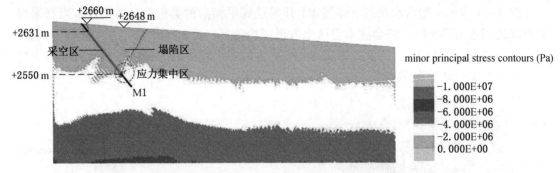

图 4-33　开采后最大主应力云图（一般含水状态 3）

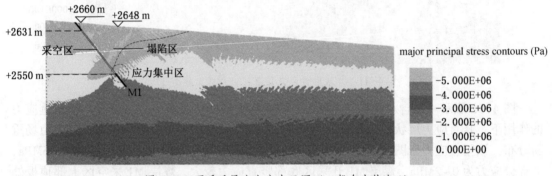

图 4-34　开采后最小主应力云图（一般含水状态 3）

（二）煤层开采位移分析

分析研究煤层 M1 开采后的水平位移云图、竖直位移云图、组合方向位移云图、竖直位移等值线图、各监测线布局图。

图 4-35 表示一般含水状态下煤层 M1 岩体开采达到稳定后上覆岩层水平位移变化情况，在煤层 M1 开采区上方中部顶板处水平位移出现最大值为 1.2m，煤矿采空区较近的岩层水平方向位移变化较大，开采区岩层出现了明显的弯曲和塌落。煤矿采空区岩层水平方向位移变化呈沿采空区 45°倾斜的层状分布，该变形区域的水平位移变化量比较大，主塌陷区的位移量最大，大变形区域范围为 0~1.2m，大变形区域倾角为 46°。

图 4-35　开采后水平位移云图（一般含水状态 3）

图 4-36 表示一般含水状态下煤层 M1 岩体开采达到稳定后上覆岩层竖直位移变化情况，煤层 M1 岩层竖直变形已达到地表，开采后的竖直位移变形呈沿采空区 45°倾斜的层

状分布，竖直位移变化量随着范围的增大逐渐减小。在煤层 M1 开采区中部顶板处出现最大竖直位移，为 1.6m；垮落区的位移量最大，大变形区域范围为 0~1.6m。大变形区域倾角为 40°。

图 4-36　开采后竖直位移云图（一般含水状态 3）

图 4-37 表示一般含水状态下煤层 M1 岩体开采达到稳定后上覆岩层组合位移的变化情况。组合位移的变化情况与水平位移和竖直位移的变化情况大致一样，开采后的组合位移变形呈沿采空区 45° 倾斜的层状分布，在煤层 M1 采空区中部顶板处位移变化量最大，达到 2m，大变形区域的组合位移达到 0.4~2m，位移变化量随着范围的增大逐渐减小。

图 4-37　开采后组合位移云图（一般含水状态 3）

图 4-38 为煤层 M1 上覆岩层开采后的竖直位移等值线图，可以看到在煤层开采平衡后，岩土层会出现明显的裂隙，开采区上部顶板范围内岩层变形较明显，大变形区域倾角为 41°。

位移变化云图表示煤层 M1 开采平衡后最终的整体位移量，由于煤层 M1 开采后不同岩层的变化趋势不同，所以岩层塌陷下沉的情况也有所不同，为了更清楚直观地分析煤层开采后岩层的具体下沉位移量和岩层下沉规律，在煤层 M1 开采区上覆岩层设置平行于地表的 5 条监测线，其中每条监测线都设置 14 个监测点。监测点的间距大致相等为 15m，每条监测线的间距都为 10m。

由表 4-11 中的数据可以得到图 4-39 中的水平位移变化曲线组合图。根据监测线变化规律可知监测线 M1-5 的水平位移变化量最大，该监测线的最大位移为 1.5m；监测线 M1-1 的变化量较小，该监测线距离地表最近，最大位移为 1.2m。由图 4-39 可见，在水平距离 80~200m 范围内岩层主塌陷区的水平位移变形量较大，大致在 0.3~1.5m 范围内，而在大变形区域外两侧，岩层水平位移变化量都比较小，大致在 0~0.1m 范围内。该图的

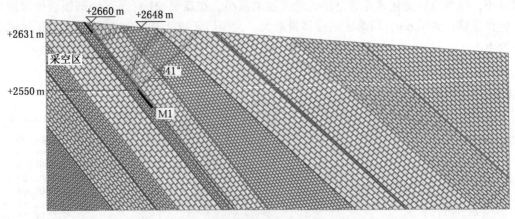

图4-38　竖直位移等值线图（一般含水状态3）

规律与水平位移云图的规律一致，在岩层不同深度下，越靠近煤层开采区的水平位移变化量越大，远离主塌陷区的区域上覆岩层的水平位移变化越来越小。

表4-11　各监测点水平位移数据（一般含水状态3）　　　　　　　m

监测线	监测点													
	1	2	3	4	5	6	7	8	9	10	11	12	13	14
M1-1	0.054	0.076	0.088	0.130	0.127	-0.473	-1.010	-1.250	-1.410	-1.210	-0.791	-0.220	0.100	0.225
M1-2	0.046	0.077	0.090	0.110	-0.074	-0.754	-1.130	-1.380	-1.330	-1.010	-0.547	-0.019	0.181	0.236
M1-3	0.045	0.078	0.096	0.107	-0.600	-1.080	-1.320	-1.390	-1.200	-0.803	-0.320	0.079	0.218	0.235
M1-4	0.035	0.073	0.101	0.115	0.056	-1.050	-1.470	-1.300	-0.913	-0.356	-0.043	0.155	0.233	0.236
M1-5	0.036	0.072	0.107	0.122	-0.039	-1.420	-1.390	-1.050	-0.639	-0.159	0.156	0.210	0.234	0.233

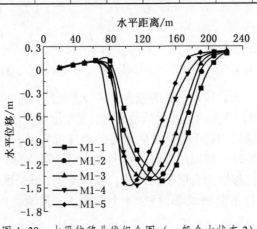

图4-39　水平位移曲线组合图（一般含水状态3）

由表4-12中的数据可以得到图4-40中的竖直位移曲线组合图。根据图4-40中监测线变化规律可知监测线M1-5的竖直位移变化量最大，该监测线的竖直位移最大变化量约为1.8m；由于监测线M1-1距离地表最近，所以该监测线变化量较小，最大变化量为1.5m。由图4-40可见，根据5条监测线数据所绘制的竖直位移变化曲线组合图呈"U"

形变化，在水平距离为80～200m的岩层主塌陷区竖直位移变形量较大，大致都在0.3～1.8m范围内，而在大变形区域外两侧，岩层的竖直位移变形量都比较小，大致在0～0.1m范围内。图4-40的规律与上述竖直位移云图的规律一致，在岩层不同深度下，越靠近煤层开采区的竖直位移变化量越大，远离主塌陷区的区域上覆岩层的竖直位移变化量越来越小。

表4-12　各监测点竖直位移数据（一般含水状态3）　　　　　　　　　　　　m

监测线	监 测 点													
	1	2	3	4	5	6	7	8	9	10	11	12	13	14
M1-1	-0.172	-0.189	-0.185	-0.142	-0.462	-0.800	-1.080	-1.350	-1.550	-1.420	-1.040	-0.682	-0.289	-0.230
M1-2	-0.165	-0.181	-0.181	-0.191	-0.500	-0.980	-1.440	-1.600	-1.450	-1.210	-0.903	-0.550	-0.257	-0.225
M1-3	-0.154	-0.174	-0.182	-0.171	-0.920	-1.420	-1.680	-1.560	-1.300	-0.908	-0.611	-0.344	-0.223	-0.202
M1-4	-0.134	-0.162	-0.178	-0.162	-0.370	-1.600	-1.600	-1.340	-1.120	-0.804	-0.332	-0.215	-0.207	-0.194
M1-5	-0.126	-0.150	-0.167	-0.152	-0.400	-1.460	-1.740	-1.370	-1.000	-0.502	-0.286	-0.190	-0.185	-0.190

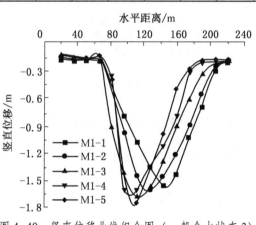

图4-40　竖直位移曲线组合图（一般含水状态3）

由表4-13中的数据可以得到图4-41中的组合位移变化曲线组合图，与上述两种监测线的变化规律相似，监测线M1-5的组合位移变化量最大，该监测线的组合变形最大位移大致为2.4m；由于监测线M1-1距离地表最近，所以该监测线变形量较小，最大位移量为2m。由图4-41可见，根据5条监测线数据所绘制的组合位移曲线组合图呈"U"形变化，在水平距离为80～200m的岩层主塌陷区组合位移变化量较大，位移量大致在0.2～2.4m范围内，而在大变形区域外两侧，岩层组合位移变化量都比较小，位置量大致在0～0.1m范围内。在岩层不同深度下，越靠近煤层开采区组合位移变化量越大，远离主塌陷区的区域上覆岩层的组合位移变化量越来越小。

表4-13　各监测点组合位移数据（一般含水状态3）　　　　　　　　　　　　m

监测线	监 测 点													
	1	2	3	4	5	6	7	8	9	10	11	12	13	14
M1-1	-0.180	-0.204	-0.205	-0.314	-0.758	-1.125	-1.477	-1.839	-2.028	-1.865	-1.307	-0.716	-0.290	-0.322
M1-2	-0.172	-0.197	-0.202	-0.220	-1.006	-1.680	-1.832	-2.033	-1.967	-1.577	-1.056	-0.551	-0.314	-0.326

表 4-13（续）   m

监测线	监 测 点													
	1	2	3	4	5	6	7	8	9	10	11	12	13	14
M1-3	-0.161	-0.191	-0.206	-0.201	-1.543	-1.981	-2.086	-2.089	-1.788	-1.212	-0.690	-0.353	-0.312	-0.310
M1-4	-0.138	-0.178	-0.205	-0.199	-0.229	-2.180	-2.193	-1.984	-1.469	-0.879	-0.334	-0.265	-0.312	-0.305
M1-5	-0.131	-0.167	-0.199	-0.195	-0.211	-2.183	-2.224	-1.786	-1.242	-0.526	-0.326	-0.283	-0.299	-0.300

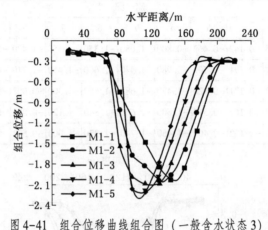

图 4-41　组合位移曲线组合图（一般含水状态 3）

四、一般含水状态下煤层 M3 开采数值计算

对一般含水状态下煤层 M3 的开采数值进行计算，当几何模型进行迭代计算达到平衡后，按照顺时针的顺序删除煤层 M3 的采空区，以此来模拟动态开采工作。相关图形是开采煤层 M1 后再开采煤层 M3 计算得到的，输入不同的命令来输出相应的图形，根据得到的图形解释分析开采后的煤层 M3。

（一）煤层开采应力分析

分析研究一般含水状态下大煤洞煤矿煤层 M3 开采后水平应力云图、竖直应力云图、剪应力云图、最大主应力云图、最小主应力云图。

图 4-42 表示一般含水状态下煤层 M3 开采达到平衡后的水平应力分布情况，最小应力为 0MPa，最大应力为 -6MPa，水平应力大部分为 0~1MPa。水平应力呈层状分布，应力随着高度的递增逐渐减小，最底层应力较大。图 4-42 中，在煤矿采空区的前端和后端都出现了应力集中区，水平应力分布在 4~6MPa 范围内，煤矿岩土层的采空区域也由于煤层开采导致采空区域应力释放，原平衡应力由 1~2MPa 减少至 0~1MPa。由图 4-42 可见，当开采煤层再次达到平衡时，将会在采空区上方形成垮落区，垮落区的应力分布在 0~1MPa。

图 4-43 表示一般含水状态下煤层 M3 开采达到平衡后的剪应力分布情况，当开采煤层再次达到平衡时，将会在采空区上方形成垮落区，塌陷区的大部分剪应力为正值，达到 0~2MPa。如图 4-43 所示，在煤矿采空区前端和后端都出现了应力集中区，且剪应力为负值，数值为 1~2MPa。

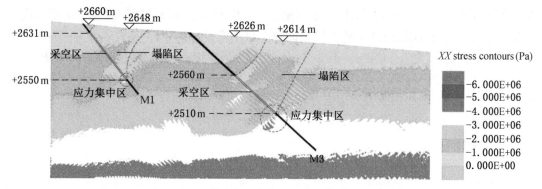

图 4-42　开采后水平应力云图（一般含水状态 4）

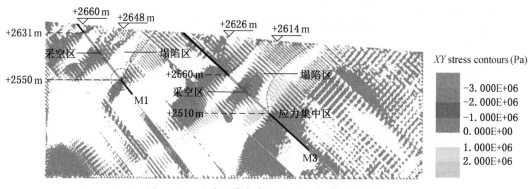

图 4-43　开采后剪应力云图（一般含水状态 4）

图 4-44 表示一般含水状态下煤层 M3 所受到的竖直应力分布情况。在自重应力的作用下，竖直应力呈层状均匀分布。竖直应力随着高度的增加逐渐减少，最底层竖直应力较大。煤层 M3 开采后，由于原岩应力的平衡被破坏，重新分布了应力场，如图 4-44 所示，最小应力为 0MPa，最大应力为 -6MPa，大部分应力为 0~1MPa，煤层开采区底部竖直应力较大，煤层采空区上部顶板处应力较小。煤层 M3 岩土层的采空区域也由于煤层开采导致采空区域应力释放，开采区竖直应力由原平衡应力 1~2MPa 减少至 0~1MPa。在煤矿采空区前端和后端都出现了应力集中区，应力集中区分布在 0~2MPa 范围内。

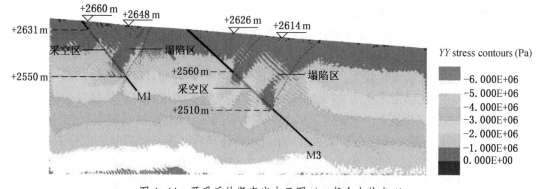

图 4-44　开采后的竖直应力云图（一般含水状态 4）

图 4-45、图 4-46 表示一般含水状态下煤层 M3 开采达到平衡后的最大主应力与最小

主应力分布情况。由图 4-45、图 4-46 可见，应力随着高度的增加逐渐减少，最底层应力较大，最大主应力云图以 1MPa 作为等值间隔，最小应力为 0MPa，最大应力为-5MPa，垮落区的大部分应力为 0~1MPa；最小主应力云图以 2MPa 作为等值间隔，最小应力为 0MPa，最大应力为-4MPa，垮落区的大部分应力为 0~2MPa。由图 4-45、图 4-46 可见，最大主应力云图和最小主应力云图中开采区下端出现较明显的应力集中区，上端应力集中区较不明显。

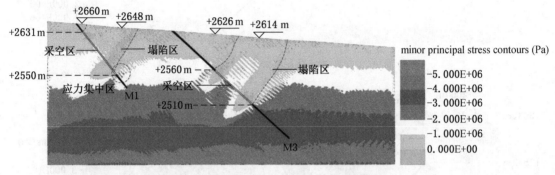

图 4-45　开采后最大主应力云图（一般含水状态 4）

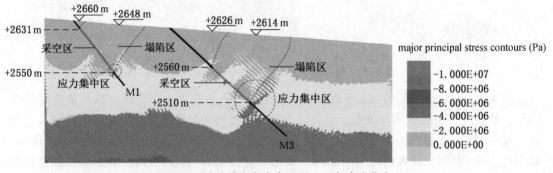

图 4-46　开采后最小主应力云图（一般含水状态 4）

（二）煤层开采位移分析

分析研究煤层 M3 开采后的水平位移云图、竖直位移云图、组合方向位移云图、竖直位移等值线图、各监测线布局图。

图 4-47 表示一般含水状态下煤层 M3 开采达到稳定后上覆岩层的水平位移变化情况，在煤层 M3 开采区顶板处水平位移出现最大值，最大位移为 0.8m，距离煤层 M3 采空区较近的岩层水平方向位移变化较大，开采区岩层出现了明显的弯曲和塌落。煤矿采空区岩层的水平方向位移变化呈沿采空区 45°倾斜层状分布，该变形区域的水平位移变化量都比较大，主塌陷区的位移量最大，大变形区域范围为 0~1.6m，大变形区域倾角为 46°。

图 4-48 表示一般含水状态下煤层 M3 开采达到稳定后上覆岩层的竖直位移变化情况，煤层 M3 采空区塌陷已达到地表处，采空区上覆岩层的变形集中在主塌陷区，开采后竖直位移变形呈层状分布，位移变化量随着范围的增大逐渐减小。在煤层 M3 开采区中部顶板处水平位移出现最大竖直位移，最大位移为 1m；主塌陷区的竖直位移最大，大变形区域范围为 0~1m，大变形区域倾角为 41°。

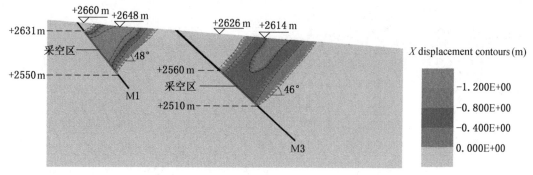

图 4-47　开采后水平位移云图（一般含水状态 4）

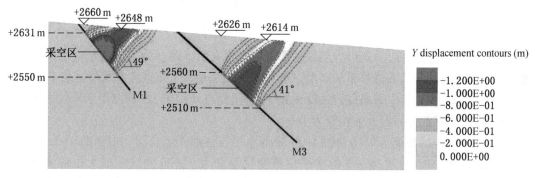

图 4-48　开采后竖直位移云图（一般含水状态 4）

图 4-49 表示一般含水状态下煤层 M3 开采达到稳定后上覆岩层的组合位移变化情况，组合位移变化与水平位移和竖直位移变化大致一样，开采后的组合位移变化呈层状分布，组合变化达到地表，在煤层 M3 采空区中部顶板处位移变化量最大，大变形区域的组合位移达到 0.4~1.6m，组合位移变化呈层状分布，位移变化量随着范围的增大逐渐减小，大变形区域倾角为 47°。

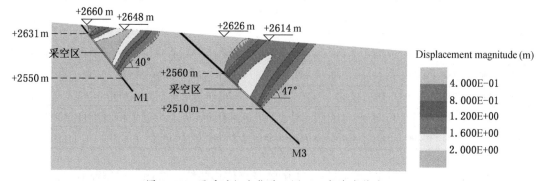

图 4-49　开采后组合位移云图（一般含水状态 4）

图 4-50 为煤层 M3 上覆岩层开采后的竖直位移等值线图，可以看到煤层开采平衡后，岩土层会出现明显的裂隙，开采区上部顶板范围内岩层变形较明显，大变形区域倾角为 52°。

位移变化云图表示煤层 M3 开采平衡后最终的整体位移量，由于煤层 M3 开采后不同

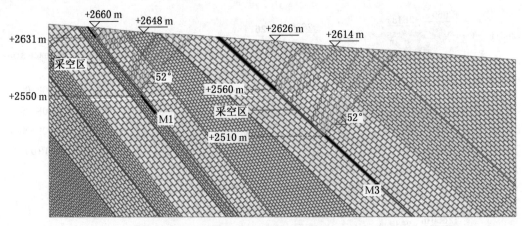

图 4-50　竖直位移等值线图（一般含水状态 4）

岩层所呈的变化趋势不同，所以岩层塌陷下沉情况也有所不同，为了更清楚直观地分析煤层开采后岩层的具体下沉位移量和岩层下沉规律，在煤层 M3 开采区上覆岩层设置平行于地表的 5 条监测线，其中每条监测线都设置 14 个监测点。煤层 M3 的测距水平区域范围为300~520m，监测点的间距大致相等为 16m。

由表 4-14 中的数据可以得到图 4-51 中的水平位移曲线组合图。根据图 4-51 中监测线的变化规律可知监测线 M3-5 的水平位移变化量最大，该监测线的最大位移为 0.9m；监测线 M3-1 的水平位移变化量较小，该监测线距离地表最近，最大位移变化量为 0.8m。由图 4-51 可见在水平距离 320~480m 范围内岩层主塌陷区的水平位移变形量较大，为0.2~0.9m；在大变形区域外两侧，岩层的水平位移变形量都比较小，为 0~0.1m。该图的规律与水平位移云图的规律一致，在岩层不同深度下，越靠近煤层开采区的水平位移变化量越大，远离主塌陷区的区域上覆岩层的水平位移变化量越来越小。

表 4-14　各监测点水平位移数据（一般含水状态 4）　　　　　　　　m

监测线	监 测 点													
	1	2	3	4	5	6	7	8	9	10	11	12	13	14
M3-1	0.199	0.173	-0.033	-0.284	-0.649	-0.805	-0.788	-0.686	-0.483	-0.143	0.009	0.060	0.056	0.050
M3-2	0.190	0.182	-0.241	-0.487	-0.730	-0.840	-0.762	-0.473	-0.257	-0.046	0.064	0.066	0.057	0.054
M3-3	0.241	0.237	0.231	0.189	0.125	-0.203	-0.626	-0.820	-0.920	-0.843	-0.656	-0.242	0.009	0.054
M3-4	0.219	0.217	0.210	0.121	-0.114	-0.521	-0.810	-0.868	-0.820	-0.572	-0.268	-0.014	0.049	0.055
M3-5	0.205	0.204	0.196	-0.085	-0.298	-0.712	-0.851	-0.821	-0.678	-0.365	-0.157	0.027	0.052	0.054

由表 4-15 中的数据可以得到图 4-52 中的竖直位移曲线组合图，根据监测线的变化规律可知监测线 M3-5 的竖直位移变化量最大，该监测线的最大竖直位移变化量约为 1.5m；由于监测线 M3-1 距离地表最近，所以该监测线变形量较小，最大竖直位移变化量为1.2m。由图 4-52 可见，根据 5 条监测线数据所绘制的竖直位移变化曲线组合图呈"U"形变化，在水平距离为 320~480m 的岩层主塌陷区竖直位移变化量较大，位移量大致在0.3~1.2m 范围内，而在大变形区域外两侧，岩层竖直位移变形量都比较小，位移量大致

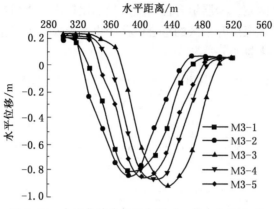

图 4-51　水平位移曲线组合图（一般含水状态 4）

在 0~0.1m 范围内。该图的规律与上述竖直位移云图的规律一致，在岩层不同深度下，越靠近煤层开采区的竖直位移变化量越大，远离主塌陷区的区域上覆岩层的竖直位移变化量越来越小。

表 4-15　各监测点竖直位移数据（一般含水状态 4）　　　　　　　　　　　　　　　m

监测线	监 测 点													
	1	2	3	4	5	6	7	8	9	10	11	12	13	14
M3-1	-0.252	-0.270	-0.283	-0.290	-0.400	-0.680	-0.943	-1.200	-1.230	-1.120	-0.848	-0.608	-0.313	-0.249
M3-2	-0.249	-0.272	-0.291	-0.381	-0.798	-1.110	-1.300	-1.330	-1.190	-0.924	-0.542	-0.325	-0.250	-0.240
M3-3	-0.243	-0.264	-0.311	-0.525	-0.990	-1.250	-1.370	-1.330	-1.110	-0.800	-0.441	-0.263	-0.236	-0.238
M3-4	-0.244	-0.253	-0.490	-1.090	-1.330	-1.430	-1.380	-1.140	-0.784	-0.477	-0.265	-0.226	-0.224	-0.225
M3-5	-0.236	-0.258	-0.740	-1.210	-1.420	-1.440	-1.340	-1.050	-0.700	-0.315	-0.236	-0.220	-0.218	-0.222

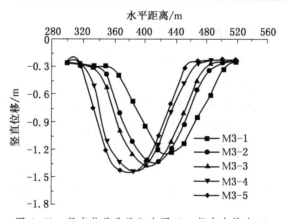

图 4-52　竖直位移曲线组合图（一般含水状态 4）

由表 4-16 中的数据可以得到图 4-53 中的组合位移曲线组合图，与上述两种监测线的变化规律相似，监测线 M3-5 的组合位移变化量最大，该监测线的组合变形最大位移约为 1.6m；由于 M3-1 监测线距离地表最近，所以该监测线变形量较小，组合变形最大位移为 1.5m。由图 4-53 可见，根据 5 条监测线数据所绘制的组合位移曲线组合图呈 "U" 形分布，在水平距离为 320~480m 的岩层主塌陷区组合位移变形量较大，都在 0.1~1.5m 范围内，而在大变形区域外两侧，岩层组合位移变形量都比较小，大致在0~0.1m范围内。在岩层不同深度下，越靠近煤层开采区的组合位移变化量越大，远离主塌陷区的区域上覆岩层的组合位移变化量越来越小。

表4-16   各监测点组合位移数据（一般含水状态4）   m

监测线	监 测 点													
	1	2	3	4	5	6	7	8	9	10	11	12	13	14
M3-1	-0.349	-0.359	-0.366	-0.258	-0.372	-0.753	-1.188	-1.453	-1.532	-1.405	-1.072	-0.655	-0.314	-0.255
M3-2	-0.332	-0.348	-0.359	-0.399	-0.806	-1.226	-1.529	-1.584	-1.444	-1.087	-0.604	-0.325	-0.255	-0.247
M3-3	-0.318	-0.333	-0.367	-0.532	-1.034	-1.434	-1.612	-1.564	-1.301	-0.879	-0.468	-0.265	-0.241	-0.244
M3-4	-0.315	-0.306	-0.493	-1.122	-1.501	-1.638	-1.608	-1.327	-0.921	-0.498	-0.265	-0.234	-0.230	-0.230
M3-5	-0.303	-0.315	-0.795	-1.390	-1.610	-1.645	-1.549	-1.151	-0.746	-0.318	-0.245	-0.230	-0.225	-0.229

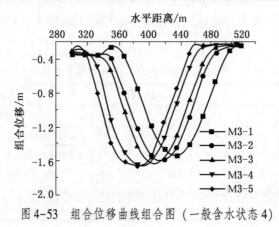

图4-53   组合位移曲线组合图（一般含水状态4）

五、富含水状态下煤层M1开采数值计算

富含水状态下迭代至最大的结点不平衡力与初始所施加的总力比较相对较小时，认为迭代计算达到平衡，所以继续进行后期的动态开采模拟。从开采前的最大不平衡历史图（图4-54）可以看到在整个迭代计算中最大不平衡力的动态变化，当最大不平衡力已经趋近于0，说明整个模型已经达到稳定状态，再开采迭代达到平衡，输入不同的命令来输出相应的图形，根据得到的图形解释分析开采后的倾斜煤层M1。

（一）煤层开采应力分析

分析研究煤层M1开采后的水平应力云图、竖直应力云图、剪应力云图、最大主应力云图、最小主应力云图。

水平应力云图表示初始状态下岩体所受到的水平应力分布情况。图4-55为富含水状态下，煤层M1开采达到平衡后的水平应力分布情况，最小应力为0MPa，最大应力为-5MPa，水平应力云图中大部分应力为1~2MPa，水平方向应力呈层状分布，应力随着高度的递增逐渐减小，最底层应力较大。如图4-55所示，在煤矿采空区未出现明显的应力集中区，原平衡应力由1~2MPa减少至0~1MPa。由开采后的水平应力云图可见，当开采煤层再次达到平衡时，会在采空区上方形成垮落区，垮落区的应力分布在1~2MPa范围内。

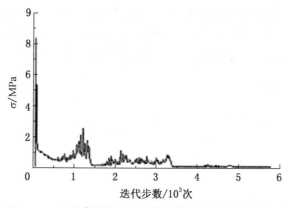

图4-54　开采前的最大不平衡历史图（富含水状态3）

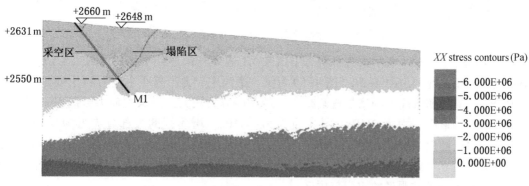

图4-55　开采后水平应力云图（富含水状态3）

图4-56表示富含水状态下煤层M1开采达到平衡后的剪应力分布情况，当开采煤层再次达到平衡时，将会在采空区上方形成垮落区，垮落区的大部分剪应力为正值，达到0~8MPa。如图4-56所示，在煤矿采空区后端都出现了应力集中区，且剪应力为负值，数值为4~8MPa。

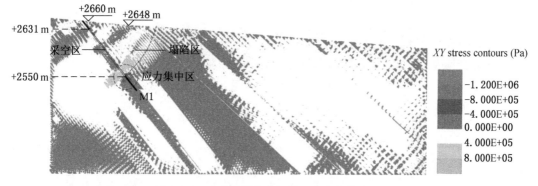

图4-56　开采后剪应力云图（富含水状态3）

图4-57表示富含水状态下煤层M1岩体所受到的竖直应力分布情况。在自重应力作用下，竖直应力呈层状均匀分布。竖直应力随着高度的增加逐渐减小，最底层应力较大。煤层开采后，破坏了原岩应力平衡，使应力场重新分布，如图4-57所示，该竖直应力云图以1MPa作为等值间隔，最小应力为0MPa，最大应力为-6MPa，大部分应力为0~

2MPa，煤层 M1 开采区底部竖直应力较大，煤层采空区上部顶板处应力较小。煤层 M1 岩土层的采空区域也由于煤层开采导致采空区域应力释放，开采区竖直应力由原平衡应力 0～4MPa 减少至 0～1MPa。在煤矿采空区未出现明显的应力集中区。

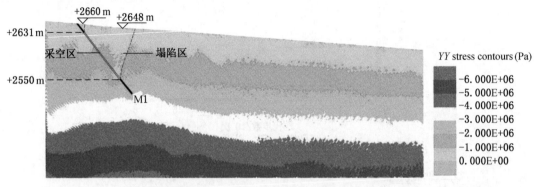

图 4-57　开采后竖直应力云图（富含水状态 3）

　　图 4-58、图 4-59 表示富含水状态下煤层 M1 岩体开采达到平衡后的最大主应力与最小主应力分布情况。由图 4-58、图 4-59 可见，最大主应力与最小主应力的分布都出现了应力分层，应力随着高度的增加逐渐减少，最底层应力较大，最大主应力云图以 1MPa 作为等值间隔，最小应力为 0MPa，最大应力为-4MPa，垮落区的大部分应力为 0～1MPa；最小主应力云图以 1MPa 作为等值间隔，最小应力为 0MPa，最大应力为-6MPa，垮落区的大部分应力为 0～3MPa。由图 4-58、图 4-59 可见，最大主应力云图和最小主应力云图中开采区下端出现了较明显的应力集中区。

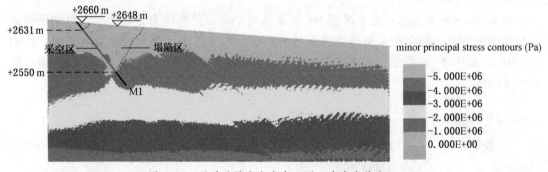

图 4-58　开采后最大主应力云图（富含水状态 3）

图 4-59　开采后最小主应力云图（富含水状态 3）

（二）煤层开采位移分析

分析研究煤层 M1 开采后的水平位移云图、竖直位移云图、组合方向位移云图、竖直位移等值线图、各监测线布局图。

图 4-60 表示富含水状态下煤层 M1 岩体开采达到稳定后的上覆岩层水平位移变化情况。如图 4-60 所示，在煤层 M1 开采区变形已经达到地表处，地表处水平位移最大，最大位移量为 0.8m，距煤矿采空区较近的岩层水平方向位移变化较大，开采区岩层出现了明显的弯曲和塌落。煤矿采空区岩层的水平方向位移变化呈倾斜的层状分布，该变形区域的水平位移变化量比较大，主塌陷区的位移量最大，大变形区域范围为 0~0.8m，大变形区域倾角为 64°。

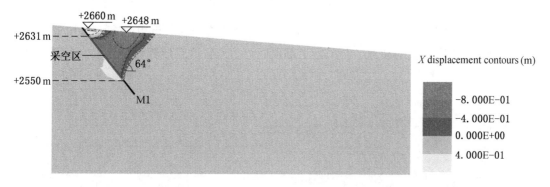

图 4-60　开采后水平位移云图（富含水状态 3）

图 4-61 表示富含水状态下煤层 M1 岩体开采达到稳定后的上覆岩层竖直位移变化情况。如图 4-61 所示，煤层 M1 采空区上覆岩层的变形集中在主塌陷区，开采后竖直位移变化呈层状分布，位移变化量随着范围的增大逐渐减小。在煤层 M1 开采区中部顶板处出现最大竖直位移，最大位移为 2 m；煤层 M1 主塌陷区的位移量最大，大变形区域范围为 0~2m。

图 4-61　开采后竖直位移云图（富含水状态 3）

图 4-62 表示富含水状态下煤层 M1 岩体开采达到稳定后的上覆岩层组合位移变化情况，组合位移变化情况与水平位移和竖直位移变化情况大致一样，开采后的组合位移变化呈层状分布，在煤矿采空区顶板处位移变化量最大，大变形区域的组合位移达到 0.5~2m，组合位移变化呈层状分布，位移变化量随着范围的增大逐渐减小。

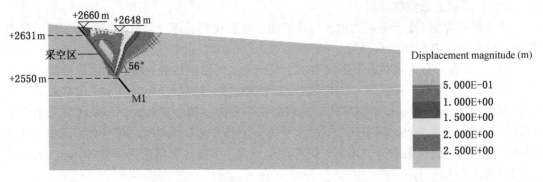

图4-62　开采后组合位移云图（富含水状态3）

图4-63为煤层M1上覆岩层开采后的垂直位移等值线图，可以看到在煤层开采平衡后，岩土层会出现明显的裂隙，开采区上部顶板范围内岩层变形较明显，大变形区域倾角为57°。

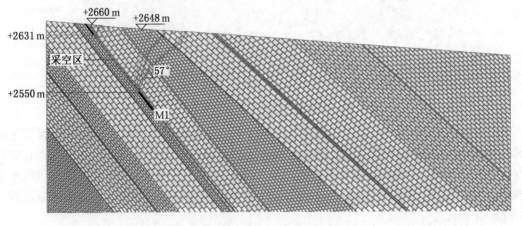

图4-63　竖直位移等值线图（富含水状态3）

位移变化云图表示煤层M1开采平衡后最终的整体位移量，由于煤层M1开采后不同岩层的变化趋势不同，所以岩层塌陷下沉情况也有所不同。为了更清楚直观地分析煤层开采后岩层的具体下沉位移量和岩层下沉规律，在煤层M1开采区上覆岩层设置平行于地表的5条监测线，其中每条监测线都设置14个监测点。监测点的间距大致相等为15m，每条监测线的间距都为10m。

由表4-17中的数据可以得到图4-64中的水平位移变化曲线组合图。根据图4-64中监测线的变化规律可知监测线M1-5的水平位移变化量最大，该监测线的位移最大变化量为1.2m；监测线M1-1的变化量较小，该监测线距离地表最近，位移最大变形量为0.6m。由图4-64可见，在水平距离80～180m范围内岩层主塌陷区的水平位移变形量较大，大致在0.3～1.2m范围内，而在大变形区域外两侧，岩层水平位移变形量都较小，大致在0～0.1m范围内。图4-64的规律也与水平位移云图的规律一致，在岩层不同深度下，越靠近煤层开采区的水平位移变化量越大，远离主塌陷区的区域上覆岩层的水平位移变化越来越小。

表 4-17　各监测点水平位移数据（富含水状态 3）　　　　　m

监测线	监测点													
	1	2	3	4	5	6	7	8	9	10	11	12	13	14
M1-1	0.116	0.168	0.203	0.257	0.220	0.080	-0.581	-0.993	-1.160	-0.919	-0.297	0.058	0.190	0.381
M1-2	0.083	0.166	0.199	0.260	0.275	-0.041	-0.518	-1.060	-1.110	-0.674	-0.143	0.196	0.303	0.387
M1-3	0.080	0.160	0.208	0.236	-0.048	-0.319	-0.647	-0.946	-0.750	-0.406	0.001	0.261	0.381	0.385
M1-4	0.066	0.133	0.210	0.246	0.132	-0.223	-0.569	-0.725	-0.558	-0.031	0.160	0.320	0.387	0.381
M1-5	0.067	0.129	0.217	0.263	0.126	-0.315	-0.623	-0.670	-0.316	0.083	0.327	0.380	0.390	0.379

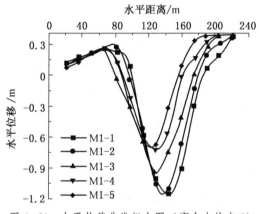

图 4-64　水平位移曲线组合图（富含水状态 3）

由表 4-18 中的数据可以得到图 4-65 中的竖直位移曲线组合图，根据监测线的变化规律可知监测线 M1-5 的竖直位移变化量最大，该监测线的竖直变形最大位移约为 2.5m；由于监测线 M1-1 距离地表最近，所以该监测线变形量较小，最大位移为 2m。由图 4-65 可见，在水平距离 80~180m 范围内岩层主塌陷区的竖直位移变化量较大，大致都在 0~2.5m 范围内，而在大变形区域外两侧，岩层竖直位移变化量都比较小，大致在 0~0.1m 范围内。该图的规律与上述竖直位移云图的规律一致，在岩层不同深度下，越靠近煤层开采区的竖直位移变化量越大，远离主塌陷区的区域上覆岩层的竖直位移变化量越来越小。

表 4-18　各监测点竖直位移数据（富含水状态 3）　　　　　m

监测线	监测点													
	1	2	3	4	5	6	7	8	9	10	11	12	13	14
M1-1	-0.244	-0.292	-0.295	-0.507	-1.210	-1.740	-2.000	-1.730	-1.500	-1.200	-0.864	-0.650	-0.403	-0.323
M1-2	-0.212	-0.267	-0.282	-0.325	-1.420	-2.360	-2.170	-1.770	-1.480	-1.200	-0.819	-0.592	-0.372	-0.315
M1-3	-0.185	-0.250	-0.282	-0.440	-2.050	-2.300	-2.040	-1.800	-1.400	-0.825	-0.627	-0.434	-0.312	-0.306
M1-4	-0.157	-0.207	-0.265	-0.248	-0.300	-2.210	-2.400	-2.020	-1.480	-0.745	-0.454	-0.354	-0.299	-0.300
M1-5	-0.143	-0.180	-0.238	-0.216	-0.370	-2.020	-2.440	-2.200	-1.580	-0.531	-0.271	-0.281	-0.284	-0.294

由表 4-19 中的数据可以得到图 4-66 中的组合位移曲线组合图，与上述两种监测线的

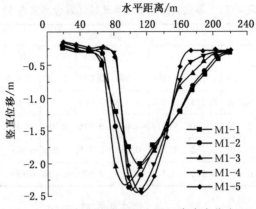

图4-65　竖直位移曲线组合图（富含水状态3）

变化规律相似，监测线M1-5的组合位移变化量最大，该监测线的组合变形最大位移约为2.4m；由于监测线M1-1距离地表最近，所以该监测线变形量较小，最大位移为1.8m。由图4-66可见，根据5条监测线数据所绘制的组合位移变化曲线组合图呈"U"形变化，在水平距离为80~180m的岩层主塌陷区组合位移变化量较大，大致都在0~2.4m范围内，而在大变形区域外两侧，岩层的组合位移变化量都比较小，大致在0~0.1m范围内。在岩层不同深度下，越靠近煤层开采区的组合位移变化量越大，远离主塌陷区的区域上覆岩层的组合位移变化量越来越小。

表4-19　各监测点组合位移数据（富含水状态3）　　　　　　　　　　　m

监测线	监测点													
	1	2	3	4	5	6	7	8	9	10	11	12	13	14
M1-1	-0.317	-0.389	-0.408	-0.870	-1.448	-1.847	-2.260	-1.926	-1.640	-1.200	-0.988	-0.815	-0.597	-0.676
M1-2	-0.274	-0.361	-0.394	-0.466	-1.506	-2.420	-2.283	-2.020	-1.667	-1.320	-0.907	-0.756	-0.623	-0.676
M1-3	-0.244	-0.341	-0.397	-0.411	-2.484	-2.440	-2.107	-1.800	-1.488	-0.968	-0.704	-0.609	-0.625	-0.630
M1-4	-0.210	-0.288	-0.382	-0.395	-0.471	-2.524	-2.601	-2.197	-1.627	-0.811	-0.547	-0.564	-0.615	-0.618
M1-5	-0.195	-0.261	-0.362	-0.381	-0.441	-2.478	-2.571	-2.144	-1.665	-0.603	-0.579	-0.550	-0.583	-0.599

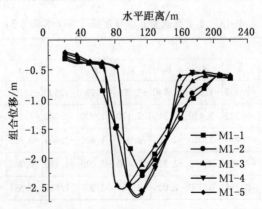

图4-66　组合位移曲线组合图（富含水状态3）

六、富含水状态下煤层 M3 开采数值计算

对富含水状态下煤层 M3 的开采数值进行计算，当几何模型进行迭代计算达到平衡后，再删除煤层 M3 的采空区，以此来模拟动态开采工作。相关图形是开采煤层 M1 后再开采煤层 M3 达到平衡得到的，输入不同的命令来输出相应的图形，根据得到的图形解释分析开采后的煤层 M3。

（一）煤层开采应力分析

分析研究煤层 M3 开采后的水平应力云图、竖直应力云图、剪应力云图、最大主应力云图、最小主应力云图。

图 4-67 表示富含水状态下煤层 M3 开采达到平衡后的水平应力分布情况，最小应力为 0MPa，最大应力为 -5MPa，水平应力云图中大部分应力为 0~2MPa。水平应力呈层状分布，应力随着高度的递增逐渐减小，最底层应力较大。如图 4-67 所示，在煤层 M3 采空区后端出现了应力集中区，水平应力分布在 0~2MPa 范围内，煤矿岩土层的采空区域也由于煤层开采导致采空区域应力释放，原平衡应力由 1~2MPa 减少至 0~1MPa。由图 4-67 可见，当开采煤层再次达到平衡时，将会在采空区上方形成垮落区，垮落区的应力分布在 0~2MPa 范围内。

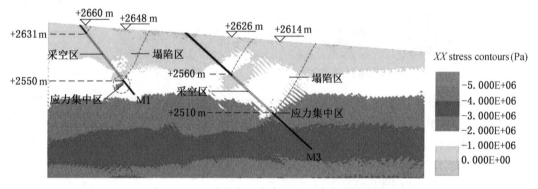

图 4-67　开采后水平应力云图（富含水状态 4）

图 4-68 表示富含水状态下煤层 M3 开采达到平衡后的剪应力分布情况，该剪应力云图以 0.5MPa 作为等值间隔，当开采煤层再次达到平衡时，将会在采空区上方形成垮落区，塌陷区的大部分剪应力为正值，达到 0~0.5MPa。如图 4-68 所示，在煤矿采空区前端和后端都出现了应力集中区，且剪应力为负值，数值为 0~1MPa。

图 4-69 表示富含水状态下煤层 M3 所受到的竖直应力分布情况。在自重应力作用下，竖直应力呈层状均匀分布。竖直应力随着高度的增加逐渐减小，最底层应力较大。如图 4-69 所示，该竖直应力云图以 1MPa 作为等值间隔，最小应力为 0MPa，最大应力为 -6MPa，大部分应力为 0~2MPa，煤层开采区底部竖直应力较大，煤层采空区上部顶板处竖直应力较小。煤层 M3 岩土层的采空区域也由于煤层开采导致采空区域应力释放，原平衡应力由 2~3MPa 减少至 0~1MPa。在煤层 M3 采空区后端出现了应力集中区，应力分布在 0~1MPa 范围内。

图 4-70、图 4-71 表示富含水状态下煤层 M3 开采达到平衡后的最大主应力与最小主应力分布情况。由图 4-70、图 4-71 可见，最大主应力与最小主应力都出现了应力分层，

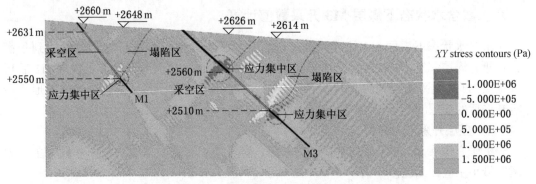

图 4-68   开采后剪应力云图（富含水状态 4）

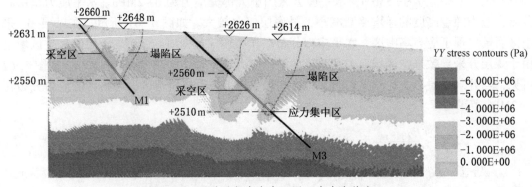

图 4-69   开采后竖直应力云图（富含水状态 4）

应力随着高度的增加逐渐减小，最底层应力较大。最大主应力云图以 1MPa 作为等值间隔，最小应力为 0MPa，最大应力为 -5MPa，垮落的大部分应力为 0~1MPa；最小主应力云图以 1MPa 作为等值间隔，最小应力为 0MPa，最大应力为 -5MPa，垮落区的大部分应力为 0~1MPa。由图 4-70、图 4-71 可见，最大主应力云图和最小主应力云图中开采区下端部出现了较明显的应力集中区。

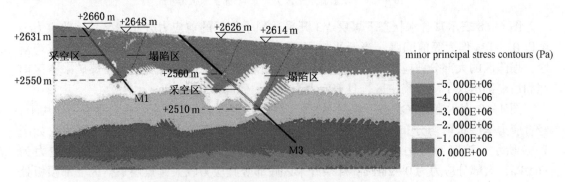

图 4-70   开采后最大主应力云图（富含水状态 4）

（二）煤层开采位移分析

分析研究煤层 M3 开采后的水平位移云图、竖直位移云图、组合方向位移云图、竖直位移等值线图、各监测线布局图。

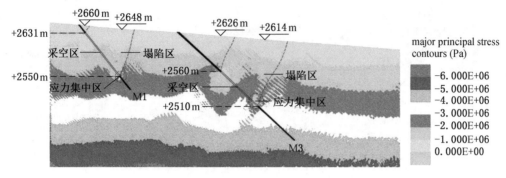

图 4-71　开采后最小主应力云图（富含水状态 4）

图 4-72 表示富含水状态下煤层 M3 开采达到稳定后上覆岩层水平位移变化情况，在煤层 M3 开采区中部顶板处水平位移出现了最大值，最大位移为 0.8m，距煤矿采空区较近的岩层水平方向位移变化较大，开采区岩层出现了明显的弯曲和塌落。煤矿采空区岩层的水平方向位移呈倾斜的层状分布，该变形区域的水平位移变化量比较大，主塌陷区的位移变化量最大；大变形区域范围为 0~0.8m，大变形区域倾角为 48°。

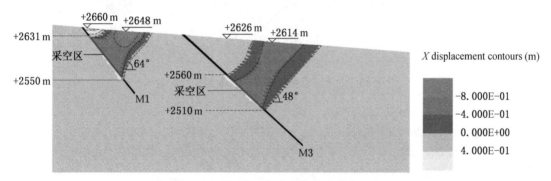

图 4-72　开采后水平位移云图（富含水状态 4）

图 4-73 表示富含水状态下煤层 M3 开采达到稳定后上覆岩层竖直位移变化情况，煤层 M3 的岩层变形已达到地表，采空区上覆岩层的变形集中在主塌陷区，开采后的竖直位移变化呈层状分布，位移变化量随着范围的增大逐渐减小。在煤层 M3 开采区中部顶板处水平位移出现了最大竖直位移值，为 1.5m；主塌陷区的位移最大，大变形区域范围为 0~1.5m，大变形区域倾角为 49°。

图 4-74 表示富含水状态下煤层 M3 开采达到稳定后上覆岩层组合位移变化情况，组合位移变化情况与水平位移和竖直位移变化情况大致一样，开采后的组合位移变化呈层状分布，煤矿采空区顶板处位移变化量最大，大变形区域的组合位移达到 0.5~1.5m，位移变化呈层状分布，位移变化量随着范围的增大逐渐减小，大变形区域倾角为 46°。

图 4-75 为煤层 M3 上覆岩层开采后的竖直位移等值线图，可以看到在煤层开采平衡后，岩土层会出现明显的裂隙，开采区上部顶板范围内岩层变形较明显，大变形区域倾角为 44°。

位移变化云图表示煤层 M3 开采平衡后最终的整体位移量，为了更清楚直观地分析煤层开采后岩层的具体下沉位移量和岩层下沉规律，在煤层 M3 开采区上覆岩层设置平行于

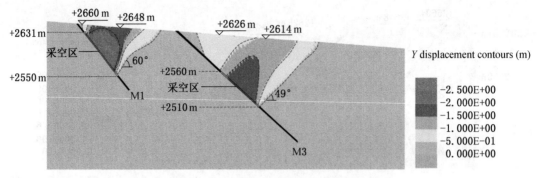

图 4-73　开采后竖直位移云图（富含水状态 4）

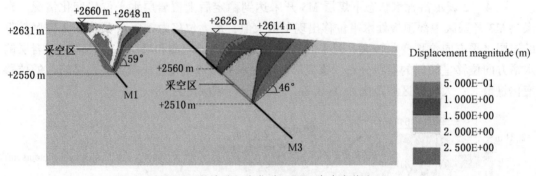

图 4-74　开采后组合位移云图（富含水状态 4）

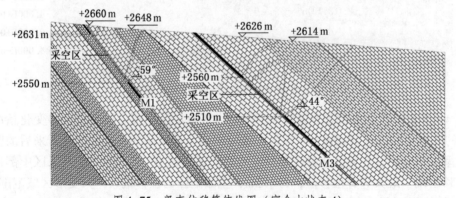

图 4-75　竖直位移等值线图（富含水状态 4）

地表的 5 条监测线，其中每条监测线都设置 14 个监测点。煤层 M3 的测距水平区域范围为 300~520m，测点的间距大致相等为 16m。

　　由表 4-20 中的数据可以得到图 4-76 中的水平位移曲线组合图，根据图 4-76 中监测线的变化规律可知监测线 M3-5 的水平位移变化量最大，该监测线的最大位移为 0.7m；监测线 M3-1 变化量较小，该监测线距离地表最近，最大位移为 0.5m。由图 4-76 可见，在水平距离 320~480m 范围内岩层主塌陷区的水平位移变形量较大，大致在 0.2~0.7m 范围内，而在大变形区域外两侧，岩层水平位移变化量都比较小，大致在 0~0.1m 范围内。图 4-76 的规律与水平方向位移云图的规律一致，在岩层不同深度下，越靠近煤层开采区的水平位移变化量越大，远离主塌陷区的区域上覆岩层的水平位移变化越来越小。

表4-20　各监测点水平位移数据（富含水状态4）　　　　　m

监测线	监测点													
	1	2	3	4	5	6	7	8	9	10	11	12	13	14
M3-1	0.006	0.012	0.012	0.022	0.018	-0.123	-0.428	-0.588	-0.638	-0.580	-0.398	-0.134	0.061	0.109
M3-2	0.033	0.034	0.005	-0.010	-0.028	-0.311	-0.562	-0.608	-0.564	-0.373	-0.150	0.022	0.100	0.110
M3-3	0.089	0.093	0.056	-0.003	-0.100	-0.391	-0.559	-0.554	-0.459	-0.223	-0.069	0.076	0.103	0.107
M3-4	0.063	0.080	0.067	-0.012	-0.338	-0.496	-0.557	-0.518	-0.298	-0.060	0.083	0.113	0.109	0.096
M3-5	0.029	0.022	-0.002	-0.125	-0.304	-0.447	-0.459	-0.353	-0.139	0.019	0.118	0.122	0.105	0.102

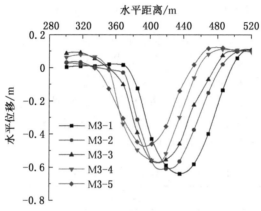

图4-76　水平位移曲线组合图（富含水状态4）

　　由表4-21中的数据可以得到图4-77中的竖直位移曲线组合图，根据图4-77中监测线的变化规律可知监测线 M3-5 的竖直位移变化量最大，该监测线的最大竖直位移变化量约为1.7m；由于 M3-1 监测线距离地表最近，所以该监测线变形量较小，最大竖直位移变化量为1.2m。由图4-77可见，在水平距离320~480m范围内岩层主塌陷区的竖直位移变形量较大，大致在0.4~1.7m范围内，而在大变形区域外两侧，岩层竖直位移变形量比较小，大致在0~0.1m范围内。该图的规律与上述竖直位移云图的规律一致。

表4-21　各监测点竖直位移数据（富含水状态4）　　　　　m

监测线	监测点													
	1	2	3	4	5	6	7	8	9	10	11	12	13	14
M3-1	-0.551	-0.604	-0.658	-0.685	-0.790	-0.981	-1.150	-1.290	-1.280	-1.170	-0.936	-0.785	-0.545	-0.463
M3-2	-0.532	-0.606	-0.680	-0.877	-1.130	-1.310	-1.390	-1.340	-1.210	-1.010	-0.733	-0.555	-0.472	-0.462
M3-3	-0.527	-0.593	-0.731	-0.983	-1.320	-1.460	-1.440	-1.330	-1.130	-0.904	-0.650	-0.478	-0.441	-0.450
M3-4	-0.524	-0.566	-0.989	-1.320	-1.580	-1.630	-1.450	-1.220	-0.882	-0.652	-0.470	-0.418	-0.421	-0.421
M1-5	-0.512	-0.585	-1.030	-1.450	-1.620	-1.640	-1.430	-1.180	-0.813	-0.515	-0.424	-0.408	-0.406	-0.414

　　由表4-22中的数据可以得到图4-78中的组合位移曲线组合图，与上述两种监测线的

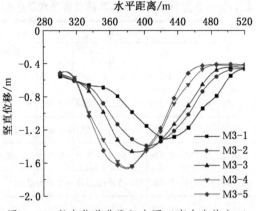

图 4-77　竖直位移曲线组合图（富含水状态 4）

变化规律相似，监测线 M3-5 的组合位移变化量最大，该监测线的最大位移约为 1.7m；由于 M3-1 监测线距离地表最近，所以该监测线变形量较小，最大位移为 1.4m。由图 4-78 可见，在水平距离 320~480m 范围内岩层主塌陷区的组合位移变形量较大，大致在 0.4~1.7m 范围内，而在大变形区域外两侧，岩层组合位移变形量比较小，大致在 0~0.1m 范围内。在岩层不同深度下，越靠近煤层开采区组合位移变化量越大，远离主塌陷区的区域上覆岩层的组合位移变化量越来越小。

表 4-22　各监测点组合位移数据（富含水状态 4）　　　　　　　　　　　　　　m

监测线	监 测 点													
	1	2	3	4	5	6	7	8	9	10	11	12	13	14
M3-1	-0.819	-0.860	-0.879	-0.908	-0.981	-1.103	-1.254	-1.416	-1.426	-1.306	-1.039	-0.796	-0.549	-0.476
M3-2	-0.753	-0.808	-0.847	-0.934	-1.234	-1.349	-1.495	-1.470	-1.332	-1.074	-0.748	-0.555	-0.482	-0.475
M3-3	-0.719	-0.771	-0.861	-0.997	-1.353	-1.515	-1.544	-1.436	-1.221	-0.931	-0.653	-0.484	-0.453	-0.462
M3-4	-0.699	-0.698	-1.024	-1.421	-1.613	-1.692	-1.517	-1.286	-0.931	-0.655	-0.478	-0.433	-0.435	-0.432
M3-5	-0.668	-0.722	-1.131	-1.564	-1.670	-1.701	-1.499	-1.233	-0.824	-0.516	-0.440	-0.426	-0.419	-0.427

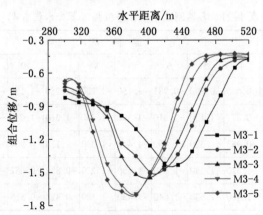

图 4-78　组合位移曲线组合图（富含水状态 4）

第三节 工 程 分 析

根据大通煤矿地质环境治理的勘探资料和大煤洞煤矿周围的地质调查资料，采用瞬变电磁测深法探明了大煤洞矿煤层的开采状况及采空区分布特征；根据相关工程规范和计算公式，得出在初始状态下、一般含水状态下和富含水状态下的岩层基本力学参数；采用二维离散单元模拟软件研究倾斜煤层开采后垮落区的应力规律和位移规律，分析其变形破坏特征。通过以上工作，取得的研究成果如下：

（1）根据青海省大通煤矿地质环境治理的勘探资料和瞬变电磁测深法得到的大通煤矿倾斜煤层采空区预测图，建立了大通煤矿沉陷区域的 CAD 剖面模型图。

（2）根据大煤洞煤矿沉陷区域的剖面模型图，在适当简化其区域后，左侧开采边界距建立的几何模型边界 50m，右侧开采边界距建立的几何模型边界 200m，利用二维离散单元数值模拟软件建立长 670m、左侧高 270m、右侧高 220m 的梯形块体数值模型，基于 3 种不同的岩石力学参数得到不同工况的数值模拟结果。

（3）由于大通煤矿倾斜煤层的开采顺序不同和处于不同的状态下，对比分析倾斜煤层开采后的水平位移云图、竖直位移云图、组合位移云图、位移等值线图和监测数据，结果表明：

①首先开采倾斜煤层 M1，该煤层倾角为 51°，煤层开采深度为 2.4m，处于初始状态下，由位移云图可以看出，在此情况下开采后岩土层最大水平位移为 1.6m，最大竖直位移为 1.2m，最大组合位移为 2m，组合位移变化情况与水平位移和竖直位移变化情况大致一样，开采后的位移变形都呈层状分布。处于一般含水状态下，由位移云图可以看出，在此情况下开采后岩土层最大水平位移为 1.2m，最大竖直位移为 1.6m，最大组合位移为 2m；竖直位移云图、水平位移云图和组合位移云图都呈层状分布。处于富含水状态下，开采后岩土层最大水平位移处于地表，最大水平位移为 0.8m，最大竖直位移为 2m，最大组合位移为 2.5m，且呈层状分布。

②同时开采倾斜煤层 M1 和缓斜煤层 M3，煤层 M3 倾角为 31°，开采深度为 2.4m，处于初始状态下，由位移云图可以看出，同时开采后煤层 M3 岩土层变形的最大水平位移为 1.6m，最大竖直位移为 0.8m，最大组合位移为 2m；各位移云图变化规律相似，都呈层状分布；处于一般含水状态下，开采后岩土层最大水平位移处于地表，最大水平位移为 1.2m，最大竖直位移为 1.2m，最大组合位移为 2m；处于富含水状态下，开采后岩土层最大水平位移为 0.8m，最大竖直位移为 2.5m，最大组合位移为 2.5m，都呈层状分布。

③根据初始状态下、一般含水状态下和富含水状态下的含水量情况，先开采煤层 M1 和同时开采煤层 M1 和煤层 M3 的最大竖直位移会逐渐增加；在主垮落区范围的沉降量都小于或等于开采煤层厚度，最大变形沉降量出现在煤层采空区中部顶板处；采空区上覆岩层的变形集中在主塌陷区，且开采后的煤矿岩土层变形范围都已达到地表，开采后的位移变形呈层状分布，各个方向的位移变化量随着主塌陷区范围的增大逐渐减小。

（4）由于大通煤矿倾斜煤层的开采顺序不同和处于不同的状态下，对比分析倾斜煤层开采后的水平应力云图、竖直应力云图、组合应力云图、最大主应力云图、最小主应力云图和监测数据，探讨不同工况下，采空区位置和深度对大煤洞煤矿岩土层应力变形的影响，结果表明：

①首先开采倾斜煤层 M1，该煤层倾角为 51°，煤层开采深度为 2.4m，处于初始状态下，由应力云图可以看出，开采后水平应力最小为 0MPa、最大为-6MPa，在倾斜煤层 M1 的采空区前端和后端都出现了应力集中区，水平应力为-2~4MPa，竖直应力最小为 0MPa、最大为-8MPa，采空区前端和后端都出现了应力集中区，应力为-4~8MPa。处于一般含水状态下，开采煤层后水平应力最小为 0MPa、最大为-4MPa，仅在煤层 M1 采空区后端出现了应力集中区，应力为-3~4MPa；竖直应力最小为 0MPa、最大为-6MPa，在煤层 M1 采空区后端出现了应力集中区，应力为-3~4MPa。处于富含水状态下，开采后水平应力最小为 0MPa、最大为-5MPa，在采空区附近未出现明显的应力集中区；竖直应力最小为 0MPa、最大为-6MPa，在煤矿采空区也未出现明显的应力集中区。

②同时开采倾斜煤层 M1 和缓斜煤层 M3，煤层 M3 倾角为 31°，开采深度为 2.4m，处于初始状态下，由应力云图可以看出，开采后水平应力最小为 0MPa、最大为-6MPa，在倾斜煤层 M3 的采空区前端和后端都出现了应力集中区，水平应力为-3~4MPa；竖直应力最小为 0MPa、最大为-6MPa，采空区前端和后端都出现了应力集中区，应力为-6~8MPa。处于一般含水状态下，开采煤层后水平应力最小为 0MPa、最大为-6MPa，仅在煤层 M1 采空区后端出现了应力集中区，应力为-4~6MPa；竖直应力最小为 0MPa、最大为-6MPa，在采空区附近未出现明显的应力集中区。处于富含水状态下，开采后水平应力最小为 0MPa、最大为-5MPa，仅在采空区后端出现应力集中区，应力为 0~1MPa；竖直应力最小为 0MPa、最大为-6MPa，仅在采空区后端出现应力集中区，应力为 0~1MPa。

③煤层开采后，应力呈层状分布，且应力随着煤层高程的递增逐渐减小，位于煤层采空区中部顶板处的应力较大；由开采后应力云图可见，当开采煤层再次达到应力平衡时，将会在采空区上方形成垮落区；在初始状态下和一般含水状态下煤层采空区前端或后端都会出现应力集中区，使采空区的应力释放，且原平衡应力减小。由剪应力云图可以看出，在煤矿岩土层开采区附近岩层的剪应力有正值和负值，正值表示与沿倾斜层移动方向一致，当开采煤层再次达到应力平衡时，将会在采空区上方形成垮落区，垮落区的大部分剪应力为正值，在采空区的应力集中区范围内剪应力为负值。

第五章　小煤洞煤矿开采岩土层变形数值计算

煤岩稳定性数值计算与分析是进行科学研究的重要方法之一，其可以揭示现场工程岩层变形与破坏规律，可以更好地解决各种地质条件和不同开采模式下的地表覆岩移动变形规律等问题。目前，数值模拟方法在覆岩运移及地表变形领域已经得到广泛应用，有限元法、有限差分法、离散元法是数值模拟计算中最常用的方法。本书采用二维离散元数值模拟软件，针对覆岩力学行为及开采沉陷进行了模拟计算。作为基于离散单元法理论的一款计算分析程序，离散元模拟软件所具备的 FISH 语言编写程序能够创建二维空间模型来描述模拟岩体的复杂力学行为，还能够动态分析施工过程，并对工程结构力学行为进行预测和预报，得到的数值模拟力学分析结果可以用于指导矿井安全生产。于是，本书通过建立二维离散元模型，计算分析在不同岩性下，煤矿地表变形破坏机理、位移与应力变化规律，研究局部含水层水对主沉陷坑的持续影响，并对其稳定性进行定量评价，为现场安全开采提供定量分析依据。

第一节　离散元数值模型建立

岩体强度理论是指表征岩体破坏条件和破坏机理的理论，岩体强度理论较多，并且经历了漫长的发展改进与实践检验，这些理论已经基本可以描述岩体的力学特性与强度特征。但鉴于岩体节理分布的复杂性与随机性，处于复杂应力状态下的岩体无法随意将某一强度理论运用到岩体力学中，本书针对青海省大通县的小煤洞煤矿开采区岩层进行数值模拟分析，对于本构模型，建模时采用弹塑性模型，在离散元软件中块体服从 cons＝2；节理本构模型服从离散元中 jcons＝3。

建立的数值模型走向长度为 1600m，垂直高度在 270~470m 之间，平均垂直高度为 370m，模拟采厚为 2.4m，模拟煤层均为倾斜煤层，煤层 M1 倾角为 37°，煤层 M3 倾角为 43°。建立模型时，先利用 block 命令生成模型块体，再利用 crack 命令和 jset 命令切割块体，并用 bound 命令固定好边界，施加上原岩应力，最后用 solve 命令迭代计算使整个模型达到平衡，模拟未开采前状态，其原始模型如图 5-1 所示，计算网格有 108823 个节点、25906 个单元。在数值模型煤层上方分别对煤层 M1、煤层 M3 设置 5 条监测线，近地表处设置一条监测线，再等距向下设置 4 条监测线。测线布置如图 5-2 所示。

一、边界应力与初始条件

在完成块体节理切割和变形单元划分后，还要定义块体边界条件，并且必须与实际工程情况的边界条件一致，否则计算出的数据将不准确。结合离散元的相关实际工程案例可

图 5-1　原始模型

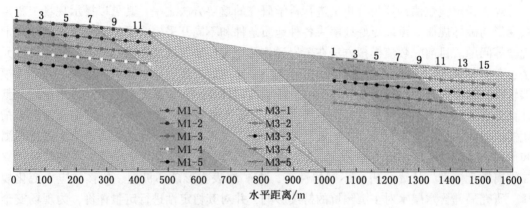

图 5-2　模型网格划分及测线布置

知，研究区的数值模型固定边界为底边和左右边界，即三边界的应力和位移均为 0，地表为自由面。

在地下工程中，任何开采或建造之前，均存在原岩应力，原岩应力也是影响围岩稳定性的主要因素之一，故在离散元模型中需要设定初始条件来模拟原岩应力状态。理想状态下，原岩应力参数来源于现场实测数据，但是由于未获得相关资料，故将模型的岩土层视为具有自由表面的均匀分布的岩土层，原岩应力由上覆岩层自重计算得到，加载于模型上，计算公式如下：

$$\sigma_x = \rho g h \tag{5-1}$$

式中　ρ——模型岩层平均密度，kN/m^3；

　　　g——取 9.81N/kg；

　　　h——地表至矿块模型上边界的最小和最大垂直高度的平均值，m。

$$\sigma_x = \lambda \sigma_y \tag{5-2}$$

式中　λ——侧压力系数

由式（5-1）、式（5-2）计算求得垂直应力和水平应力，即在模型中初始水平应力 X 方向施加应力 18.90MPa，竖直应力 Y 方向施加应力 15.75MPa，在平面之外 Z 方向施加应力 18.90MPa。对于梯度应力：Y 方向梯度应力为 23.54kPa，Z 方向梯度应力为 28.25kPa。

二、模型力学参数选取

（一）岩层力学参数选取

在离散元数值模拟程序中，对于摩尔-库仑塑性模型，岩层有 7 个基本参数，包括密度、体积模量、剪切模量、内摩擦角、黏聚力、剪胀角、抗拉强度，其中弹性模量和泊松比控制弹性行为，黏聚力、内摩擦角以及剪胀角控制塑性行为。如果上述参数没有赋值，系统自动赋零值。对于离散元程序，该模型的密度、体积模量和剪切模量必须赋正值。

由于研究区煤层围岩主要岩性为砂岩和泥岩，因此将模型块体密度 d 取 2400kg/m³，块体的体积模量 K、剪切模量 G 也是块体的重要参数，应根据围岩的分级、岩质按照以下变换公式进行计算。

$$K = \frac{E}{3(1 - 2\nu)} \tag{5-3}$$

式中　K——体积模量；
　　　E——杨氏模量；
　　　ν——泊松比。

$$G = \frac{E}{2(1 + \nu)} \tag{5-4}$$

式中　G——剪切模量

式（5-3）、式（5-4）中的各项，可以由各级围岩物理力学指标（表3-1）得到。

本书涉及的煤层开采区围岩多为Ⅳ级围岩，查表5-1后按式（5-3）、式（5-4）计算得到体积模量 K 为 6.0GPa、剪切模量 G 为 2.3GPa。查表5-1在Ⅳ级围岩各项取值范围内取值，内摩擦角 φ 为 30°，黏聚力 c 为 0.7MPa。因此，模型岩石物理力学参数见表5-1。

表5-1　模型岩石物理力学参数

岩石名称	密度/(kN·m⁻³)	体积模量/GPa	剪切模量/GPa	黏聚力/MPa	内摩擦角/(°)	抗拉强度/MPa
砂岩	2400	6	2.3	0.7	30	0.6
煤层	1400	3.9	1.1	0.5	30	1.04

（二）节理力学参数选取

对于节理参数，其取值应比岩石参数相对较小，因此，取节理切向刚度 $jks = 5$GPa；节理法向刚度 $jkn = 2.5$GPa。对于节理摩擦角、黏聚力取值应小于岩石的取值，节理摩擦角 φ 为 15°；黏聚力 c 为 0.2MPa。岩石节理参数见表5-2。

表5-2　岩石节理材料参数-3

切向刚度/GPa	法向刚度/GPa	内摩擦角/(°)	黏聚力/MPa	抗拉强度/kPa
5	2.5	15	0.2	10

第二节　变形过程不同工况分析

煤炭开采引起的上覆岩层与地表移动变形是一个复杂的力学过程，为研究深部开采导致的上覆岩层及地表移动规律，深入分析深部开采条件下移动规律的影响因素，以小煤洞矿煤炭开采为研究背景，基于前文建立的上覆岩层采动力学响应的等效数值模型，设计了多个离散元数值模拟方案，分析不同工况下开采煤层后的上覆岩层、地表变形特征及变形规律，以及岩层含水量的多少对开采区上覆岩层及地表移动变形规律的影响。

分析研究小煤洞煤矿岩层变形区时共分为 3 个工况，在 3 个工况下，利用模拟得到的 X 方向应力云图、Y 方向应力云图、剪应力（XY）应力云图、X 方向位移云图、Y 方向应力云图、组合位移云图，分别对每个工况的 X 和 Y 方向的应力情况、X 和 Y 方向的位移变化情况做相应的分析。每个工况下分别对 M1、M3 沿剖面倾向方向布置 5 条等间距监测线，M1 监测线间距为 32.5 m，M3 监测线间距为 34m，每条监测线上分为等距测点，监测各点处相应的水平位移变化、垂直位移变化、组合位移变化。用离散元软件对以上 3 个工况进行模拟，应用离散元软件模拟相应情况，对于初始模型应使其迭代平衡，保证初始状态下的模型是绝对稳定的，才能对其进行开采。

在煤层实际开采过程中，许多煤矿都存在多层煤层。如何更加高效安全地开采成为社会重点关注的问题，为此，本章以小煤洞煤矿实际开采条件作为原型，同时考虑现场实际调查的岩体结构条件，考虑单层开采和多层开采的开采方案，对比其对地面变形破坏的影响，为煤矿开采提供一定的理论依据。不同工况物理力学参数见表 5-3。

表 5-3　不同工况物理力学参数

工况	性质	体积模量/GPa	剪切模量/GPa	黏聚力/MPa	内摩擦角/(°)	抗拉强度/MPa
一	岩体	6	2.3	0.7	30	0.6
	节理	5	2.5	0.2	15	0.01
二	岩体	4.5	1.7	0.5	25	0.2
	节理	4	2	0.1	15	0.01
三	岩体	2.22	0.909	0.3	20	0.1
	节理	2	1.5	0.05	15	0.01

一、初始状态下煤层 M1 开采数值计算

初始状态下煤层开采地表变形情况，记为工况一，前文已经确定了模拟所需要的恒量参数，模拟该工况时只需要确定岩层物理力学参数便可得到与该工况相对应的数据。开采前需要对原始应力作用下的模型进行迭代计算以达到平衡状态，当迭代至最大的结点不平衡力与初始所施加的总力比较相对较小时，认为达到平衡，可以继续进行后期开采动态模拟。图 5-3 为初始状态下煤层开采前的最大不平衡历史图。

完成原始模型平衡后，需要对煤层进行开采模拟。在离散元中，利用 delete range region 命令对处在一定边界内需要开采的块体进行删除，此时只需要确定开采区域的 4 个角点，按照逆时针输入各点坐标 (x, y)，就可以对区域内的块体进行删除，以模拟开采工作。开采后继续迭代计算以达到平衡。求解完成后，输出相应图形为进一步解释分析提供计算结果，所涉及的图形有模型图、最大不平衡历史图、水平应力图、竖直应力图、剪力图、水平位移图、垂直位移图、组合位移图、等值线图、监测线图。

（一）煤层开采应力分析

在模型计算达到平衡后，分析其应力分布情况，主要采用应力云图分析方法，因为云图比等值线图更加直观。以下分析研究煤层 M1 开采后水平应力、垂直应力、剪应力、最

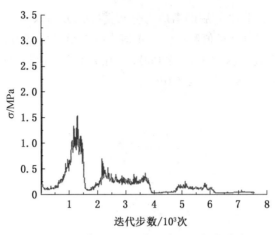

图5-3　开采前最大不平衡历史图（初始状态5）

大主应力、最小主应力情况。

　　该工况的水平（X方向）应力云图以2.0MPa作为等值间隔，最小应力为0MPa，最大应力为-8.0MPa，大部分应力为2.0~6.0MPa。水平应力云图反映了该工况中岩体所受的水平应力分布情况，由图5-4可以看出：煤层采空区处出现水平应力变化，左右呈对称分布，形成了似三角的垮落区，垮落岩层所受应力在0~2.0MPa范围内；在采空区两端及中部出现了应力集中，应力为2.0~4.0MPa，如图5-4所示。

图5-4　煤层M1开采后X方向应力云图（工况一）

　　该工况的竖直（Y方向）应力云图以4.0MPa作为等值间隔，最小应力为0MPa，最大应力为-16.0MPa，大部分应力为0~8.0MPa，应力从上到下增加，开采区附近出现应力变化，开采区中部及两端均存在压应力集中，大致分布在4.0~8.0MPa范围内，其他未受采动影响的岩层在竖直方向上应力无明显变化，如图5-5所示。

图5-5　煤层M1开采后Y方向应力云图（工况一）

图 5-6 为煤层开采达到平衡后的剪应力分布情况，云图以 1.0MPa 作为等值间隔，煤层开采区附近的岩层剪应力有正值和负值，正值表示与沿倾斜层移动方向一致，采空塌陷区的剪应力大部分为正值，达到 1.0~2.0MPa。在开采区两端及中部出现剪应力集中现象，剪应力为负值，数值达到 1.0~2.0MPa。

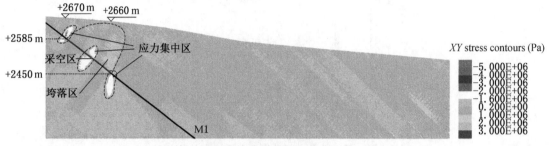

图 5-6　煤层 M1 开采后 *XY* 方向应力云图（工况一）

图 5-7 与图 5-8 分别为煤层开采平衡后最小主应力云图与最大主应力云图。通过分析模拟得到的主应力云图，可以进一步判断煤层采空区是否存在拉应力。由主应力云图可以看出，采空区大部分处于受压状态，仅在开采区出现明显的应力水平变化。对于最小主应力云图，在采空区两端及中部出现明显的应力变化，应力集中在 4.0~6.0MPa 范围内，应力最大值主要出现在采空区两端；对于最大主应力云图，在采空塌落区顶部出现明显的应力拱，应力表现为拉伸应力。

图 5-7　煤层 M1 开采后最小主应力云图（工况一）

图 5-8　煤层 M1 开采后最大主应力云图（工况一）

（二）煤层开采位移分析

煤层采出后，采空区周围原有的应力平衡状态被破坏，引起应力重新分布，从而引起岩层的变形、破坏与移动，并由下向上发展至地表引起地表移动。通过数值模拟得到的位移云图可以较直观地观测采空区上覆岩层的变形形态和岩层移动角。以下分析研究煤层 M1 开采后开采区上覆岩层水平位移、竖直位移以及组合位移情况。

图 5-9 至图 5-11 为煤层开采平衡后的位移云图，可以看出采空区上覆岩层的变形形态。在煤层开采平衡后，采空区上覆岩层产生水平位移和下沉位移（竖直位移），靠近采空区位置的岩层竖直和水平变形量最大。岩层移动角可以充分体现地下矿井开采后受采动作用的岩层移动变形范围。由图 5-10 可以看出覆岩的垮落形态，竖直位移为 50.0cm 临界值时与水平线形成的夹角为 76°，即岩层移动角为 76°。图 5-11 为位移增量，由水平位移和竖直位移组合求得，显示值恒为正值，表示位移下沉量，煤层开采后，采空区上覆岩层在一定范围内发生明显大变形，最大塌落高度可达 2.0m，同时影响周围岩体位移情况，岩层移动角为 71°。

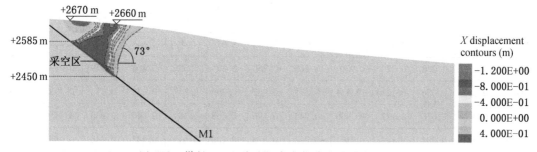

图 5-9　煤层 M1 开采后 X 方向位移云图（工况一）

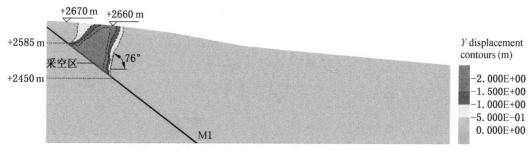

图 5-10　煤层 M1 开采后 Y 方向位移云图（工况一）

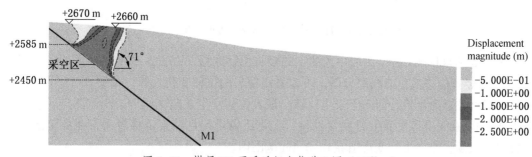

图 5-11　煤层 M1 开采后组合位移云图（工况一）

位移变化云图表示煤层开采平衡后的覆岩移动形态，需要分析研究煤层开采后岩层的具体位移量和岩层移动规律。为了更为清楚直观地分析煤层 M1 的位移变化，在煤层 M1 的开采区上覆岩层设置平行于地表的 5 条监测线，分别为 M1-1、M1-2、M1-3、M1-4、

M1-5，其中每条监测线都设置 12 个监测点。测点间距大致相等，为 39m，每条监测线的间距都为 32.5m。

表 5-4 为煤层 M1 各监测线中监测点的水平位移数据，由表 5-4 中的数据可以得到图 5-12 中的水平位移变化曲线图。图 5-12 中，水平位移曲线呈 "U" 形，在煤层开采区发生大变形，在煤层开采区外发生较小变形。由图 5-12 可知，大部分监测点的水平位移为正值，即向右发生位移，最大位移发生在监测线 M1-1 监测点 4 处，接近于 0.48m；剩余监测点的水平位移均向左发生位移，最大位移发生在监测线 M1-1 监测点 7 处，接近于 1m；最小位移发生在监测线 M1-5 监测点 7 处，为 0.28m。

表5-4　煤层 M1 各监测点水平位移数据（工况一）　　　　　　　　　m

监测线	监 测 点											
	1	2	3	4	5	6	7	8	9	10	11	12
M1-1	0.044	0.178	0.415	0.480	0.265	−0.684	−1.058	−0.475	0.344	0.402	0.419	0.421
M1-2	0.013	0.098	0.220	0.230	−0.280	−0.760	−0.824	0.055	0.406	0.429	0.433	0.431
M1-3	0.022	0.066	0.121	−0.484	−0.877	−0.852	−0.395	0.347	0.428	0.438	0.438	0.436
M1-4	0.026	0.078	0.127	−0.966	−0.945	−0.896	−0.468	0.389	0.440	0.446	0.445	0.441
M1-5	0.023	0.084	0.143	0.195	−0.928	−0.873	−0.280	0.419	0.443	0.448	0.448	0.447

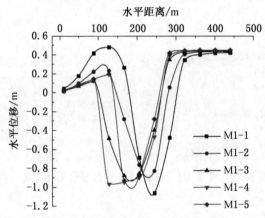

图 5-12　煤层 M1 开采稳定后水平位移曲线图（工况一）

表 5-5 为煤层 M1 各监测线中监测点的竖直位移数据，由表 5-5 中的数据可以得到图 5-13 中的竖直位移变化曲线组合图，可以看出覆岩的位移变化规律。由图 5-13 可知，监测点的竖直位移为负值，即向下发生位移，最大位移发生在监测线 M1-3 监测点 6 处，接近于 2.3m。在采空区垂直上方发生位移，变化比较均匀且竖直位移较大，在此范围之外上覆岩层只发生小变形，变形值在 0~0.4m 范围内。

表 5-6 为煤层 M1 各监测线中监测点的组合位移数据，由表 5-6 中的数据可以得到图 5-14 中的组合位移变化曲线图。监测点的组合位移是水平位移与垂直位移共同求得的，为正值。在实际比较中，位移值应为负值，即在煤层开采后上覆岩层发生塌陷下沉，所以在绘制位移曲线时将数据记为负值，进行分析。由图 5-14 可以看出开采后上覆岩层的变

表 5-5　煤层 M1 各监测点竖直位移数据（工况一）　　　　　　　　　　m

监测线	监测 点											
	1	2	3	4	5	6	7	8	9	10	11	12
M1-1	-0.105	-0.139	-0.246	-0.549	-0.867	-1.577	-2.002	-1.200	-0.334	-0.290	-0.281	-0.281
M1-2	-0.105	-0.114	-0.212	-0.594	-1.402	-2.334	-2.001	-0.885	-0.304	-0.284	-0.276	-0.277
M1-3	-0.108	-0.103	-0.227	-1.371	-2.232	-2.343	-1.784	-0.469	-0.293	-0.271	-0.267	-0.266
M1-4	-0.113	-0.106	-0.082	-2.165	-2.227	-2.314	-1.358	-0.319	-0.272	-0.259	-0.255	-0.254
M1-5	-0.109	-0.101	-0.082	-0.082	-2.250	-2.214	-1.492	-0.263	-0.253	-0.245	-0.242	-0.241

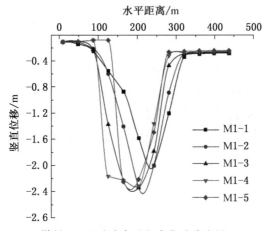

图 5-13　煤层 M1 开采稳定后竖直位移曲线图（工况一）

形规律：在水平距离 100~300m 范围内发生大变形，沉降变形从采空区上方一直发展到地表，最大变形量发生在监测线 M1-3 监测点 6 处，为 2.493m。

表 5-6　煤层 M1 各监测点组合位移数据（工况一）　　　　　　　　　　m

监测线	监测 点											
	1	2	3	4	5	6	7	8	9	10	11	12
M1-1	-0.113	-0.225	-0.482	-0.729	-0.907	-1.719	-2.265	-1.290	-0.479	-0.496	-0.504	-0.506
M1-2	-0.106	-0.150	-0.305	-0.637	-1.430	-2.454	-2.164	-0.887	-0.507	-0.515	-0.513	-0.512
M1-3	-0.110	-0.122	-0.257	-1.454	-2.398	-2.493	-1.827	-0.584	-0.519	-0.515	-0.513	-0.511
M1-4	-0.116	-0.131	-0.152	-2.371	-2.419	-2.481	-1.437	-0.503	-0.517	-0.516	-0.512	-0.509
M1-5	-0.112	-0.131	-0.165	-0.211	-2.434	-2.380	-1.518	-0.495	-0.510	-0.511	-0.510	-0.508

二、初始状态下煤层 M3 开采数值计算

（一）煤层开采应力分析

　　煤层 M1 开采达到新的平衡后，继续模拟煤层 M3。在模型计算达到平衡后，分析其应力分布情况，主要采用应力云图分析方法，因为云图比等值线图更加直观。以下分析研究

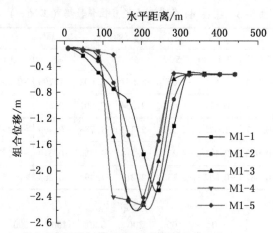

图 5-14　煤层 M1 开采稳定后组合位移曲线图（工况一）

煤层 M3 开采后的水平应力、垂直应力、剪应力、最大主应力、最小主应力情况。

　　该工况的水平（X 方向）应力云图以 4.0MPa 作为等值间隔，最小应力为 0MPa，最大应力为 -16.0MPa，云图呈分层状态，分层应力从上到下呈递增状态。在水平方向向开采塌陷区两端靠近时呈明显的应力变化，在煤层开采结束后，煤层 M3 采空区下端存在较明显的压应力集中，如图 5-15 所示。

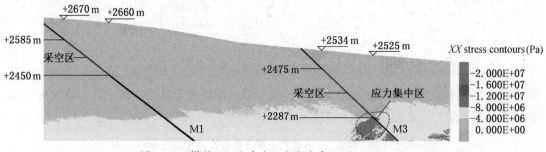

图 5-15　煤层 M3 开采后 X 方向应力云图（工况一）

　　该工况的竖直（Y 方向）应力云图以 4.0MPa 作为等值间隔，最小应力为 0MPa，最大应力为 -16.0MPa，在煤层开采后，煤层 M3 开采区两端及中部位置均出现一定程度的应力集中现象，在煤层 M3 采空区下端应力集中表现最明显，应力集中区分布在 8.0 ~ 12.0MPa 范围内，如图 5-16 所示。

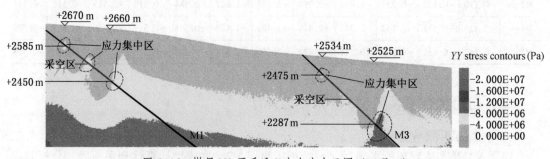

图 5-16　煤层 M3 开采后 Y 方向应力云图（工况一）

　　图5-17为煤层开采达到平衡后的剪应力分布情况，云图以2.0MPa作为等值间隔，煤层开采区附近的岩层剪应力有正值和负值，正值表示与沿倾斜层移动方向一致，采空塌陷区的剪应力大部分为正值，达到0～2.0MPa。在开采区两端及中部出现剪应力集中现象，剪应力为负值，数值达到2.0～4.0MPa。

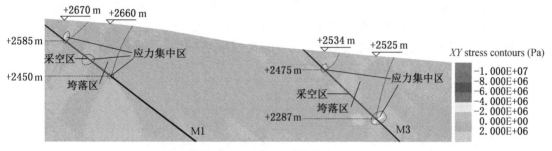

图5-17　煤层M3开采后XY方向应力云图（工况一）

　　图5-18与图5-19分别为煤层开采平衡后最小主应力云图与最大主应力云图。通过分析模拟得到的主应力云图，可以进一步判断煤层采空区是否存在拉应力。在开采结束达到新的平衡后，顶部的最小主应力为0～5.0MPa，表现为压应力，并在开采区两侧出现应力集中现象，最小主应力峰值为-6.0MPa。对于最大主应力云图，在开采区顶部，出现明显的应力拱，形成垮落区，垮落区主应力为0～2.0MPa。

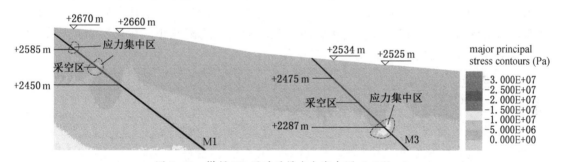

图5-18　煤层M3开采后最小主应力图（工况一）

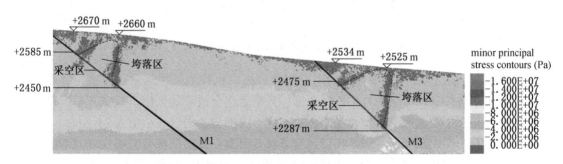

图5-19　煤层M3开采后最大主应力图（工况一）

（二）煤层开采位移分析

　　煤层开采后，采空区周围原有的应力平衡状态被破坏，引起应力重新分布，从而引起岩层的变形、破坏与移动，并由下向上发展至地表引起地表移动。通过数值模拟得到的位移云图可以较直观地观测采空区上覆岩层的变形形态和岩层移动角。以下分析研究煤层 M3 开采后开采区上覆岩层的水平位移、竖直位移以及组合位移情况。

由图 5-20 可以看出上覆岩层的变形形态，随着工作面的推进，基本顶产生竖直位移和水平位移，变形量（水平和竖直）也越来越大。图 5-20 为煤层 M3 开采平衡后 X 方向位移云图。由数值模拟结果可以看出，煤层开采后，顶板 X 方向位移峰值集中在采空区顶部，在煤层 M3 开采区中部顶板处的水平位移出现了最大值，最大位移为 1.2m，距煤矿采空区较近的岩层水平方向位移变化较大，开采区岩层出现了明显的弯曲和塌落，变形区域处于 0.8~1.2m 范围内，岩层移动角为 75°。

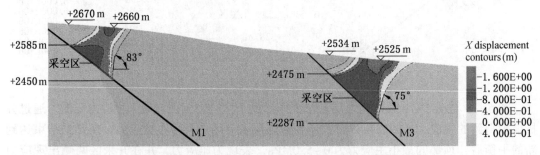

图 5-20　煤层 M3 开采后 X 方向位移云图（工况一）

图 5-21 为煤层 M3 开采平衡后的 Y 方向位移云图。由数值模拟结果可以看出，煤层开采后，Y 方向位移表现出一定的规律：采空区上覆岩层的变形集中在主塌陷区，开采后竖直位移变形呈层状分布，位移变化量随着范围的增大逐渐减小。在煤层 M3 开采稳定后，采空区上方围岩的岩层移动角为 73°左右。

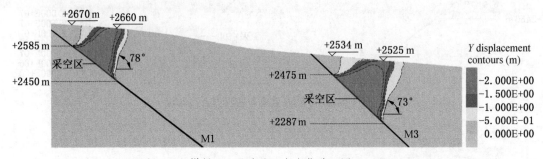

图 5-21　煤层 M3 开采后 Y 方向位移云图（工况一）

图 5-22 为煤层 M3 开采平衡后的组合位移云图。由数值模拟结果可以看出，煤层开采后，顶板组合位移峰值集中在采空区顶部，开采后组合位移最大值出现在开采区顶板中央，距离开采区中央越远下沉位移越小，采空区上方围岩的岩层移动角为 75°左右。

位移变化云图表示煤层开采平衡后的覆岩移动形态，需要分析研究煤层开采后岩层的具体位移量和岩层移动规律。为了更清楚直观地分析煤层 M3 的位移变化，在煤层 M3 开采区上覆岩层设置平行于地表的 5 条监测线，分别为 M3-1、M3-2、M3-3、M3-4、M3-5，其中每条监测线都设置 16 个监测点。测点间距大致相等，为 33m，每条监测线的间距都为 34m。

表 5-7 为煤层 M3 各监测线中监测点的水平位移数据，由表 5-7 中的数据可以得到图

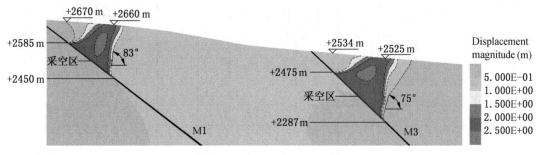

图5-22 煤层M3开采后组合位移云图（工况一）

5-23中的水平位移变化曲线组合图。由图5-23可知，在测线水平距离上，煤层M3开采后的水平位移变化整体呈"U"形，水平距离1150~1350m之间发生较大水平位移，向左移动，即在煤层开采区顶部覆岩发生较大塌陷、垮落。水平位移最大值发生在监测线M3-1监测点10处，最大位移为-1.325m。

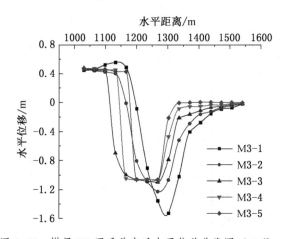

图5-23 煤层M3开采稳定后水平位移曲线图（工况一）

表5-8为煤层M3各监测线中监测点的竖直位移数据，由表5-8中的数据可以得到图5-24中的竖直位移变化曲线图。由图5-24可知，监测点竖直位移为负值，即向下发生位移，最大位移发生在监测线M3-3监测点6处，最大位移为2.281m。由位移曲线图可知，采空区位移存在一定规律：水平距离为1150~1300m的采空塌陷区发生大变形，变化比较均匀且竖直位移较大，下沉变形量在1.8~2.4m范围内；在此范围之外的上覆岩层发生较小变形，下沉变形量在0.2~0.8m范围内。

表5-9为煤层M3各监测线中监测点的组合位移数据，由表5-9中的数据可以得到图5-25中的组合位移曲线图。监测点组合位移是水平位移与垂直位移共同求得的，为正值。在实际比较中，位移应为负值，即在煤层开采后上覆岩层发生塌陷下沉，所以在绘制位移曲线时将数据记为负值，进行分析。由图5-25可以看出，开采后上覆岩层的变化规律：在水平距离1200~1300m范围内发生大变形，此时开采塌陷区顶板发生塌落、弯曲，沉降变形从采空区上方一直发展到地表。组合位移最大值发生在监测线M3-3监测点7处，最大位移为-2.518m。

表 5-7 煤层 M3 各监测点水平位移数据（工况一）

m

监测线	监测点															
	1	2	3	4	5	6	7	8	9	10	11	12	13	14	15	16
M3-1	0.451	0.465	0.524	0.559	0.492	-0.080	-0.902	-1.351	-1.523	-1.016	-0.400	-0.271	-0.148	-0.087	-0.070	-0.014
M3-2	0.470	0.444	0.425	0.404	-0.007	-0.803	-1.089	-1.227	-1.067	-0.516	-0.286	-0.159	-0.120	-0.067	-0.042	-0.019
M3-3	0.483	0.449	0.445	-0.696	-0.997	-1.061	-1.081	-1.099	-0.784	-0.209	-0.159	-0.110	-0.066	-0.051	-0.025	-0.014
M3-4	0.471	0.473	0.450	0.457	-1.046	-1.063	-1.058	-1.069	-0.467	-0.081	-0.054	-0.050	-0.033	-0.032	-0.012	-0.009
M3-5	0.476	0.462	0.462	0.433	0.430	-1.058	-1.061	-1.062	-0.210	-0.003	0.002	0.006	0.007	0.003	0.005	0.001

表 5-8 煤层 M3 各监测点竖直位移数据（工况一）

m

监测线	监测点															
	1	2	3	4	5	6	7	8	9	10	11	12	13	14	15	16
M3-1	-0.267	-0.313	-0.388	-0.528	-0.711	-0.939	-1.472	-1.640	-1.696	-0.966	-0.486	-0.427	-0.363	-0.331	-0.303	-0.322
M3-2	-0.283	-0.279	-0.327	-0.548	-1.121	-1.985	-2.255	-2.167	-1.581	-0.815	-0.467	-0.388	-0.347	-0.319	-0.303	-0.303
M3-3	-0.296	-0.279	-0.300	-1.882	-2.180	-2.281	-2.274	-2.235	-1.347	-0.586	-0.435	-0.368	-0.325	-0.297	-0.287	-0.280
M3-4	-0.270	-0.279	-0.254	-0.266	-2.193	-2.225	-2.237	-2.221	-1.145	-0.501	-0.407	-0.342	-0.295	-0.268	-0.259	-0.253
M3-5	-0.240	-0.241	-0.242	-0.231	-0.251	-2.168	-2.179	-2.169	-0.670	-0.419	-0.355	-0.299	-0.266	-0.237	-0.222	-0.215

表 5-9 煤层 M3 各监测点组合位移数据（工况一）

m

监测线	监测点															
	1	2	3	4	5	6	7	8	9	10	11	12	13	14	15	16
M3-1	-0.524	-0.560	-0.652	-0.769	-0.865	-0.942	-1.726	-2.125	-2.280	-1.402	-0.629	-0.506	-0.393	-0.342	-0.311	-0.322
M3-2	-0.549	-0.524	-0.537	-0.681	-1.121	-2.142	-2.504	-2.491	-1.908	-0.964	-0.547	-0.419	-0.367	-0.326	-0.306	-0.304
M3-3	-0.566	-0.529	-0.537	-2.006	-2.397	-2.516	-2.518	-2.490	-1.559	-0.622	-0.463	-0.384	-0.331	-0.301	-0.288	-0.280
M3-4	-0.543	-0.549	-0.516	-0.529	-2.429	-2.466	-2.475	-2.465	-0.992	-0.508	-0.410	-0.346	-0.297	-0.270	-0.260	-0.254
M3-5	-0.533	-0.521	-0.521	-0.491	-0.498	-2.412	-2.424	-2.415	-0.702	-0.419	-0.355	-0.299	-0.266	-0.237	-0.222	-0.215

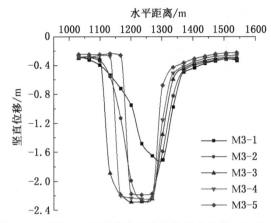

图 5-24　煤层 M3 开采稳定后竖直位移曲线图（工况一）

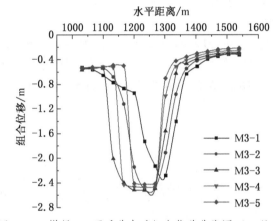

图 5-25　煤层 M3 开采稳定后组合位移曲线图（工况一）

三、一般含水状态下煤层 M1 开采数值计算

一般含水状态下煤层开采地表变形情况，记为工况二，以上已经确定了模拟所需要的恒量参数，模拟该工况时只需要确定岩层物理力学参数，便可得到与该工况相对应的数据。开采前需要对原始应力作用下的模型进行迭代计算以达到平衡状态，当迭代至最大结点不平衡力与初始所施加的总力比较相对较小时，认为达到平衡，可以继续进行后期开采动态模拟。图 5-26 为一般含水状态下煤层未开采的最大不平衡历史图。

完成原始模型的平衡后，需要对煤层进行开采模拟。在离散元中，利用 delete range region 命令对处在一定边界内需要开采的块体进行删除，此时只需要确定开采区域的 4 个角点，按照逆时针输入各点坐标 (x, y)，就可以对区域内的块体进行删除，以模拟开采工作。开采后继续迭代计算以达到平衡。求解完成后，输出相应图形为进一步解释分析提供计算结果，所涉及的图形有模型图、最大不平衡历史图、水平应力图、竖直应力图、剪力图、水平位移图、垂直位移图、组合位移图、等值线图、监测线图。

（一）煤层开采应力分析

模型计算达到平衡后，分析其应力分布情况，主要采用应力云图分析方法，因为云图

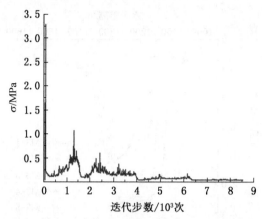

图 5-26 未开采的最大不平衡历史图（一般含水状态）

比等值线图更加直观。以下分析研究煤层 M1 开采后的水平应力、垂直应力、剪应力、最大主应力、最小主应力情况。

该工况的水平（X 方向）应力云图以 2.0MPa 作为等值间隔，最小应力为 0MPa，最大应力为 -8.0MPa，大部分应力为 0～6.0MPa。采空塌陷区应力大部分为 0～2.0MPa，两端出现应力集中现象，应力范围为 2.0～4.0MPa，如图 5-27 所示。

图 5-27 煤层 M1 开采后 X 方向应力云图（工况二）

该工况的竖直（Y 方向）应力云图以 4.0MPa 作为等值间隔，最小应力为 0MPa，最大应力为 -12.0MPa，大部分应力为 0～8.0MPa，应力从上到下逐渐增加，开采塌陷处附近出现应力变化，开采区中部及两端均受到了压应力，大致分布在 0～4.0MPa 范围内，如图 5-28 所示。

图 5-28 煤层 M1 开采后 Y 方向应力云图（工况二）

图 5-29 为煤层开采达到平衡后的剪应力分布情况，煤层开采区附近的岩层剪应力有

正值和负值，正值表示与沿倾斜层移动方向一致，塌陷区的剪应力大部分为正值，达到 1.0~2.0MPa。在开采区两端出现应力集中现象，剪应力为负值，数值达到 1.0~2.0MPa。

图 5-29　煤层 M1 开采后 XY 方向应力云图（工况二）

图 5-30 与图 5-31 分别为煤层开采平衡后最小主应力云图与最大主应力云图。由主应力云图可以看出，采空区大部分处于受压状态，仅在开采区出现明显应力变化。对于最小主应力云图，在采空区中下部出现明显应力变化，应力变化在 4.0~8.0MPa 范围内，开采塌陷区应力释放了 0~4.0MPa，最大值主要发生在采空区两端；对于最大主应力云图，在采空塌落区顶部出现明显的塌落区。

图 5-30　煤层 M1 开采后最小主应力云图（工况二）

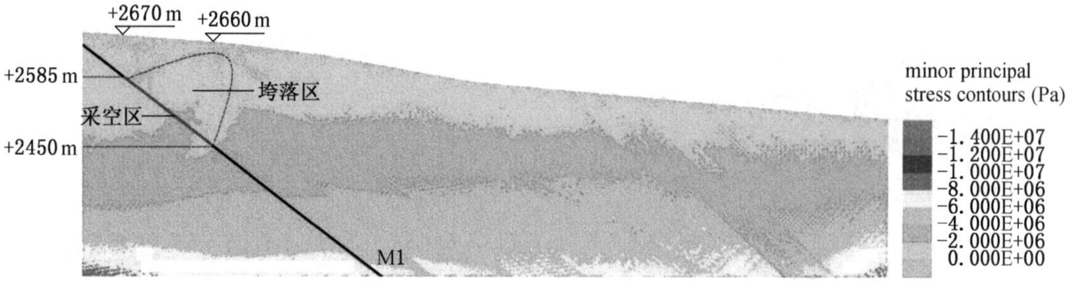

图 5-31　煤层 M1 开采后最大主应力云图（工况二）

（二）煤层开采位移分析

煤层开采后，采空区周围原有的应力平衡状态被破坏，引起应力重新分布，从而引起岩层的变形、破坏与移动，并由下向上发展至地表引起地表移动。通过数值模拟得到的位移云图可以较直观地观测到采空区上覆岩层的变形形态和岩层移动角。以下分析研究煤层 M1 开采后开采区上覆岩层的水平位移、竖直位移以及组合位移。

图 5-32 至图 5-34 为煤层开采平衡后的位移云图，可以看出上覆岩层的变形形态，在

开采平衡后，基本顶产生竖直位移和水平位移，变形量（水平和竖直）越来越大。由图 5-32 可以看出覆岩的水平位移形态，岩层移动角为 66°左右，开采区顶板覆岩变形一直发展至地表，开采区位移方向为向左移动。图 5-33 为竖直位移云图，由数值模拟结果可以看出，煤层开采后，位移变形呈层状分布，位移变化量随着范围的增大逐渐减小。在煤层 M3 开采稳定后，采空区上方围岩的岩层移动角为 64°左右。图 5-34 为位移增量，由水平位移和竖直位移组合求得，图 5-34 中显示的值恒为正值，表示位移下沉量，在煤层开采后，采空区上覆岩层在一定范围内发生明显大变形，最大塌落高度可以达到 2.5m，同时影响周围岩体位移情况，岩层移动角为 71°左右。

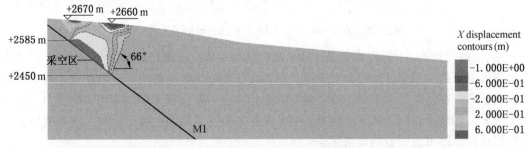

图 5-32　煤层 M1 开采后 X 方向位移云图（工况二）

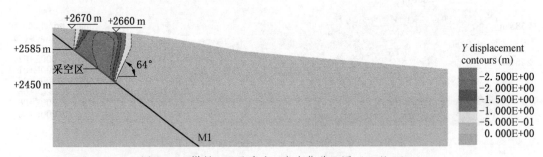

图 5-33　煤层 M1 开采后 Y 方向位移云图（工况二）

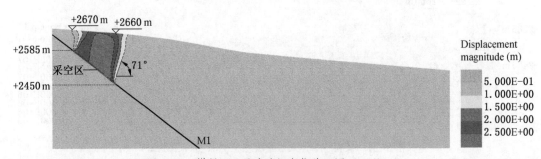

图 5-34　煤层 M1 开采后组合位移云图（工况二）

位移变化云图表示煤层开采平衡后的覆岩移动形态，需要分析研究煤层开采后岩层的具体位移量和岩层移动规律。为了更清楚直观地分析煤层 M1 的位移变化，在煤层 M1 开采区上覆岩层设置平行于地表的 5 条监测线，分别为 M1-1、M1-2、M1-3、M1-4、M1-5，其中每条监测线都设置 12 个监测点。监测点间距大致相等为 39m，每条监测线的间距都为 32.5m。

表5-10为煤层M1各监测线中监测点的水平位移数据，由表5-10中的数据可以得到图5-35中的水平位移曲线组合图。由图5-35可知，大部分监测点的水平位移为正值，即向右发生位移，在水平距离为100~300m范围内发生大变形，即煤层开采区顶板发生较大水平移动，最大位移发生在监测线M1-1监测点8处，最大位移为-0.617m。

表5-10　煤层M1各监测点水平位移数据（工况二）　　　　　　　　　　m

监测线	监 测 点											
	1	2	3	4	5	6	7	8	9	10	11	12
M1-1	0.046	0.151	0.577	0.614	0.084	-0.139	-0.590	-0.617	-0.192	0.521	0.548	0.550
M1-2	0.027	0.118	0.209	-0.144	-0.185	-0.141	-0.192	0.020	0.274	0.543	0.557	0.559
M1-3	0.029	0.099	0.176	-0.377	-0.305	-0.251	-0.169	0.219	0.510	0.560	0.565	0.566
M1-4	0.023	0.117	0.223	-0.492	-0.414	-0.347	-0.235	0.220	0.552	0.572	0.573	0.573
M1-5	0.025	0.123	0.249	0.333	-0.483	-0.417	-0.201	0.399	0.562	0.574	0.578	0.580

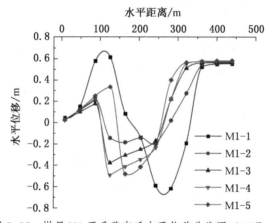

图5-35　煤层M1开采稳定后水平位移曲线图（工况二）

表5-11为煤层M1各监测线中监测点的竖直位移数据，由表5-11中的数据可以得到图5-36中的竖直位移曲线组合图，可以看出覆岩的位移变化规律。由图5-36可知，监测点竖直位移为负值，即向下发生位移，最大位移发生在监测线M1-2监测点6处，最大位移为2.657m。由图5-36可知，采空区位移存在一定规律：采空区上方的下沉位移曲线整体呈"U"形，采空塌陷区发生大变形，变化比较均匀且竖直位移较大，下沉变形量集中在2.2~2.6m范围内；在此范围之外的上覆岩层发生较小变形，下沉变形量在0~0.4m范围内。

表5-11　煤层M1各监测点竖直位移数据（工况二）　　　　　　　　　　m

监测线	监 测 点											
	1	2	3	4	5	6	7	8	9	10	11	12
M1-1	-0.182	-0.195	-0.415	-1.499	-2.369	-2.535	-2.203	-1.426	-0.515	-0.331	-0.322	-0.318
M1-2	-0.194	-0.198	-0.452	-2.192	-2.508	-2.657	-2.629	-1.468	-0.493	-0.325	-0.318	-0.315
M1-3	-0.204	-0.207	-0.577	-2.389	-2.524	-2.645	-2.627	-1.234	-0.441	-0.315	-0.307	-0.305
M1-4	-0.195	-0.190	-0.122	-2.425	-2.498	-2.602	-2.496	-0.954	-0.320	-0.301	-0.293	-0.291
M1-5	-0.172	-0.160	-0.099	-0.082	-2.484	-2.559	-2.175	-0.558	-0.289	-0.284	-0.279	-0.275

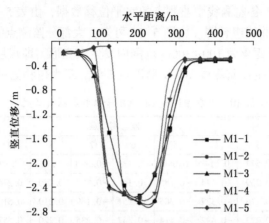

图5-36　煤层M1开采稳定后竖直位移曲线图（工况二）

　　表5-12为煤层M1各监测线中监测点的组合位移数据，由表5-12中的数据可以得到图5-37中的组合位移变化曲线图。监测点组合位移是水平位移与垂直位移共同求得的，为正值。在实际比较中，位移应为负值，即在煤层开采后上覆岩层发生塌陷下沉，所以在绘制位移曲线时将数据记为负值，进行分析。由图5-37可以看出开采后上覆岩层的变形规律：采空区上方的位移曲线整体呈"U"形，在水平距离100～300m范围内发生大变形，沉降变形从采空区上方一直发展到地表，组合位移最大值为2.661m，发生在监测线M1-2监测点6处。

表5-12　煤层M1各监测点组合位移数据（工况二）　　　　　　　　　　m

监测线	监 测 点											
	1	2	3	4	5	6	7	8	9	10	11	12
M1-1	-0.188	-0.247	-0.711	-1.620	-2.371	-2.538	-2.280	-1.554	-0.549	-0.617	-0.636	-0.635
M1-2	-0.195	-0.230	-0.498	-2.197	-2.515	-2.661	-2.636	-1.468	-0.563	-0.633	-0.641	-0.642
M1-3	-0.206	-0.229	-0.604	-2.418	-2.543	-2.657	-2.632	-1.253	-0.674	-0.643	-0.643	-0.643
M1-4	-0.196	-0.223	-0.254	-2.474	-2.532	-2.625	-2.507	-0.979	-0.638	-0.647	-0.644	-0.643
M1-5	-0.174	-0.202	-0.268	-0.343	-2.531	-2.593	-2.184	-0.686	-0.632	-0.640	-0.642	-0.642

四、一般含水状态下煤层M3开采数值计算

（一）煤层开采应力分析

　　煤层M1开采达到新的平衡后，继续模拟煤层M3。在模型计算达到平衡后，分析其应力分布情况，主要采用应力云图分析方法，因为云图比等值线图更加直观。以下分析研究煤层M3开采后的水平应力、垂直应力、剪应力、最大主应力、最小主应力情况。

　　该工况的水平（X方向）应力云图以2.0MPa作为等值间隔，最小应力为0MPa，最大应力为-12.0MPa，云图呈分层状态，分层应力从上到下呈递增状态。未开采岩层发生不明显的应力变化，煤层采空区两端和中央呈明显的应力变化：采空区下端存在较明显的

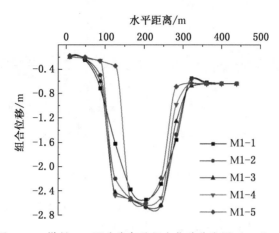

图 5-37　煤层 M1 开采稳定后组合位移曲线图（工况二）

压应力集中，应力大部分在 8.0～10.0MPa 范围内，如图 5-38 所示。

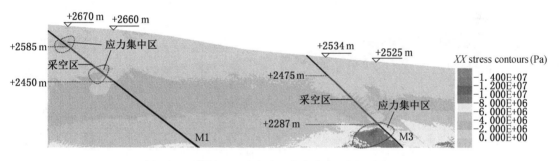

图 5-38　煤层 M3 开采后 X 方向应力云图（工况二）

该工况的竖直（Y 方向）应力云图以 2.0MPa 作为等值间隔，最小应力为 0MPa，最大应力为-12.0MPa，煤层开采改变了原来的应力平衡，煤层 M3 开采区两端及中部位置均出现一定程度的应力变化，应力释放了 0～2.0MPa，如图 5-39 所示。

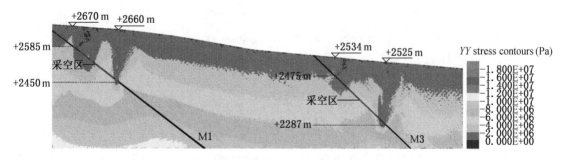

图 5-39　煤层 M3 开采后 Y 方向应力云图（工况二）

图 5-40 为煤层开采达到平衡后的剪应力分布情况，云图以 1.0MPa 作为等值间隔，在煤层开采区附近岩层的剪应力有正值和负值，正值表示与沿倾斜层移动方向一致，采空区顶部的剪应力大部分为正值，达到 1.0～2.0MPa。煤层 M3 开采区下端出现应力集中现象，剪应力为负值，数值在 2.0～3.0MPa 范围内。

图 5-41 与图 5-42 分别为煤层开采平衡后最小主应力云图与最大主应力云图。通过分

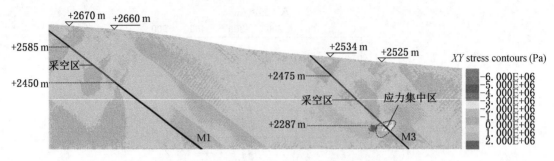

图 5-40 煤层 M3 开采后 XY 方向应力云图（工况二）

析主应力云图，可以进一步判断在煤层采空区是否存在拉应力。开采结束达到新的平衡后，顶部的最小主应力为 2.0~4.0MPa，为压应力，并在开采区两侧出现应力集中现象，最小主应力峰值为-2.0MPa。对于最大主应力云图，在开采区顶部出现明显的应力拱，形成垮落区，垮落区内最大主应力为 0~2.0MPa。

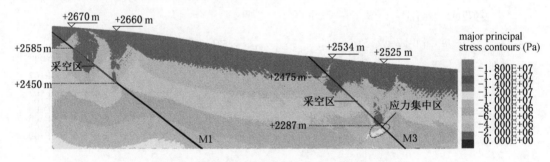

图 5-41 煤层 M3 开采后最小主应力图（工况二）

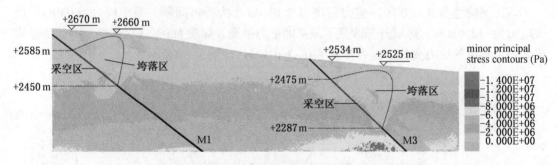

图 5-42 煤层 M3 开采后最大主应力图（工况二）

（二）煤层开采位移分析

煤层开采后，采空区周围原有的应力平衡状态被破坏，引起应力重新分布，从而引起岩层的变形、破坏与移动，并由下向上发展至地表引起地表移动。通过数值模拟得到的位移云图可以较直观地观测到采空区上覆岩层的变形形态和岩层移动角。以下分析研究煤层 M3 开采后开采区上覆岩层的水平位移、竖直位移以及组合位移情况。

图 5-43 至图 5-45 为煤层开采平衡后的位移云图，可以看出上覆岩层的变形形态，在开采平衡后，开采区顶部产生竖直位移和水平位移，变形量（水平和竖直）越来越大。由图 5-43 可以看出，煤层开采后，顶板 X 方向位移峰值集中在采空区顶部，变形区域大部

分应力为 0.5~1.0m，向左移动，岩层移动角为 52°。由图 5-44 可以看出，煤层开采后，
Y 方向位移表现出一定规律：采空区上覆岩层的变形集中在主塌陷区，开采后的竖直位移
变形呈层状分布，位移变化量随着范围的增大逐渐减小；在煤层 M3 开采稳定后，采空区
上方围岩的岩层移动角为 54°左右。由图 5-45 可以看出，煤层开采后，顶板组合位移峰值
集中在采空区顶部，开采后组合位移最大值出现在开采区顶板中央，距离开采区顶板中央
越远下沉位移越小。

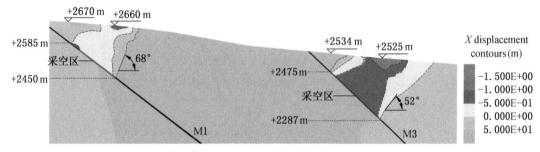

图 5-43　煤层 M3 开采后 X 方向位移云图（工况二）

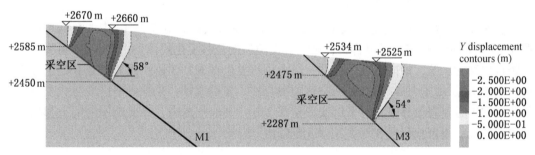

图 5-44　煤层 M3 开采后 Y 方向位移云图（工况二）

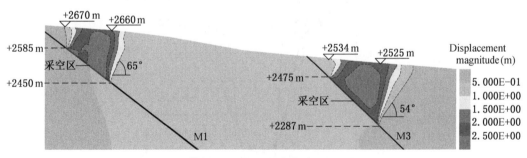

图 5-45　煤层 M3 开采后组合位移云图（工况二）

　　位移变化云图表示煤层开采平衡后的覆岩移动形态，需要分析研究煤层开采后岩层的
具体位移量和岩层移动规律。为了更清楚直观地分析煤层 M3 的位移变化，在煤层 M3 开
采区上覆岩层设置平行于地表的 5 条监测线，分别为 M3-1、M3-2、M3-3、M3-4、M3-
5，其中每条监测线都设置 16 个监测点。监测点的间距大致相等为 33m，每条监测线的间
距都为 34m。

　　表 5-13 为煤层 M3 各监测线中监测点的水平位移数据，由表 5-13 中的数据可以得到
图 5-46 中的水平位移曲线组合图。由图 5-44 可知，煤层 M3 开采后的水平位移变化整体

呈"U"形，水平距离 1150~1350m 之间发生较大水平位移，移动方向为向左移动，即在煤层开采区顶部覆岩发生较大的塌陷、垮落。最大位移发生在监测线 M3-1 监测点 10 处，最大位移为 1.325m。

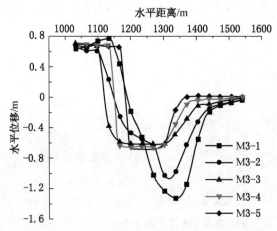

图 5-46　煤层 M3 开采稳定后水平位移曲线图（工况二）

　　表 5-14 为煤层 M3 各监测线中监测点的竖直位移数据，由表 5-14 中的数据可以得到图 5-47 中的竖直位移曲线组合图，可以看出覆岩的位移变化规律。由图 5-47 可知，监测点竖直位移为负值，即向下发生位移，最大位移发生在 M1-3 监测线监测点 8 处，最大位移为 2.597m。由图 5-47 可知，采空区位移存在一定的规律：采空塌陷区发生大变形，变化比较均匀且竖直位移较大，下沉变形量在 2.0~2.8m 范围内；在此范围外的上覆岩层发生较小变形，下沉变形量在 0.2~0.4m 范围内。

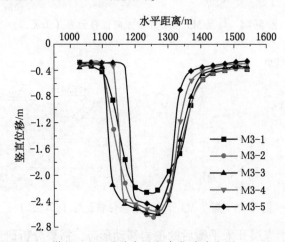

图 5-47　煤层 M3 开采稳定后竖直位移曲线图（工况二）

　　表 5-15 为煤层 M3 各监测线中监测点的组合位移数据，由表 5-15 中的数据可以得到图 5-48 中的组合位移曲线图。组合位移是水平位移与垂直位移共同求得的，为正值。在实际比较中，位移值应为负值，即在煤层开采后上覆岩层发生塌陷下沉，所以在绘制位移曲线时将数据记为负值，进行分析。由图 5-48 可以看出开采后上覆岩层的变化规律：位移曲线呈"U"形，在水平距离 1150~1300m 范围内发生大变形，此时开采塌陷区顶板发

表 5-13 煤层 M3 各监测点水平位移数据（工况二）

m

监测线	监测 点															
	1	2	3	4	5	6	7	8	9	10	11	12	13	14	15	16
M3-1	0.638	0.664	0.728	0.770	0.435	-0.181	-0.523	-1.019	-1.228	-1.325	-1.136	-0.549	-0.186	-0.111	-0.075	-0.041
M3-2	0.669	0.615	0.604	0.233	-0.253	-0.463	-0.547	-0.629	-1.030	-0.975	-0.624	-0.314	-0.147	-0.093	-0.063	-0.034
M3-3	0.708	0.657	0.669	-0.376	-0.591	-0.612	-0.618	-0.611	-0.610	-0.491	-0.287	-0.111	-0.090	-0.055	-0.032	-0.017
M3-4	0.701	0.704	0.675	0.691	-0.638	-0.657	-0.642	-0.657	-0.626	-0.355	-0.094	-0.041	-0.025	-0.030	-0.008	-0.007
M3-5	0.701	0.686	0.688	0.661	0.664	-0.677	-0.681	-0.685	-0.609	-0.173	0.006	0.017	0.019	0.012	0.015	0.004

表 5-14 煤层 M3 各监测点竖直位移数据（工况二）

m

监测线	监测 点															
	1	2	3	4	5	6	7	8	9	10	11	12	13	14	15	16
M3-1	-0.275	-0.330	-0.414	-0.854	-1.764	-2.185	-2.257	-1.890	-1.838	-1.569	-0.924	-0.528	-0.436	-0.403	-0.324	-0.380
M3-2	-0.307	-0.274	-0.353	-1.295	-2.116	-2.470	-2.594	-2.577	-2.095	-1.576	-0.938	-0.530	-0.425	-0.394	-0.373	-0.372
M3-3	-0.347	-0.314	-0.335	-2.159	-2.438	-2.508	-2.565	-2.597	-2.380	-1.450	-0.805	-0.457	-0.394	-0.359	-0.350	-0.337
M3-4	-0.319	-0.323	-0.289	-0.325	-2.397	-2.443	-2.517	-2.551	-2.289	-1.170	-0.546	-0.409	-0.354	-0.320	-0.309	-0.303
M3-5	-0.280	-0.282	-0.288	-0.279	-0.318	-2.381	-2.434	-2.486	-2.085	-0.695	-0.404	-0.350	-0.318	-0.285	-0.272	-0.257

表 5-15 煤层 M3 各监测点组合位移数据（工况二）

m

监测线	监测 点															
	1	2	3	4	5	6	7	8	9	10	11	12	13	14	15	16
M3-1	-0.694	-0.741	-0.837	-1.150	-1.817	-2.193	-2.317	-2.370	-2.210	-2.054	-1.464	-0.762	-0.474	-0.418	-0.332	-0.383
M3-2	-0.737	-0.674	-0.700	-1.315	-2.131	-2.513	-2.651	-2.653	-2.335	-1.854	-1.127	-0.616	-0.450	-0.405	-0.378	-0.374
M3-3	-0.788	-0.729	-0.748	-2.192	-2.509	-2.582	-2.638	-2.668	-2.456	-1.530	-0.854	-0.470	-0.404	-0.364	-0.352	-0.338
M3-4	-0.770	-0.774	-0.735	-0.764	-2.481	-2.530	-2.598	-2.634	-2.373	-1.223	-0.554	-0.411	-0.355	-0.322	-0.309	-0.303
M3-5	-0.755	-0.742	-0.746	-0.717	-0.736	-2.475	-2.527	-2.579	-2.172	-0.716	-0.404	-0.350	-0.319	-0.285	-0.273	-0.257

生塌落、弯曲，沉降变形从采空区上方一直发展到地表。组合位移最大值发生在监测线 M3-3 监测点 8 处，最大位移为-2.668m。

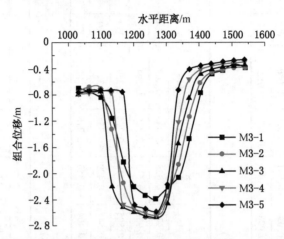

图 5-48 煤层 M3 开采稳定后组合位移曲线图（工况二）

五、富含水状态下煤层 M1 开采数值计算

富含水状态下煤层开采地表变形情况，记为工况三，以上已确定了模拟所需要的恒量参数，模拟该工况时只需要确定岩层物理力学参数便可得到与该工况相对应的数据。开采前需要对原始应力作用下的模型进行迭代计算以达到平衡状态，当迭代至最大结点不平衡力与初始所施加的总力比较相对较小时，认为达到平衡，可以继续进行后期开采动态模拟。图 5-49 为富含水状态下未开采的最大不平衡历史图。

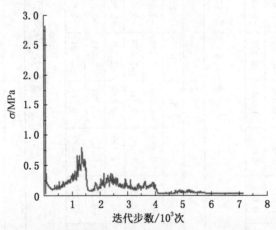

图 5-49 未开采的最大不平衡历史图（富含水状态）

完成原始模型的平衡后，需要对煤层进行开采模拟。在离散元中，利用 delete range region 命令对处在一定边界内需要开采的块体进行删除，此时只需要确定开采区域的 4 个角点，按照逆时针输入各点坐标 (x, y)，就可以对区域内的块体进行删除，以模拟开采工作。开采后继续迭代计算以达到平衡。求解完成后，输出相应图形为进一步解释分析提供计算结果，所涉及的图形有模型图、最大不平衡历史图、水平应力图、竖直应力图、剪

力图、水平位移图、垂直位移图、组合位移图、等值线图、监测线图。

（一）煤层开采应力分析

模型计算达到平衡后，分析其应力分布情况，主要采用应力云图分析方法，因为云图比等值线图更加直观。以下分析研究煤层 M1 开采后的水平应力、垂直应力、剪应力、最大主应力、最小主应力。

该工况的水平（X 方向）应力云图以 2.0MPa 作为等值间隔，最小应力为 0MPa，最大应力为-8.0MPa，大部分应力为 0~6.0MPa，采空塌陷区应力大部分为 0~2.0MPa，两端出现应力集中现象，采空区集中应力范围为 0~2.0MPa，如图 5-50 所示。

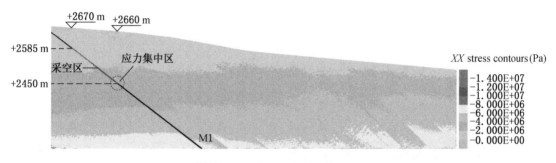

图 5-50　煤层 M1 开采后 X 方向应力云图（工况三）

该工况的竖直（Y 方向）应力云图以 4.0MPa 作为等值间隔，最小应力为 0MPa，最大应力为-12.0MPa，大部分应力为 0~8.0MPa，应力从上到下逐渐增加，开采处附近出现应力变化，开采区中部及两端均受到了压应力，大致分布在 4.0~8.0MPa 范围内，受采动影响的开采区两端出现了应力集中现象，如图 5-51 所示。

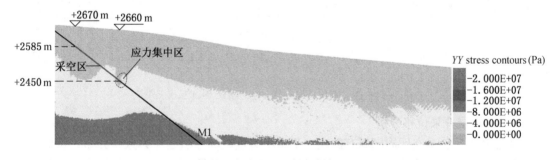

图 5-51　煤层 M1 开采后 Y 方向应力云图（工况三）

图 5-52 为煤层开采达到平衡后的剪应力分布情况，云图以 1.0MPa 作为等值间隔，煤层开采区附近的岩层剪应力有正值和负值，正值表示与沿倾斜层移动方向一致，塌陷区的剪应力大部分为正值，达到 0~1.0MPa。煤层开采后，采空区顶板剪应力为 0~1.0MPa，发生垮落变形。

图 5-53 与图 5-54 分别为煤层开采平衡后最小主应力云图与最大主应力云图。由主应力云图可以看出，采空区大部分处于受压状态。对于最小应力云图，由于煤层开采形成采空区，采空区上覆岩层发生应力释放，原始应力释放了 0~4.0MPa。对于最大应力云图，大部分应力为 0~2.0MPa，采空区上覆岩层发生应力释放，原始应力释放了 0~2.0MPa。

图 5-52　煤层 M1 开采后 XY 方向应力云图（工况三）

图 5-53　煤层 M1 开采后最小主应力云图（工况三）

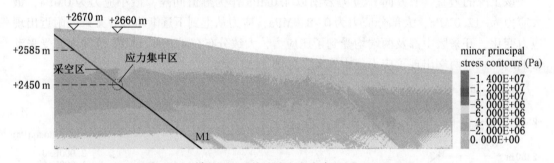

图 5-54　煤层 M1 开采后最大主应力云图（工况三）

（二）煤层开采位移分析

煤层开采后，采空区周围原有的应力平衡状态被破坏，引起应力重新分布，从而引起岩层的变形、破坏与移动，并由下向上发展至地表引起地表移动。通过数值模拟得到的位移云图可以较直观地观测到采空区上覆岩层的变形形态和岩层移动角。以下分析研究煤层 M1 开采后开采区上覆岩层的水平位移、竖直位移以及组合位移。

图 5-55 至图 5-57 为煤层开采平衡后的位移云图，可以看出上覆岩层的变形形态，在开采平衡后，基本顶产生竖直位移和水平位移，变形量（水平和竖直）越来越大。由图5-55 可以看出覆岩的水平位移形态，岩层移动角为 61°左右，开采区顶板覆岩的变形一直发展至地表，位移方向为向左移动。图 5-56 为竖直位移云图，可以看出煤层开采后，位移变形呈层状分布，位移变化量随着范围的增大逐渐减小。煤层 M1 开采稳定后，采空区上方围岩的岩层移动角为 51°左右。图 5-57 为位移增量，由水平位移和竖直位移组合求得，显示值恒为正值，表示位移下沉量，在煤层开采后，采空区上覆岩层在一定范围内发

生明显大变形，最大塌落高度达到 2.5m，同时影响周围岩体位移情况，岩层移动角为 67°
左右。

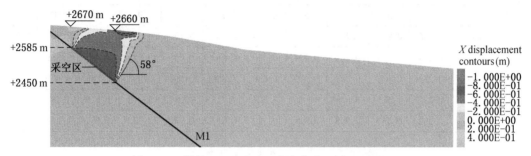

图 5-55　煤层 M1 开采后 X 方向位移云图（工况三）

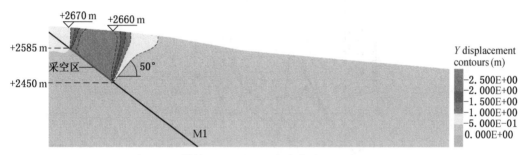

图 5-56　煤层 M1 开采后 Y 方向位移云图（工况三）

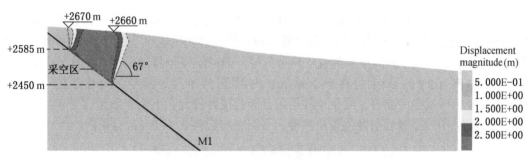

图 5-57　煤层 M1 开采后组合位移云图（工况三）

　　位移变化云图表示煤层开采平衡后的覆岩移动形态，需要分析研究煤层开采后岩层的
具体位移量和岩层移动规律。为了更清楚直观地分析煤层 M1 的位移变化，在煤层 M1 开
采区上覆岩层设置平行于地表的 5 条监测线，分别为 M1-1、M1-2、M1-3、M1-4、M1-
5，其中每条监测线都设置 12 个监测点。监测点的间距大致相等为 39m，每条监测线的间
距都为 32.5m。

　　表 5-16 为煤层 M1 各监测线中监测点的水平位移数据，由表 5-16 中的数据可以得到
图 5-58 中的水平位移曲线组合图。由图 5-58 可知，大部分监测点的水平位移为正值，即
向右发生位移，最大位移发生在监测线 M1-1 监测点 7 处，最大位移为 1.194m；最小位移
发生在监测线 M1-4 监测点 1 处，最大位移为 0.037m；监测线 M1-4 监测点 4、监测线
M1-5 监测点 5 处的水平位移均向左移动，位移分别为 0.086m、0.015m。

表 5-16　煤层 M1 各监测点水平位移数据（工况三）　　　　　　　　　　　　　m

监测线	监测点											
	1	2	3	4	5	6	7	8	9	10	11	12
M1-1	0.050	0.256	0.917	0.780	0.491	0.519	0.540	0.190	0.324	1.049	1.157	1.159
M1-2	0.060	0.224	0.448	0.241	0.334	0.430	0.502	0.638	0.923	1.136	1.169	1.173
M1-3	0.064	0.234	0.436	0.037	0.199	0.308	0.399	0.598	0.981	1.169	1.176	1.183
M1-4	0.049	0.275	0.579	-0.086	0.066	0.204	0.317	0.634	1.102	1.178	1.184	1.188
M1-5	0.060	0.302	0.593	0.768	-0.015	0.122	0.243	0.742	1.152	1.175	1.187	1.194

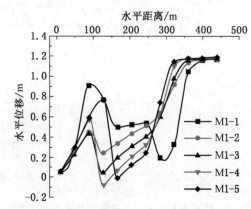

图 5-58　煤层 M1 开采稳定后水平位移曲线图（工况三）

表 5-17 为煤层 M1 各监测线中监测点的竖直位移数据，由表 5-17 中的数据可以得到图 5-59 中的竖直位移曲线组合图，可以看出覆岩的位移变化规律。由图 5-59 可知，位移曲线整体呈"U"形，监测点的竖直位移为负值，即向下发生移动，最大位移发生在监测线 M1-2 监测点 7 处，最大位移为 2.947m。由图 5-59 可知，采空区位移存在一定的规律：采空塌陷区发生大变形，变化比较均匀且竖直位移较大，下沉变形量在 2.4~3.0m 范围内；在此范围外上覆岩层发生较小变形，下沉变形量在 0.4~0.8m 范围内。

表 5-17　煤层 M1 各监测点竖直位移数据（工况三）　　　　　　　　　　　　　m

监测线	监测点											
	1	2	3	4	5	6	7	8	9	10	11	12
M1-1	-0.551	-0.523	-0.925	-2.136	-2.660	-2.828	-2.890	-2.098	-1.131	-0.569	-0.537	-0.535
M1-2	-0.597	-0.575	-1.081	-2.548	-2.717	-2.841	-2.947	-2.245	-1.124	-0.550	-0.528	-0.531
M1-3	-0.550	-0.564	-1.173	-2.532	-2.678	-2.788	-2.897	-2.059	-0.862	-0.515	-0.508	-0.511
M1-4	-0.499	-0.500	-0.306	-2.504	-2.603	-2.732	-2.829	-1.658	-0.556	-0.485	-0.483	-0.487
M1-5	-0.436	-0.385	-0.231	-0.142	-2.556	-2.660	-2.743	-1.220	-0.454	-0.455	-0.456	-0.456

表 5-18 为煤层 M1 各监测线中监测点的组合位移数据，由表 5-18 中的数据可以得到图 5-60 中的组合位移曲线图。监测点的组合位移是水平位移与垂直位移共同求得的，为正值。在实际比较中，位移应为负值，即在煤层开采后上覆岩层发生塌陷下沉，所以在绘制位移曲线时将数据记为负值，进行分析。由图 5-18 可以看出开采后上覆岩层的变形规

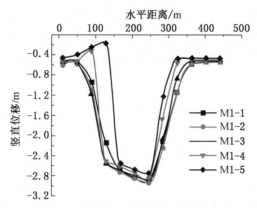

图 5-59　煤层 M1 开采稳定后竖直位移曲线图（工况三）

律：在水平距离 100~300m 范围内发生大变形，沉降变形从采空区上方一直发展到地表。

表 5-18　煤层 M1 各监测点组合位移数据（工况三）　　　　　　　　　　　m

监测线	监 测 点											
	1	2	3	4	5	6	7	8	9	10	11	12
M1-1	−0.553	−0.582	−1.302	−2.274	−2.705	−2.875	−2.940	−2.106	−1.177	−1.193	−1.275	−1.276
M1-2	−0.600	−0.617	−1.170	−2.559	−2.738	−2.873	−2.989	−2.334	−1.454	−1.262	−1.283	−1.288
M1-3	−0.553	−0.610	−1.251	−2.532	−2.685	−2.805	−2.924	−2.144	−1.305	−1.277	−1.281	−1.289
M1-4	−0.502	−0.570	−0.655	−2.506	−2.604	−2.740	−2.847	−1.776	−1.235	−1.274	−1.279	−1.284
M1-5	−0.440	−0.489	−0.636	−0.781	−2.556	−2.663	−2.754	−1.427	−1.238	−1.260	−1.272	−1.278

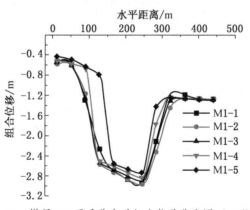

图 5-60　煤层 M1 开采稳定后组合位移曲线图（工况三）

六、富含水状态下煤层 M3 开采数值计算

（一）煤层开采应力分析

煤层 M1 开采达到新的平衡后，继续模拟煤层 M3 开采数值计算。在模型计算达到平衡后，分析其应力分布情况，主要采用应力云图分析方法，因为云图比等值线图更加直观。以下分析研究煤层 M3 开采后的水平应力、垂直应力、剪应力、最大主应力、最小主应力。

　　该工况的水平（X 方向）应力云图以 2.0MPa 作为等值间隔，最小应力为 0MPa，最大应力为 -8.0MPa，大部分应力为 0~6.0MPa，在水平方向靠近洞口处呈明显的应力变化，煤层开采结束后，煤层 M3 采空区下端存在较明显的压应力集中现象，如图 5-61 所示。

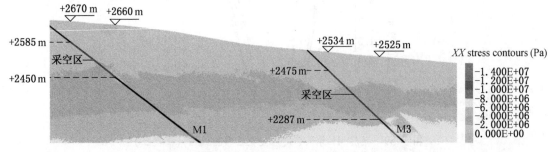

图 5-61　煤层 M3 开采后 X 方向应力云图（工况三）

　　该工况的竖直（Y 方向）应力云图以 2.0MPa 作为等值间隔，最小应力为 0MPa，最大应力为 -12.0MPa，云图呈分层状态，分层应力从上到下呈递增状态。煤层开采后，煤层 M1、煤层 M3 开采区均出现较明显的应力变化，减小了 0~2.0MPa，在煤层 M1、煤层 M3 采空区上下端表现最明显，如图 5-62 所示。

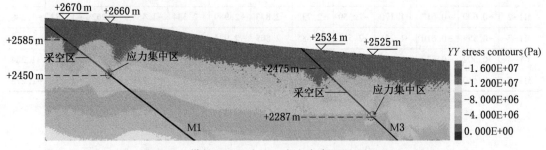

图 5-62　煤层 M3 开采后 Y 方向应力云图（工况三）

　　图 5-63 为煤层开采达到平衡后的剪应力分布情况，云图以 1.0MPa 作为等值间隔，煤层开采区附近的岩层剪应力有正值和负值，正值表示与沿倾斜层的移动方向一致，采空塌陷区的剪应力大部分为正值，大部分剪应力为 -1.0~1.0MPa。在煤层 M3 开采区下端出现明显的剪应力集中现象，剪应力为负值，数值为 1.0~2.0MPa。

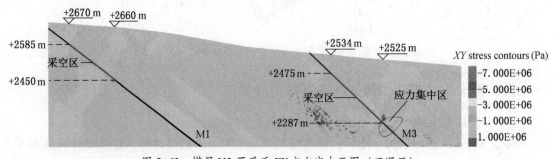

图 5-63　煤层 M3 开采后 XY 方向应力云图（工况三）

　　图 5-64 与图 5-65 分别为煤层开采平衡后最小主应力云图与最大主应力云图。通过分

析主应力云图，可以进一步判断煤层采空区是否存在拉应力。由主应力云图可以看出，采空区大部分处于受压状态，仅在开采区出现明显的应力变化。对于最小主应力云图，在采空区下端位置出现明显的应力变化，释放了 2.0~4.0MPa；对于最大主应力云图，在采空塌落区下端出现明显的应力变化，释放了 0~2.0MPa。

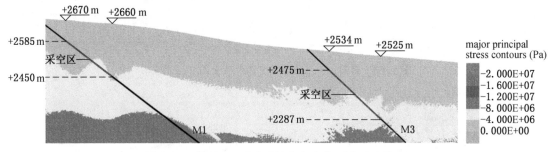

图 5-64　煤层 M3 开采后最小主应力云图（工况三）

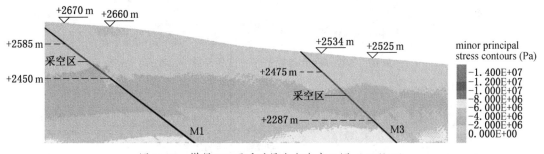

图 5-65　煤层 M3 开采后最大主应力云图（工况三）

（二）煤层开采位移分析

煤层开采后，采空区周围原有的应力平衡状态被破坏，引起应力重新分布，从而引起岩层的变形、破坏与移动，并由下向上发展至地表引起地表移动。通过数值模拟得到的位移云图可以较直观地观测到采空区上覆岩层的变形形态和岩层移动角。以下分析研究煤层 M3 开采后开采区上覆岩层的水平位移、竖直位移以及组合位移。

图 5-66 至图 5-68 为煤层开采平衡后的位移云图，可以看出上覆岩层的变形形态，开采平衡后，开采区顶部产生竖直位移和水平位移，变形量（水平和竖直）越来越大。由图 5-66 可以看出，煤层开采后，X 方向位移峰值集中在采空区顶部，变形区域处于 0~0.5m 范围内，向左移动，岩层移动角为 42°。由图 5-67 可以看出，煤层开采后，Y 方向位移表现出一定的规律：采空区上覆岩层的变形集中在主塌陷区，开采后竖直位移变形呈层状分布，位移变化量随着范围的增大逐渐减小；煤层 M3 开采稳定后，采空区上方围岩的岩层移动角为 54°左右。由图 5-68 可以看出，煤层开采后，顶板组合位移峰值集中在采空区顶部，开采后组合位移最大值出现在开采区顶板中央，距离开采区中央越远下沉位移越小，岩层移动角为 52°。

位移变化云图表示煤层开采平衡后的覆岩移动形态，需要分析研究煤层开采后岩层的具体位移量和岩层移动规律。为了更清楚直观地分析煤层 M3 的位移变化，在煤层 M3 开采区上覆岩层设置平行于地表的 5 条监测线，分别为 M3-1、M3-2、M3-3、M3-4、M3-

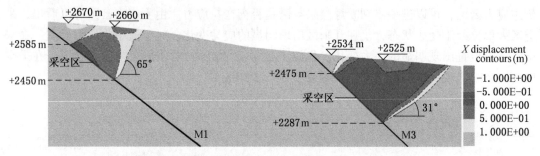

图 5-66　煤层 M3 开采后 X 方向位移云图（工况三）

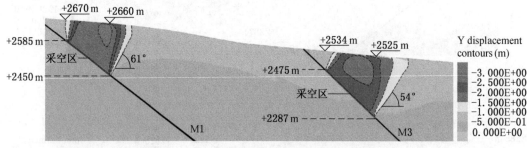

图 5-67　煤层 M3 开采后 Y 方向位移云图（工况三）

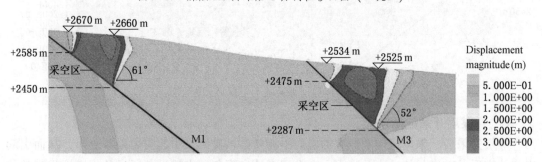

图 5-68　煤层 M3 开采后组合位移云图（工况三）

5，其中每条监测线都设置 16 个监测点。监测点的间距大致相等为 33m，每条监测线的间距都为 34m。

表 5-19 为 M3 各监测线中监测点的水平位移数据，由表 5-19 中的数据可以得到图 5-69 中的水平位移曲线组合图。由图 5-69 可知，大部分监测点的水平位移为正值，即向右发生移动，最大位移发生在监测线 M1-1 监测点 7 处，最大位移为 1.194m；最小位移发生在监测线 M1-4 监测点 1 处，最大位移为 0.037m；仅在监测线 M1-4 监测点 4、监测线 M1-5 监测点 5 处水平位移均为向左发生移动，位移分别为 0.086m、0.015m。

表 5-20 为煤层 M3 各监测线中监测点的竖直位移数据，由表 5-20 中的数据可以得到图 5-70 中的竖直位移曲线组合图，可以看出覆岩的位移变化规律。由图 5-70 可知，监测点的竖直位移为负值，即向下发生移动，最大位移发生在监测线 M3-2 监测点 7 处，最大位移为 2.631m。由图 5-70 可知，采空区位移存在一定的规律：位移曲线呈"U"形，在水平距离 1150~1350m 范围内采空塌陷区发生大变形，变化比较均匀且竖直位移较大，下沉变形量集中在 2.4~3.0m 范围内；在此范围外的上覆岩层发生较小变形，下沉变形量在 0.4~0.8m 范围内。

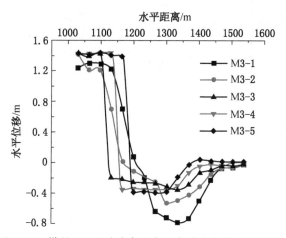

图 5-69　煤层 M3 开采稳定后水平位移曲线图（工况三）

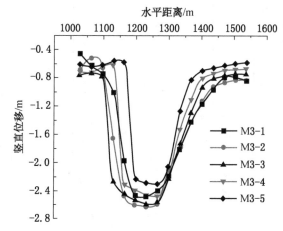

图 5-70　煤层 M3 开采稳定后竖直位移曲线图（工况三）

表 5-21 为煤层 M3 各监测线中监测点的组合位移数据，由表 5-21 中的数据可以得到图 5-71 中的组合位移曲线图。监测点的组合位移是由水平位移与垂直位移共同求得的，为

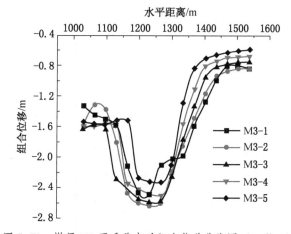

图 5-71　煤层 M3 开采稳定后组合位移曲线图（工况三）

表5-19 煤层M3各监测点水平位移数据（工况三）

m

监测线	监测点															
	1	2	3	4	5	6	7	8	9	10	11	12	13	14	15	16
M3-1	1.240	1.301	1.298	1.227	0.718	0.083	-0.189	-0.635	-0.719	-0.781	-0.726	-0.498	-0.222	-0.071	-0.063	-0.013
M3-2	1.425	1.210	1.209	0.704	0.011	-0.108	-0.187	-0.242	-0.531	-0.490	-0.423	-0.307	-0.140	-0.073	-0.056	-0.011
M3-3	1.443	1.396	1.441	-0.199	-0.212	-0.251	-0.263	-0.262	-0.313	-0.352	-0.285	-0.126	-0.090	-0.041	-0.037	-0.006
M3-4	1.421	1.422	1.435	1.447	-0.352	-0.330	-0.351	-0.346	-0.356	-0.295	-0.128	-0.046	-0.018	-0.034	0.003	-0.001
M3-5	1.410	1.419	1.442	1.410	1.400	-0.390	-0.372	-0.387	-0.368	-0.183	-0.023	0.043	0.028	0.017	0.022	0.012

表5-20 煤层M3各监测点竖直位移数据（工况三）

m

监测线	监测点															
	1	2	3	4	5	6	7	8	9	10	11	12	13	14	15	16
M3-1	-0.462	-0.626	-0.746	-1.011	-1.980	-2.467	-2.482	-2.004	-1.891	-1.824	-1.414	-1.172	-0.963	-0.793	-0.796	-0.839
M3-2	-0.699	-0.531	-0.666	-1.662	-2.471	-2.601	-2.631	-2.593	-2.111	-1.788	-1.429	-1.127	-0.930	-0.869	-0.839	-0.843
M3-3	-0.773	-0.738	-0.789	-2.281	-2.451	-2.542	-2.586	-2.570	-2.237	-1.738	-1.304	-0.944	-0.816	-0.774	-0.751	-0.754
M3-4	-0.711	-0.733	-0.648	-0.615	-2.311	-2.400	-2.460	-2.483	-2.204	-1.535	-1.102	-0.806	-0.740	-0.692	-0.688	-0.676
M3-5	-0.624	-0.645	-0.622	-0.562	-0.583	-2.238	-2.293	-2.307	-2.067	-1.269	-0.836	-0.705	-0.655	-0.619	-0.602	-0.587

表5-21 煤层M3各监测点组合位移数据（工况三）

m

监测线	监测点															
	1	2	3	4	5	6	7	8	9	10	11	12	13	14	15	16
M3-1	-1.324	-1.443	-1.497	-1.590	-2.106	-2.469	-2.489	-2.102	-2.023	-1.984	-1.589	-1.273	-0.988	-0.797	-0.799	-0.839
M3-2	-1.587	-1.321	-1.381	-1.805	-2.471	-2.603	-2.638	-2.604	-2.176	-1.854	-1.490	-1.168	-0.941	-0.872	-0.841	-0.843
M3-3	-1.637	-1.579	-1.643	-2.290	2.460	-2.555	-2.600	-2.584	-2.258	-1.774	-1.335	-0.952	-0.821	-0.775	-0.752	-0.754
M3-4	-1.588	-1.600	-1.575	-1.573	-2.338	-2.423	-2.485	-2.507	-2.232	-1.563	-1.110	-0.807	-0.740	-0.692	-0.688	-0.676
M3-5	-1.542	-1.559	-1.570	-1.518	-1.517	-2.272	-2.323	-2.340	-2.099	-1.283	-0.836	-0.706	-0.656	-0.619	-0.603	-0.588

正值。在实际比较中，位移应为负值，即在煤层开采后上覆岩层发生塌陷下沉，所以在绘制位移曲线时将数据记为负值，进行分析。由图5-71，可以看出开采后上覆岩层的变形规律：位移曲线呈"U"形，在水平距离1150~1300m范围内发生大变形，变形量在2.2~2.6m范围内，此时开采塌陷区顶板发生塌落、弯曲，沉降变形从采空区上方一直发展到地表。组合位移最大值发生在监测线M3-2监测点6处，最大位移为-2.638m。

第三节　工　程　分　析

根据青海省大通煤矿地质环境治理的勘探资料和对小煤洞煤矿周围进行的地质调查，采用瞬变电磁测深法探明了小煤洞煤矿煤层的开采状况及采空区域的分布特征，得到定性分析成果；根据相关工程规范和计算公式，计算出在初始状态下、一般含水状态下和富含水状态下的岩层基本物理力学参数，采用离散元软件对其岩层变形进行定量的数值计算并预测沉降的动态过程，进而分析其变形破坏特征。对小煤洞矿煤层单层开采和多层开采的采空区覆岩的应力变化和位移变化进行了分析研究，并对涉及的3个工况，进行对比分析，总结分析结果。

一、应力分析

在3种工况下，比较水平应力云图、竖直应力云图、剪应力云图，可以得出以下结论：

（1）煤层M1开采：该煤层为缓斜煤层，倾角为37°，煤层开采厚度为2.4m。在水平距离80~260m之间删除块体，模拟煤层开采。

煤层在初始状态下开采，开采后的水平应力云图中大部分应力为0~8.0MPa，表现为压应力，应力由地表从上到下增加，采空区附近发生明显的应力变化，有较明显的应力集中，应力为2.0~4.0MPa；开采后的竖直应力云图中大部分应力为0~12.0MPa，表现为压应力，应力由地表从上到下增加，采空区附近发生明显的应力变化，有较明显的应力集中出现在采空区两端及中部位置，应力为4.0~8.0MPa；开采后的剪应力云图中应力有正值和负值，未受采动影响的岩层剪应力为0~1.0MPa，采空区有较明显的应力集中出现在采空区两端及中部位置，应力为1.0~2.0MPa，表现为岩层的剪应力与倾斜层的移动方向相反，采空区顶板岩层发生塌落，剪应力与沿倾斜层移动方向一致，形成垮落区。

煤层在一般含水状态下开采，开采后的水平应力云图中大部分应力为0~8.0MPa，表现为压应力，应力由地表从上到下增加，采空区附近发生明显的应力变化，有明显的应力集中，应力为2.0~4.0MPa；开采后的竖直应力云图中大部分应力为0~12.0MPa，表现为压应力，应力由地表从上到下增加，采空区附近发生明显的应力变化，开采区中部及两端均出现了压应力，大致分布在0~4.0MPa范围内；开采后的剪应力有正值和负值，未受采动影响的岩层剪应力为0~1.0MPa，采空区下端有较明显的应力集中，应力为1.0~2.0MPa，表现为剪应力与沿倾斜层移动方向一致。

煤层在富含水状态下开采，开采后的水平应力云图中大部分应力为0~8.0MPa，表现为压应力，应力由地表从上到下增加，采空区附近有较小的应力集中区，应力为0~2.0MPa；开采后的竖直应力云图中大部分应力为0~12.0MPa，表现为压应力，应力由地表从上到下增加，采空区附近发生明显的应力变化，未见较明显的应力集中区；开采后的剪应力云图中应力有正值和负值，未受采动影响的岩层剪应力为0~1.0MPa，未见明显的应力集中区，采空区顶板岩层发生塌落，剪应力与沿倾斜层移动方向一致，形成垮落区。

（2）煤层M1开采平衡后，煤层M3开采：该煤层为缓斜煤层，倾角为43°，煤层开采厚度为2.4m。在水平距离1099~1300m之间删除块体，模拟煤层开采。

煤层在初始状态下开采，开采后的水平应力云图中大部分应力为0~8.0MPa，表现为压应力，采空区下端有较明显的应力集中，应力为8.0~12.0MPa；开采后的竖直应力云图中大部分应力为0~12.0MPa，表现为压应力，应力由地表从上到下增加，采空区附近发生明显的应力变化，在采空区下端有较明显的应力集中，应力为8.0~12.0MPa；开采后的剪应力云图中的应力有正值和负值，未受采动影响的岩层剪应力为0~2.0MPa，采空区下端位置有较明显的应力集中，应力为2.0~4.0MPa，表现为岩层的剪应力与倾斜层移动方向相反，采空区顶板岩层发生塌落，剪应力与沿倾斜层移动方向一致，形成垮落区。

煤层在一般含水状态下开采，开采后的水平应力云图中大部分应力为0~8.0MPa，表现为压应力，应力由地表从上到下增加，采空区下端有明显的应力集中，应力为8.0~10.0MPa；开采后的竖直应力云图中大部分应力为0~12.0MPa，表现为压应力，应力由地表从上到下增加，采空区附近发生明显的应力变化，开采区顶板应力减小，应力释放大致分布在0~2.0MPa范围内；开采后的剪应力云图中的应力有正值和负值，未受采动影响的岩层剪应力为0~1.0MPa，采空区下端有较明显的应力集中，应力为2.0~4.0MPa，表现为剪应力与沿倾斜层移动方向相反，采空区顶板和底板的应力为1.0~2.0MPa，表现为剪应力与沿倾斜层的移动方向一致，形成垮落区。

煤层在富含水状态下开采，开采后的水平应力云图中大部分应力0~8.0MPa，表现为压应力，应力由地表从上到下增加，采空区附近未见明显的应力集中区；开采后的竖直应力云图中大部分应力为0~12.0MPa，表现为压应力，应力由地表从上到下增加，采空区附近发生应力释放，减小了0~2.0MPa；开采后的剪应力云图中的应力有正值和负值，未受采动影响的岩层剪应力为0~1.0MPa，采空区下端出现应力集中现象，应力为1.0~2.0MPa，表现为剪应力与沿倾斜层移动方向相反。

综上所述，随着开采过程的推进，开采后达到新的平衡，采空区应力发生显著变化：煤层开采后应力由地表从上到下增加，水平应力和竖直应力分层分布，开采区两端和中部出现应力集中区，并且采空区出现应力释放，剪应力正值出现在开采区顶板和底板处，此时岩层发生塌落，形成垮落区。比较不同工况下的应力情况，含水量对采空区上覆岩层应力分布有影响。与初始状态下的应力相比，一般含水状态下和富含水状态下煤层开采后应力变化不明显，应力集中也不明显。

二、位移分析

煤层开采顺序和岩层力学参数的不同都会对煤层开采变形造成影响，考虑不同工况下单层开采和多层开采的开采方案，对比分析数值模拟得到的煤层开采后的位移变化，结果表明：

（1）煤层M1开采：该煤层为缓斜煤层，倾角为37°，煤层开采厚度为2.4m。在水平距离80~260m之间删除块体，模拟煤层开采。

煤层在初始状态下开采，采空区上覆岩层最大水平位移为1.058m，最大竖直位移为2.343m，最大组合位移为2.493m，水平位移云图、竖直位移云图、组合位移云图均为层状分布，位移峰值出现在采空区顶板处。

煤层在一般含水状态下开采，采空区上覆岩层最大水平位移为0.617m，最大竖直位移为2.657m，最大组合位移为2.661m，水平位移云图在近地表处为正值，采空区上覆岩层水平位移为负值，竖直位移云图与组合位移云图呈层状分布，采空区顶板中下部位移最明显。

煤层在富含水状态下开采，采空区上覆岩层最大水平位移为1.194m，最大竖直位移为2.947m，最大组合位移为2.989m，水平位移云图中位移大部分为正值，岩层发生向右垮落移动，竖直位移云图与组合位移云图都呈层状分布，位移峰值出现在采空区上顶板垂直方向上。

（2）煤层M1开采平衡后，煤层M3开采，该煤层为缓斜煤层，倾角为43°，煤层开采厚度为2.4m。在水平距离1099~1300m之间删除块体，模拟煤层开采。

煤层在初始状态下开采，采空区上覆岩层最大水平位移为1.523m，最大竖直位移为2.281m，最大组合位移为2.518m，水平位移云图中采空区顶板位移均为负值，竖直位移云图和组合位移云图呈层状分布，位移峰值出现在采空区顶板处。

煤层在一般含水状态下开采，采空区上覆岩层最大水平位移为1.325m，最大竖直位移为2.597m，最大组合位移为2.668m，水平位移云图中采空区顶板位移均为负值，竖直位移云图和组合位移云图呈层状分布，位移峰值出现在采空区顶板中央处。

煤层在富含水状态下开采，采空区上覆岩层最大水平位移为1.447m，最大竖直位移为2.631m，最大组合位移为2.638m，水平位移云图中采空区顶板位移均为负值，竖直位移云图和组合位移云图呈层状分布，位移峰值出现在采空区顶板中央处。

综上所述，岩层含水量对采空区上覆岩层变形分布特征影响很大。模拟时主要利用控制岩层物理力学参数的方法达到模拟岩层软化的效果，含水量的影响表现为：与初始状态下岩层位移相比，一般含水状态下、富含水状态下的位移明显增加，大变形区域岩层塌陷范围扩大，塌落高度增加。

第六章　大通矿区地质灾害评价

　　大通矿区位于西宁市大通县县城西侧，地处青藏高原和黄土高原的过渡地带，长年的采矿活动破坏了矿山地质环境。青海大通煤矿区域内发育的地质灾害共81处，采矿活动对地形地貌景观的破坏和影响共73处。本书以青海省水文地质工程地质勘察院调查的实地数据和区域内地质环境为基础资料，通过分析地质勘查报告资料，掌握研究区不稳定斜坡、滑坡等地质灾害的发育特征以及分布规律，掌握废渣堆、煤矸石和废弃井对地质环境的影响范围。选取对矿区地质环境危险性贡献点较大的影响因素，分别为地质灾害现状、地质环境条件、灾害诱发因素和人类活动程度，并将其细化为已发生矿山地质灾害类型、规模、压占与破坏土地的面积和类型、地形地貌景观的影响和破坏等，将矿山地质环境影响评价分为三级，分别是严重区、较严重区和一般区。最后结合评价结果给予矿山环境保护设计建议和地质灾害防治监测建议。

第一节　主要地质灾害分布规律及环境影响特征

一、主要地质灾害分布规律

　　大通县重点采煤沉陷区内地质灾害的分布规律，在空间上主要受控于地形地貌、岩（土）体工程地质条件及人类工程活动的制约；在时间上受大气降水时空分布的制约。根据调查结果统计，沉陷区内地质灾害点及隐患点主要分布在张家沟、大煤洞沟、小煤洞沟、甘沟沟谷两侧高陡斜坡与沟谷出山口地带。

　　根据现场地质灾害调查，共发现主要地质灾害81处，地质灾害类型为不稳定斜坡、滑坡、地面塌陷、地裂缝。其中，不稳定斜坡16处，占地质灾害总数的19.75%；滑坡11处，占地质灾害总数的13.58%；地面塌陷22处，占地质灾害总数的27.16%；地裂缝32处，占地质灾害总数的39.51%，如图6-1所示，地质灾害详细分布位置如图6-2所示。

二、不稳定斜坡、滑坡地质灾害评价分析

（一）不稳定斜坡

　　引发不稳定斜坡的主要因素为不稳定斜坡的物质组成，所处的地形条件，降雨、采矿活动等，其他人类社会生产活动对不稳定斜坡具有激发作用。经过调查，研究区的不稳定斜坡共计16处，具体分布如图6-3所示，该灾害类型多分布在村庄、煤矿采矿区附近。各区域斜坡发育特征见表6-1。

1. 安门滩村不稳定斜坡 Q1

1）空间分布特征

安门滩村不稳定斜坡Q1坡长370m、坡高20~30m，为土质斜坡，坡体下部近似直立、

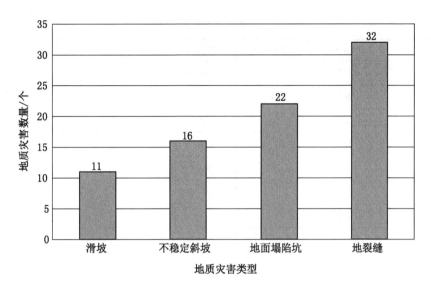

图 6-1　研究区地质灾害发育数量

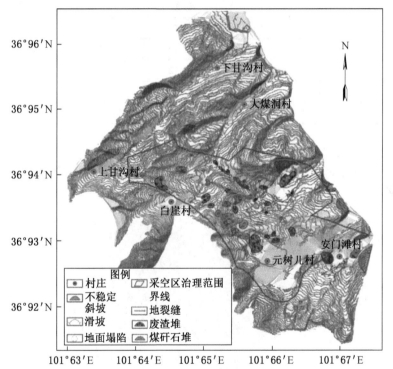

图 6-2　大通煤矿地质灾害分布位置

表 6-1　研究区斜坡发育具体特征

编号	坡长/m	坡宽/m	坡高/m	坡度/(°)	坡向/(°)	坡面形态
Q1	370		20~30		120	直
Q2	897		50~70	45	355	凹
Q3	350		20~30	45~70	230	凸

表 6-1（续）

编号		坡长/m	坡宽/m	坡高/m	坡度/(°)	坡向/(°)	坡面形态
Q4		425		35~69	40	60	凹
Q5		300	410	149	317	46	凹
Q6		25		20	55~60	16	凸
Q7		165		15~21	45~50	54	凹
Q8		60		30~45	55	85	凸
Q9		200		30~40			直
Q10		230		35	60	85	凹
Q11		50~80		45~70	55	203	凸
Q12		70	320	75	70	165	凸
Q13		25		30	60	135	凸
Q14	Q14-1	178		4~5.5	90	107~143	
	Q14-2	91		3.2~7.3	83~87	135	
	Q14-3	383		8~19	82~85	153	
Q15	Q15-1	83		8~12	74	125	
	Q15-2	374		7~20	90	103~133	
Q16		25	135	20	55~60	16	直

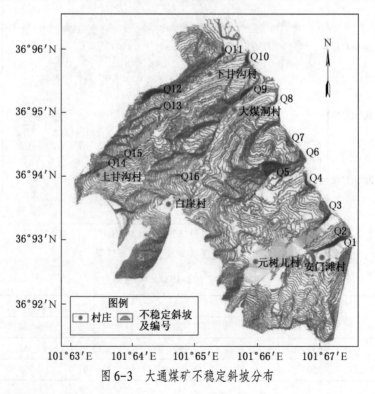

图 6-3　大通煤矿不稳定斜坡分布

上部平缓，坡向120°，后缘高程2462m，前缘高程2432m，高差30m。斜坡上部为梯田，下部为民房、庙宇等建筑，坡面整体植被覆盖率约70%。

2）工程地质条件及稳定性评价

该斜坡坡体均为黄土，呈黄褐色，稍湿—湿，可塑—硬塑，具有大孔隙，具有微湿陷性；斜坡坡脚为人工填土，主要由黄土组成，呈灰黑色、黄褐色，稍湿—湿，松散—中密。

由于人工开挖坡脚，导致坡脚被破坏，产生了近似直立的临空面，高4~12m。经分析判断，斜坡坡体整体处于稳定状态，坡脚处于不稳定状态。

2. 安门滩村不稳定斜坡 Q2

1）空间分布特征

安门滩村不稳定斜坡Q2坡长897m、坡高50~70m，为土质不稳定斜坡，坡度45°，坡向355°，后缘高程2509m，前缘高程2446m，高差63m。不稳定斜坡坡脚中段和西南段为安门滩村居民区、东南段为一条在建公路，坡体上有一条人工修筑长约260m、宽约1.5m的土路（已废弃）并在道路靠坡体一侧修有若干地窖。坡体植被以草本植物为主，覆盖率大于70%。

2）工程地质条件及稳定性评价

该斜坡坡体主要由黄土组成，以风成为主。斜坡西南侧山体下部有侏罗系泥岩裸露，成分以棕红色泥岩为主，有厚0.5~1.0m的薄层青灰色砂岩夹层，干燥，强风化，厚层状构造，结构松散，产状较清晰，产状209°∠37°。

根据调查，该斜坡坡体前缘有小型崩塌发育，坡顶发育有长3~5m、宽4~6cm的拉张裂缝，坡体变形迹象明显。通过野外调查和勘查资料综合分析判断，斜坡坡体整体处于较稳定状态，坡脚处于不稳定状态。

3. 元树儿不稳定斜坡 Q3

1）空间分布特征

元树儿不稳定斜坡Q3坡高20~30m，坡宽65~90m、坡长350m，为土质不稳定斜坡，坡体较陡，坡度45°~70°，坡向230°。斜坡下部近似直立，呈折线形，大致呈西北至东南走向，后缘高程2520m，前缘高程2490m，边坡勘察等级为一级。不稳定斜坡坡脚为元树儿村居民区，不稳定斜坡左侧坡体上有一条人工修筑的长150m、宽1.5m的小土路，路两侧有大片墓地。坡体植被以草本植物为主，覆盖率大于70%。

2）工程地质条件及稳定性评价

斜坡坡体以第四系上更新统黄土为主，呈土黄色，稍湿—湿，具有大孔隙，垂直节理发育。

元树儿不稳定斜坡Q3坡体前缘有小型崩塌发育，坡体变形迹象明显。通过野外调查和勘查资料综合分析判断，斜坡坡体整体处于稳定状态，坡脚处于不稳定状态。

4. 民意砖厂不稳定斜坡 Q4

1）空间分布特征

民意砖厂不稳定斜坡Q4坡高35~69m、坡长约425m，坡度约40°，坡向60°，后缘高程2542m，前缘高程2473m，边坡勘察等级为一级。坡体已经简单刷坡治理，做了绿化工程，斜坡顶部为居民农田，坡体下部为青煤集团民意砖厂生产车间。

2）工程地质条件及稳定性评价

斜坡坡体以第四系上更新统黄土为主，呈土黄色，稍湿—湿，具有大孔隙，垂直节理发育。

民意砖厂不稳定斜坡中，人类工程活动开挖坡脚形成高陡边坡并向上扩展，导致坡体下部近似直立，高度为 25~35m，坡体上部形成拉张裂缝，坡面上植被发育中等，坡体稳定性降低。经分析判断，斜坡坡体整体处于稳定状态，坡脚处于不稳定状态。

5. 小煤洞沟不稳定斜坡 Q5

1）空间分布特征

小煤洞沟不稳定斜坡 Q5 位于小煤洞煤矿西北侧，坡长 300m、坡宽 410m、坡高 149m，斜坡平均坡度 46°，坡向 317°，后缘高程 2672m，前缘高程 2523m。不稳定斜坡顶部多为人工开垦耕地，斜坡中部分布两条土路，坡脚为耕地、小煤洞矿区道路以及宅基地，坡度 41°。该斜坡东南部发育一处滑坡，滑坡长 190m、宽 178m，滑体厚约 10m，总体积 33.82×10^{4}m^3，为中型土质滑坡，主滑方向 137°，后缘高程 2616m，前缘高程 2523m，高差 93m。详细情况如图 6-4 所示。

图 6-4　小煤洞沟不稳定斜坡 Q5

2）工程地质条件及稳定性评价

小煤洞沟不稳定斜坡的岩性主要为第四系晚更新世风积黄土、第四系全新世黄土状土以及第三系泥砂岩。

小煤洞沟不稳定斜坡中后缘发育 9 条拉张裂缝，主要是由于采空区地面塌陷诱发的。裂缝延伸方向西南—西北、倾向北—西、长度 26~205m、宽度 0.2~1.8m、最大可测深度 0.2~2.3m。群缝呈平行展布（西北—东南），与不稳定斜坡坡向大致垂直，裂缝长度长、宽度大、最大可测深度大。斜坡变形迹象明显，经分析判断，该段不稳定斜坡处于不稳定状态。

6. 大煤洞沟不稳定斜坡 Q6

1）空间分布特征

大煤洞沟不稳定斜坡 Q6 坡长 25m、坡宽 135m、坡高 20m，坡度 55°~60°，坡向 16°。该斜坡形成于 20 世纪 90 年代，2006—2007 年进行局部治理，在斜坡东南部坡脚修筑人工挡墙，挡墙高 3~4.5m。紧邻挡墙南侧为原老矿区建厂所在地，现已废弃，3 个废弃井口均已坍塌，坡脚原有挡墙已开裂，裂缝长 2~2.5m、宽 30~50cm，局部挡墙已破损倒塌，部分变形鼓包，斜坡坡脚处为斜坡受采空塌陷影响形成的 2~3 级台阶。详细情况如图 6-5 所示。

大煤洞沟不稳定斜坡Q6　　　　　　　　　　地面塌陷

图 6-5　大煤洞沟不稳定斜坡 Q6

2）工程地质条件及稳定性评价

坡体出露地层主要为黄土及浅红色夹灰白色泥砂岩。黄土：呈浅黄色—棕红色，稍湿，稍密，结构松散，可塑状，韧性弱，无光泽，摇震反应中等，垂直节理发育，无层理，固结程度低，厚 0.5～1.5m，在斜坡坡脚处堆积层厚度相对较大，可达 3～5m。泥砂岩：岩层产状 332°∠60°，呈灰白色，自下而上由深变浅，稍湿，致密，坚硬，含砾，泥质结构，块状、层状构造，单层厚 0.2～0.8m，为中厚层—厚层状。

目前斜坡上后缘边界附近有一条拉张裂缝，斜坡中部有一处地面塌陷坑，降雨可直接沿裂缝进入斜坡，影响坡体稳定性。斜坡中部坡体已经变形，斜坡东部人工修筑的挡墙局部已破损倒塌，部分变形鼓包，经分析判断该段不稳定斜坡处于不稳定状态。

7. 不稳定斜坡 Q7

根据调查资料、勘查资料，不稳定斜坡 Q7 坡长 165m、坡高 15～21m，为土质不稳定斜坡，坡度 45°～50°，坡向 54°。不稳定斜坡坡脚为小煤洞村居民区，坡顶后缘有一条水泥硬化路，路旁有 5 户居民，坡体中段有浆砌石护坡，距坡脚 8m 处有一条在建的省级公路。坡体植被以草本植物为主，覆盖率大于 60%。

8. 小煤洞沟不稳定斜坡 Q8

1）空间分布特征

小煤洞沟不稳定斜坡 Q8 坡高 30～45m、坡长约 60m，坡度约 55°，坡向 85°，后缘高程 2545m，前缘高程 2513m，斜坡中部为一条道路，路宽 3.5m。斜坡顶部为居民农田；坡体下部为居民住房，威胁 8 户居民和地方道路 250m。

2）工程地质条件及稳定性评价

小煤洞沟不稳定斜坡 Q8 坡体以全新统黄土为主，呈土黄色，稍湿，具有大孔隙，垂直节理发育。

大煤洞沟不稳定斜坡中，人类工程活动开挖坡脚形成高陡边坡并向上扩展，导致坡体下部近似直立，高度为 5～10m，坡体上部形成拉张裂缝，坡面上植被发育率低。经分析判断，斜坡坡体整体处于稳定状态，坡脚处于不稳定状态。

9. 大煤洞村不稳定斜坡 Q9

1）空间分布特征

大煤洞村不稳定斜坡 Q9 坡高 30～40m、坡长约 200m，斜坡上部坡度约 55°，下部近似直立，呈直线形，大致呈西北东南走向，后缘高程 2548m，前缘高程 2513m。坡体下部为碎石沙场，威胁沙场、沙场工作人员和周围农田。

2）工程地质条件及稳定性评价

该斜坡坡体以全新统黄土为主，呈土黄色，稍湿，具有大孔隙，垂直节理发育；在斜坡西北侧有冲洪积物出露，成分以灰色板岩、青灰色千枚岩和花岗岩为主，松散，稍湿。

大煤洞村不稳定斜坡 Q9 中，人类工程活动开挖坡脚形成高陡边坡并向上扩展，导致坡体下部近似直立，高度为 10~15m，坡体上部形成拉张裂缝，坡面上植被发育中等。经分析判断，斜坡坡体整体处于稳定状态，坡脚处于不稳定状态。

10. 不稳定斜坡 Q10

1）空间分布特征

不稳定斜坡 Q10 坡高约 35m、坡长约 230m，坡度约 60°，坡向 85°，后缘高程 2476m，前缘高程 2443m，坡体下部为居民住房，威胁 12 户居民、若干牲畜、地方道路 250m 和电力设施。

2）工程地质条件及稳定性评价

该斜坡坡体以全新统黄土为主，呈土黄色，稍湿，具有大孔隙，垂直节理发育；在斜坡西北侧有冲洪积物出露，成分以灰色板岩、青灰色千枚岩和花岗岩为主，松散，稍湿。

不稳定斜坡 Q10 中，人类工程活动开挖坡脚形成高陡边坡并向上扩展，导致坡体下部近似直立，高度为 5~10m，坡体上部形成拉张裂缝，坡面上植被发育率低，坡体稳定性降低。经分析判断，斜坡坡体整体处于较稳定状态，坡脚处于不稳定状态。

11. 不稳定斜坡 Q11

1）空间分布特征

不稳定斜坡 Q11 整体呈折线形，坡长 50~80m、坡高 45~70m，为土质不稳定斜坡。坡体较陡，上部坡体坡度约 55°；下部坡体近似直立，坡向 203°。后缘高程 2538m，前缘高程 2486m，高差 52m。不稳定斜坡 Q11 坡脚为上甘沟村居民区，坡体上有一条人工修筑长约 100m、宽约 3.5m 的土路（已废弃）。坡体植被以草本植物为主，覆盖率约 40%。

2）工程地质条件及稳定性评价

坡体主要由黄土组成，以风成为主，呈土黄色，稍湿，稍密—中密，具有大孔隙，垂直节理发育，湿陷性强烈。

根据调查，坡体前缘有小型崩塌发育，坡体发育有长 3~5m、宽 1cm 的拉张裂缝，坡体变形迹象明显。通过野外调查和勘查资料综合分析判断，斜坡坡体整体处于较稳定状态，坡脚处于不稳定状态。

12. 下甘沟村不稳定斜坡 Q12

下甘沟村不稳定斜坡 Q12 位于原下甘沟村北侧 300m 处，坡长 70m、坡宽 320m、坡高 75m，平均坡度 70°，坡向 165°，坡面陡峭，后缘高程 2715m，前缘高程 2652m。该斜坡为土质边坡。斜坡中部有山间小路通过（土路），路宽约 3m，路面平整，斜坡坡脚开挖近直立，陡坎高约 3.0m。人工开挖窑洞宽 2.0m、高约 1.5m、深 2.0m，窑洞内局部已坍塌，斜坡坡脚人工开挖植被被破坏，坡面植被覆盖率 65%。一旦斜坡失稳将毁坏道路 400m，掩埋农田 5~7 亩（1 亩 =666.7m²），危害程度一般（轻），斜坡防治工程等级为Ⅲ级。

13. 下甘沟村北斜坡 Q13

下甘沟村北斜坡 Q13 位于原下甘沟村北侧斜坡坡脚处，坡长 25m、坡宽 360m、坡高 30m，平均坡度 60°，坡向 135°，后缘高程 2668m，前缘高程 2641m。斜坡前缘因人工开挖坡脚形成近直立的陡坎，陡坎高 30m，坡面局部呈台阶状。人工开挖的窑洞，洞宽 2.0m、洞高约 1.5m、洞深 2.0~6.0m，窑洞内局部已坍塌。斜坡坡脚植被被破坏，坡面植被覆盖率60%。一旦斜坡失稳将毁坏道路400m、掩埋农田5亩，危害程度一般（轻），斜坡防治工程等级为Ⅲ级。

14. 不稳定斜坡Q14、Q15

不稳定斜坡Q14、Q15位于大通县上甘沟村北侧。不稳定斜坡Q14、Q15东起上甘沟村一组东侧，西至上甘沟村三组西侧，呈直线状分布，全长1.1km。根据勘查结果，将不稳定斜坡Q14划分为Q14-1、Q14-2，Q14-1、Q14-2和Q3，高程2666~2813m，坡体最大高差147m。坡体以土质边坡为主，坡体主要由第四系晚更新世风积黄土组成，局部坡脚陡坎出露有白垩系强风化砂岩。由于紧邻上甘沟村，坡体受人类工程活动影响较严重，坡脚位置均被开挖成高10~27m的垂直陡坎。天然条件下该斜坡稳定性较差，易发生局部滑塌、崩塌等灾害，在降雨或地震作用下，斜坡发生大面积滑塌、崩塌及由此引起的滑坡，危害坡底居民的可能性非常大。不稳定斜坡威胁上甘沟村3个组，1组70户，327人；2组61户，305人；3组80户400人，每户13~14间房；全村共1041人，一旦斜坡失稳将造成经济损失1500万元以上，并威胁约100人的安全。

斜坡上发育有Ⅰ号边坡、Ⅱ号边坡、Ⅲ号边坡、Ⅳ号边坡、Ⅴ号边坡及Ⅵ号边坡，不稳定斜坡Q14、Q15基本发育特征见表6-2。

表6-2　不稳定斜坡Q14、Q15基本发育特征

编号	灾害区	位置	规模特征
Q14	Ⅰ号边坡	位于不稳定斜坡Q14西侧上甘沟村三组上方Q14-1上部	边坡长约178m、高4~5.5m，坡度约90°，近于直立，坡向107°~143°，边坡形态为直立矩形，平面形状为曲线形，土质边坡
	Ⅱ号边坡	位于不稳定斜坡Q14西侧上甘沟村三组上方Q14-1中部	边坡长约91m、高3.2~7.3m，坡度约83°~87°，近于直立，坡向135°，边坡形态为近似直立矩形，平面形状为曲线形，土质边坡
	Ⅲ号边坡	位于不稳定斜坡Q14西侧上甘沟村三组上方Q14-1下部	坡脚长约383m、高8~19m，坡度82°~85°，近于直立，坡向153°，边坡形态为近似直立矩形，平面形状为曲线形，土质边坡
	Ⅳ号边坡	位于不稳定斜坡Q14中部上甘沟村二组上方Q14-2下部	坡脚长约239m、高4~25m，坡度90°，近于直立，坡向173°，边坡形态为直立马蹄形，平面形状为曲线形，土质边坡
Q15	Ⅴ号边坡	位于不稳定斜坡Q3东侧上甘沟村一组上方Q3-3上部	边坡长约83m、高8~12m，坡度约74°，坡向125°，边坡形态为斜坡面形，平面形状为斜长方形，土质边坡
	Ⅵ号边坡	位于不稳定斜坡Q3东侧上甘沟村一组上方Q3-3下部	坡脚长374m，高7~20m，坡度约90°，近于直立，坡向103°~133°，边坡形态为近似直立矩形，平面形状为曲线形，土质边坡

15. 大煤洞煤矿不稳定斜坡Q16

大煤洞煤矿不稳定斜坡Q16位于大煤洞煤矿南侧、大煤洞沟中部西北侧。该斜坡坡宽135m、坡长25m、坡高20m，坡度55°~60°，坡向16°。该斜坡形成于20世纪90年代，2006—2007年进行局部治理，在斜坡东南部坡脚修筑人工挡墙，挡墙高3~4.5m。紧邻挡

墙南侧为原老矿区建厂所在地，现已废弃，3 个废弃井口均已坍塌，坡脚原有挡墙已开裂，裂缝长 2~2.5m，宽 30~50cm，局部挡墙已破损倒塌，部分变形鼓包，斜坡坡脚处受采空塌陷影响形成 2~3 级台阶。

（二）滑坡

从滑坡滑体的物质组成来分，可以分为土质滑坡和岩质滑坡。

土质滑坡主要发育在沟谷两侧的山坡中上部，斜坡坡度大于 15°~30°，斜坡坡脚处于临空状态，斜坡坡脚有足够的空间堆积滑坡物质。滑坡表层物质松散，不具有较强的黏聚力。滑坡头部垂直位移小于水平位移，可以发生规模不等的隆起，隆起部位地表变形明显，滑坡体内发育的地裂缝以拉张裂缝为主，裂缝基本与滑坡滑动方向斜交（说明滑坡滑动时的受力是不均匀的，这与采煤巷道和采空区走向基本吻合）。滑坡体受到外动力或其他外力影响，而且外力不间断、持续增加，导致滑坡第一次滑动后并未停止，而是继续进行蠕滑（这也是采空区滑坡与自然滑坡的区别之一）。

岩质滑坡主要发育在凹型斜坡的中前沿，斜坡坡度一般较小为 10°~15°，斜坡坡脚不明显，临空面小。滑坡表层物质松散，不具有较强的黏聚力，滑坡水平位移大于垂直位移，滑坡中前部的隆起部位地形起伏不大，呈渐变形。滑坡体不断受到外力的影响，滑坡沿着缓平的滑坡面不断进行蠕滑，滑坡滑动并未停止。

根据调查资料，研究区发育滑坡 11 处，主要发育在大煤洞村、小煤洞村、元树儿村，地面对照为煤矿矿区及采空巷道边缘，即采空区内及其边缘部位。各滑坡分布如图 6-6 所示，各滑坡发育特征见表 6-3。

表6-3　研究区滑坡发育特征统计

滑坡名称	平面形态	剖面形态	规模特征	滑体岩性	滑床岩性	滑面形态	滑坡年代
大煤洞垭豁岭滑坡	矩形	凹	中型滑坡	黄土	砂岩	弧形	现代滑坡
桥头镇煤矿滑坡	舌形	凹	中型滑坡	黄土	砂岩	弧形	现代滑坡
元树儿立井矿滑坡	矩形	凹	小型滑坡	黄土	黄土	弧形	现代滑坡
小煤洞油库滑坡	半圆形	凹	中型滑坡	黄土	泥岩	弧形	现代滑坡
元树儿黏土场滑坡	不规则	阶梯	中型滑坡	强风化泥岩	泥岩	弧形	老滑坡
元树儿滑坡	不规则	凹	小型滑坡	黄土	黄土	弧形	老滑坡
安门滩滑坡	半圆形	凹	小型滑坡	黄土	砂岩	弧形	现代滑坡
白崖村滑坡	舌形	凸	小型滑坡	黄土	泥岩	弧形	现代滑坡
牙合煤矿西滑坡	舌形	凸	小型滑坡	黄土	泥岩	弧形	现代滑坡
小煤洞沟南滑坡	舌形	凸	小型滑坡	黄土	黄土	弧形	现代滑坡
元树儿村西滑坡	矩形	凸	小型滑坡	黄土	泥岩	弧形	现代滑坡

1. 大煤洞垭豁岭滑坡

1）滑坡空间特征

大煤洞垭豁岭滑坡位于小煤洞沟与大煤洞沟之间的垭豁岭南侧，滑坡长 65m、宽

图 6-6 研究区滑坡分布

198m、滑体平均厚度约 5.9m，总体积 6.39×10⁴m³（除去人工挖除滑体 1.2×10⁴m³）。滑坡形状为圈椅状，滑坡为小型土质滑坡，坡度 30°，主滑方向 27°，后缘高程 2677m，前缘高程 2644，高差 33m。滑坡东侧为人工采沙场，采沙场后形成高约 12m 的陡坎。坡体前缘有一处地面塌陷坑（原为大煤洞报废新井，野外定名为大煤洞垭豁岭垭口地面塌陷），坑口面积 280m²、深 3.3m。塌陷坑内有积水，水深 0.7m（水面高程 2642m），坑口周围为高 1~6m 的陡坎，如图 6-7 所示。

2）结构特征及稳定性评价

滑体岩性以杂填土、粉土为主，杂填土呈灰色，稍湿，稍密，可塑—硬塑状，有光泽，固结程度低。局部为炭质黏土，呈黑色，稍湿，稍密，可塑—硬塑状。滑体厚度一般为 1~5.8m，部分地段可以达到 7.8m。

坡体前缘有小型崩塌发育，坡顶发育有长 3~5m、宽 4~6cm 的拉张裂缝，坡体变形迹象明显。经分析判断，该滑坡处于不稳定状态。

2. 桥头镇煤矿滑坡

1）滑坡空间特征

桥头镇煤矿滑坡位于桥头镇煤矿正北侧，滑坡后壁清晰，垂直错断 3~4m，滑坡长约

图 6-7 大煤洞垭豁岭滑坡

28m、宽约 128m、滑体平均厚度约 6.5m，总体积 2.33×10⁴m³。滑坡形状为长勺状，为浅层小型土质滑坡。滑坡坡度 40°，主滑方向 152°，后缘高程 2669m，前缘高程 2631m，高差 38m。滑坡中部及后壁多为直立的陡崖，高 3~5m，如图 6-8 所示。

图 6-8 桥头镇煤矿滑坡

2）结构特征及稳定性评价

桥头镇煤矿滑坡滑体上部岩性以含煤矸石等弃渣为主，滑体下部岩性以黄土状粉土为主。含煤矸石弃渣呈灰黑色，散体结构，主要为矿渣及煤粉，含砾，粒径一般为 0.5~3cm，含量为 5%~10%；黄土状粉土呈浅黄色—棕红色，稍湿，稍密，可塑—硬塑状，有光泽，滑体平均厚度约 6.5m。根据钻探和探井揭露以及调查资料分析，桥头镇煤矿滑坡滑面为黄土与砂岩接触带。滑床岩性主要为砂岩、泥岩互层。岩层产状 112°∠10°。泥岩呈紫红色，自下而上由深变浅，稍湿，泥质结构，块状、层状构造，单层厚度 2.3~10.9m，为巨厚层状；砂岩呈灰白色，稍湿，致密，坚硬，块状结构、层状构造，单层厚度 1.5~10.8m，为巨厚层状。滑床表层岩体受滑坡滑动错动影响，岩体拉裂、破碎，裂隙发育，其裂隙间多充填粉土及黏土，强风化层厚度约 1.5~3m。

滑坡后缘发育有长 35m、宽 0.5m、最大可测深度 0.3m 的拉张裂缝，坡体变形迹象明显。经分析判断，该滑坡处于不稳定状态。

3. 元树儿立井矿滑坡

1）滑坡空间特征

元树儿立井矿滑坡位于安门滩村南侧 250m 处的斜坡上，根据勘查资料分析，元树儿立井矿滑坡长约50m、宽约126m、滑体平均厚度约6m，总体积3.78×10⁴m³。滑坡形状为不规则的长条状，滑坡为小型浅层土质滑坡，滑坡坡度21°，主滑方向18°，后缘高程2531m，前缘高程2521m，高差10m。滑坡中部及后缘发育多条羽状裂缝，其中规模较大的有1条（长75m、宽0.3m、最大可测深度0.25m），坡体上因绿化植树开挖形成了多级高约0.5m、宽约1m的台坎，坡体前缘局部为高2~8m的陡坎。

2）结构特征及稳定性评价

滑坡滑体岩性以黏土为主，黏土呈浅黄色—棕红色，稍湿，稍密，可塑—硬塑状，有光泽，固结程度低。滑床岩性主要为泥岩；呈灰黑色，湿，遇水易软化、泥化，泥质结构，块状、层状构造。滑床受下渗水、滑坡滑动影响，其风化程度高，强风化层厚度约5m。

坡体前缘有小型崩塌发育，后缘发育有长75m、宽30cm、最大可测深度0.25m的拉张裂缝，坡体变形迹象明显。经分析判断，该滑坡处于不稳定状态。

4. 小煤洞油库滑坡

1）滑坡空间特征

小煤洞油库滑坡位于小煤洞沟北岸的斜坡上，滑坡在小煤洞不稳定斜坡范围内，变形特征与不稳定斜坡相似，治理时可以同时进行综合治理，小煤洞油库滑坡长120m、宽400m，滑体厚度约15m，总体积7.2×10⁵m³，主滑方向140°。滑坡形状为圈椅状，滑坡为大型土质滑坡，后缘高程2660m，前缘高程2515m，高差145m。滑坡体内部裂缝及塌陷坑发育，坡体表层为黄土，下卧层为泥岩。小煤洞油库滑坡如图6-9所示。

图6-9　小煤洞油库滑坡

2）结构特征及稳定性评价

小煤洞油库滑坡滑体岩性以黄土状土为主，呈浅土黄色，稍湿，松散，无光泽，摇振反应中等，固结程度低。滑体厚度约15m。滑面位于黄土与泥岩接触带，部分强风化泥岩构成了滑面的一部分，在钻探施工中发现滑体上的钻孔有严重缩径现象，判断为滑带位置。滑床岩性主要为泥岩，呈灰黑色，湿，遇水易软化、泥化，泥质结构，块状、层状构造。滑床受滑坡滑动影响其风化程度高，强风化层厚度5~7m。

小煤洞油库滑坡中后缘发育有多条拉张裂缝和塌陷坑，主要是由于采空区的地面塌陷诱发的。地裂缝延伸方向多为223°、倾向280°，部分裂缝走向呈斜交趋势，群缝呈平行展布（西北—东南向），与滑坡坡向大致垂直，裂缝长度长、宽度大、最大可测深度大。塌陷坑片状连续分布，坑口直径 2~7m，可见深度 3~5m，坡体变形迹象明显。经分析判断，该滑坡处于不稳定状态。

5. 元树儿黏土场滑坡

1）滑坡空间特征

元树儿黏土场滑坡位于元树儿村东南部，安门滩村南部，黏土场滑坡长约 348m、宽约 198m、滑体厚度约 7m，总体积 $4.823 \times 10^5 m^3$。滑坡形状为舌形，滑坡为中等土质滑坡，斜坡平均坡度 25°，主滑方向 10°，后缘高程 2694m，前缘高程 2633m，高差 61m。滑坡后缘及中部发育有羽状裂缝，其中规模较大的有 1 条（长 180m、宽 0.4m、最大可测深度 1.7m），坡体上多分布梯状耕地，坡体前缘由于采挖黏土而形成高 10~15m 的陡坎，如图 6-10 所示。

黏土场滑坡

图 6-10　元树儿黏土场滑坡

2）结构特征及稳定性评价

元树儿黏土场滑坡滑体的物质结构主要为残坡积和滑坡形成的松散堆积体，岩性为粉质黏土及粉土，粉质黏土呈灰色，湿，稍密，可塑—硬塑状，有光泽，固结程度低，含有大量的石膏碎块、泥岩碎块。石膏碎块为白色—灰白色、灰绿色，呈棱角状，坚硬—半坚硬状，粒径一般为 0.5~14cm，含量为 5%~10%。由于石膏块、泥岩块的骨架支空作用，使得土体颗粒空隙率较大、结构较松散。根据钻探、探井揭露以及调查物探资料分析，黏土场滑坡滑体多沿软弱夹层滑动；滑面为强风化泥岩层，滑面坡度平缓，滑动较缓慢（滑速 5cm/30d）。通过野外调查，黏土场滑坡滑体岩性主要为泥岩，呈灰黑色、棕红色，可塑—硬塑状，有光泽，含有大量的石膏碎块、泥岩碎块。石膏碎块为白色—灰白色、灰绿色，呈棱角状，坚硬—半坚硬，粒径一般为 0.5~14cm，含量为 5%~10%。

滑坡中后缘发育有 3 条拉张裂缝，裂缝延伸方向 200°~320°、长度 60~180m、宽度 0.4~0.8m、最大可测深度 0.7~2.7m，滑坡变形迹象明显。经分析判断，该滑坡处于不稳定状态。

6. 元树儿滑坡

1）滑坡空间特征

元树儿滑坡位于元树儿村南侧，原大通矿务局斜井矿西侧，元树儿滑坡长约 30m、宽约 140m、滑体平均厚度约 10m，总体积 $1.5 \times 10^4 m^3$。滑坡形状为不规则长条状，为小型土质滑坡，滑坡坡度 70°，主滑方向 125°，后缘高程 2667.5m，前缘高程 2645m，高差 22.5m。坡面为直立的陡崖，高 12~22.5m。滑体中后部出现裂缝，裂缝长 8~20m、宽

15~20cm、深0.5~0.7m。

2）结构特征及稳定性评价

滑体岩性以黄土为主，呈浅黄色—棕红色，稍湿，稍密，可塑状，韧性低，无光泽，摇振反应中等。滑体厚度一般为5~6m。通过野外原位滑体大体积试验得到滑体天然重度为15.88kN/m³。滑床岩性主要为第四系晚更新世风积黄土，呈浅黄色—棕红色，稍湿，稍密，可塑状，韧性弱，无光泽，摇震反应中等，垂直节理发育，无层理，固结程度低。

滑坡坡脚处原为大通矿务局的采煤斜井，滑坡东南向50m处有一个地面塌陷（原为大通矿务局的采煤立井）：深7.2m，变形面积240m²。滑坡区内人类工程活动现象较严重，采煤区地面塌陷变形直接发展或局部波及滑坡坡脚处，造成阻滑段抗滑力降低，使得滑坡稳定性系数降低，滑坡处于欠稳定状态。

7. 安门滩滑坡

1）滑坡空间特征

安门滩滑坡位于安门滩村5、6社居住地西北侧，安门滩滑坡长65m、宽265m、滑体平均厚度约8.0m，总体积1.378×10⁵m³。滑坡形状为长条状，为中型土质滑坡，坡度58°，主滑方向162°，后缘高程2552m，前缘高程2500m，高差52m。滑坡南侧为安门滩村居民点。

2）结构特征及稳定性评价

安门滩滑坡滑体岩性以黄土状土为主，呈浅黄色—棕红色，稍湿，稍密，可塑状，韧性弱，无光泽，摇震反应中等，固结程度低。滑体厚度一般为7~9m。根据TK3揭露滑动面埋深6.7m，滑面为黄土，滑带厚约5cm。滑床岩性主要为第四系晚更新世风积黄土，呈浅黄色—棕红色，稍湿，稍密，可塑状，韧性弱，无光泽，摇振反应中等，垂直节理发育，无层理。

滑坡后缘发育两条拉张裂缝，裂缝延伸方向50°~70°、长18~67m、宽0.1~0.2m、最大可测深度0.15~0.2m，滑坡变形迹象明显。经分析判断，该滑坡处于不稳定状态。

8. 白崖村滑坡

白崖村滑坡长100m、宽40m、滑体平均厚度约7.0m，总体积2.8×10⁴m³，为中型土质滑坡。滑坡坡度23°，主滑方向345°，后缘高程2696m，前缘高程2675m，高差21m。滑坡坡体自南向北发育数条长5~10m、宽5~25mm的裂缝，可见深度30cm，裂缝总体走向160°~340°，裂缝部分斜交。滑坡两侧滑动陡坎高0.5~0.8m，滑体内有水渗出，在中前部形成积水。滑体岩性为黄土，呈浅黄色—棕红色，韧性低，摇振反应中等。滑床岩性为泥岩，呈砖红色，强风化，泥质构造，层状结构，一旦滑坡失稳将毁坏道路50m、农田2亩。

9. 牙合煤矿西滑坡

牙合煤矿西滑坡长80m、宽95m、滑体平均厚度约4.0m，总体积3.04×10⁴m³，为中型土质滑坡。滑坡坡度27°，南部陡北部缓，主滑方向35°，后缘高程2657m，前缘高程2640m，高差17m。滑坡后壁陡坎高0.7m、长50m左右，滑坡坡面凌乱，因滑动滑坡中前部发育4个呈直线状的鼓包，中前部还发育3条裂缝，有直线状和折线状两种形态，裂缝长30~50m、宽20~40cm、可见深度0.4~0.5m。滑体中后缘部分岩性以煤矸石渣为主，呈灰黑色，煤矸石块粒径3~4cm；中前沿部分岩性为粉土，呈浅黄色—棕红色，韧性低，摇振反应中等。滑床岩性为泥岩，呈砖红色，强风化，泥质构造，层状结构，一旦滑坡失稳将毁坏道路 150m、农田 2 亩。

10. 小煤洞沟南滑坡

小煤洞沟南滑坡整体呈圈椅状，滑坡长 25m、宽 10m、滑体平均厚度约 1.5m，总体积 375m³，为小型土质滑坡。滑坡坡度 26°，南部陡北部缓，主滑方向 36°，后缘高程 2615m，前缘高程 2602m，高差 13m。滑坡主要由前后两个陡坎形成的滑塌体组成，滑坡东部滑塌严重，滑坡东部中上位置发育 3 个小型塌陷坑，直径 1.5m 左右、可见深度 0.6~1.8m，呈椭圆状。滑坡中部发育一条地裂缝，长 8.0m、宽 5~10cm、可见深度 20cm。滑体岩性主要为粉土，呈浅黄色—棕红色，韧性低，摇振反应中等。滑床岩性为黄土。一旦滑坡失稳将毁坏水渠 50m、农田 1 亩。

11. 元树儿村西滑坡

元树儿村西滑坡整体呈圈椅状，滑坡长 40m、宽 80m、滑体平均厚度约 6.5m，总体积 2.08×10⁴m³，为中型土质滑坡。滑坡坡度 53°，南部陡北部缓，主滑方向 55°，后缘高程 2713m，前缘高程 2693m，高差 20m。滑坡中上部发育数条裂缝，主裂缝长 20m、宽 25~45cm、可见深度 50cm。滑坡顶部（裂缝北侧）发育一个小型塌陷坑，直径 1.5~2.2m，塌陷坑呈漏斗状，可见深度 0.8m。

滑体岩性主要为煤矸石渣、矿渣，呈灰黑色，黄土状土呈浅黄色—棕红色，韧性低，摇振反应中等。滑床岩性为黄土，呈浅黄色，稍湿，稍密，有光泽，固结程度低，垂直节理发育。一旦滑坡失稳将毁坏道路 100m、农田 5 亩。

（三）地面塌陷

在研究区发现采区塌陷坑 22 个，塌陷坑普遍呈圆形，直径 2~60m、深度 2~11m，按照成因塌陷坑可以分为土洞型塌陷和冒顶型塌陷两种。塌陷坑具体情况见表 6-4。

表6-4 塌陷坑具体情况

编号	位置	形状	坑口规模	深度/m	长轴方向	成因类型
DT01	大煤洞村	长条形	长 2.5m、宽 1.5m	1.4	150°	土洞型塌陷
DT02	大煤洞村	圆形	直径 14m	10	310°	土洞型塌陷
DT03	小煤洞村	圆形	直径 2.5m	2	345°	土洞型塌陷
DT04	小煤洞村	圆形	直径 6.0m	4	33°	土洞型塌陷
DT05	小煤洞村	圆形	直径 4.0m	2	353°	土洞型塌陷
DT06	小煤洞村	长条形	长 60m、宽 35m	1.5	158°	土洞型塌陷
DT07	小煤洞村	圆形	直径 25m	10.0~17.0	37°	冒顶型塌陷
DT08	小煤洞村	圆形	直径 25m	5	70°	土洞型塌陷
DT09	元树儿村	圆形	直径 42m	11	87°	冒顶型塌陷
DT10	元树儿村	圆形	直径 8m	6	83°	冒顶型塌陷
DT11	元树儿村	圆形	直径 28m	1.8	302°	冒顶型塌陷
DT12	元树儿村	圆形	直径 21m	2	37°	冒顶型塌陷
DT13	元树儿村	圆形	直径 24m	2	11°	冒顶型塌陷

表6-4（续）

编号	位置	形状	坑口规模	深度/m	长轴方向	成因类型
DT14	元树儿村	长条形	长60m、宽40m	10	241°	冒顶型塌陷
DT15	上甘沟村	圆形	直径2m	2	95°	冒顶型塌陷
DT16	大煤洞村	圆形	直径4m	2	107°	冒顶型塌陷
		长条形	长60m、宽20m	5	46°	
DT17	大煤洞村	圆形	直径1.4m	1	215°	土洞型塌陷
DT18	上甘沟村	圆形	直径5m	4	90°	冒顶型塌陷
DT19	白崖村	长条形	长60m、宽35m	5.0~6.0	275°	冒顶型塌陷
DT20	过蟒台村	圆形	直径2.5m	0.8~1.5	330°	土洞型塌陷
DT21	过蟒台村	圆形	直径2m	2.5	320°	土洞型塌陷

　　塌陷坑主要发育在山前较平坦处、采空区边缘部位或大的塌陷区边缘，矿井周围分布的塌陷坑数量较多，坑口规模较大。因为当地村民自行平整塌陷坑，所以部分塌陷坑已经填埋，野外实际看到的和走访调查的规模不一样，最大的塌陷坑直径为15~20m、深15m，塌陷坑主要是由于原来地下采煤巷道冒顶塌陷引起的。塌陷区域分布如图6-11所示。

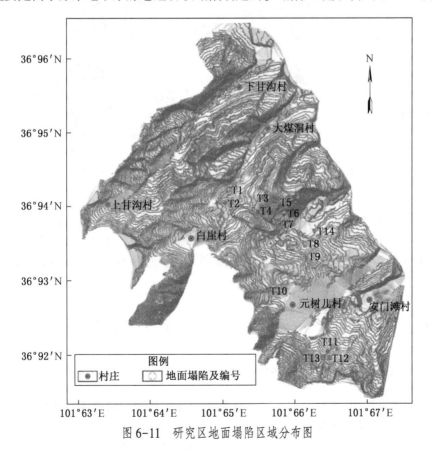

图6-11　研究区地面塌陷区域分布图

(四) 地裂缝

在研究区发现地裂缝 32 条，地裂缝长 2~180m、宽 0.1~2.5m、深 0.1~3.5m，主要以张拉裂缝为主。地裂缝分布于采区塌陷区，地面下沉形成张拉裂缝，地裂缝有继续发展的趋势。地裂缝主要发育在采空区或塌陷区边缘部位，因为当地村民自行平整地裂缝，所以部分地裂缝已经填埋，野外实际看到的和走访调查的规模不一样，最长地裂缝可达百米。地裂缝主要分布区域如图 6-12 所示。

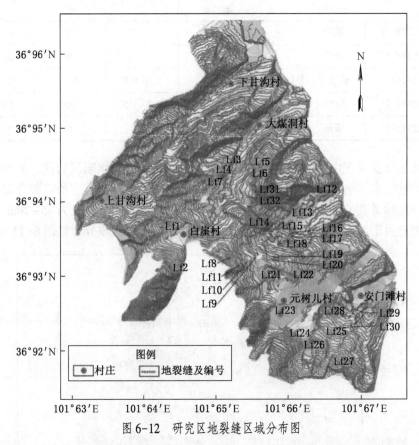

图 6-12　研究区地裂缝区域分布图

矿区地裂缝有一个共同特点，裂缝张开时均向采空区或塌陷区方向倾倒，形成朝向采空区或塌陷区一侧的土体，低于另一侧，形成一种错落感，另外裂缝延伸方向和采空区或塌陷区的延展方向一致。研究区内基本未发现因鼓胀引起的裂缝，从而得出，地裂缝的形成与地下采空息息相关。

第二节　采矿活动对地形地貌景观的影响分布特征

一、废渣堆对地貌景观的影响分布特征

在研究区共发现 20 处废渣堆，主要分布于大煤洞沟、小煤洞沟及元树儿沟，占地面积 660~52500m²（平均占地面积 10372m²），厚度 1.2~30m（平均厚度 8.09m），体积 960~1068750m³（平均体积 149134.6m³）。废渣堆具体分布范围如图 6-13 所示。

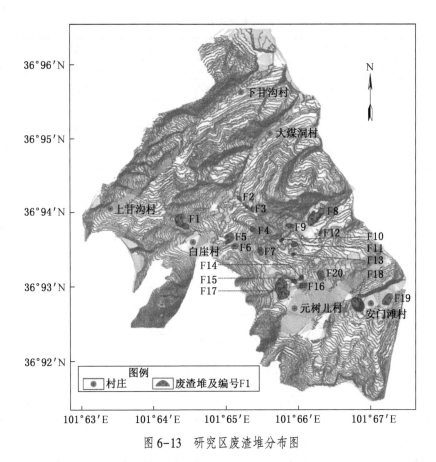

图6-13　研究区废渣堆分布图

　　占地面积大于10000m² 的废渣堆主要有FZ1，长约350m、宽约150 米、平均厚度5m，占地面积52500m²，占地类型为矿区占地，勘查期间废渣堆继续堆积；FZ6，长约130m、宽约120m、平均厚度3m，占地面积15600m²，占地类型为田地占地，废渣已停止堆积；FZ8(小煤洞沟废渣堆)，长约300m、宽约150m、平均厚度15m，占地面积45000m²，占地类型为田地占地，勘查期间废渣堆继续堆积；FZ12，长约200m、宽约70m、平均厚度5m，占地面积14000m²，占地类型为田地占地，废渣堆已停止堆积；FZ17，长约240m、宽约210m、平均厚度20m，占地面积50400m²，占地类型为宅基地，废渣堆已停止堆积；FZ18，长约250m、宽约190m、平均厚度30m，占地面积47500m²，占地类型为田地占地，勘查期间废渣堆继续堆积。除上述对地形地貌影响较大的废渣堆外，还有一些小型废渣堆对地形地貌也造成影响，废渣堆规模见表6-5。

表6-5　研究区废渣堆统计

编号	长/m	宽/m	平均厚度/m	面积/m²	体积/m³	占地类型	堆积情况	隶属煤矿
FZ1	350	150	5	52500	262500	矿区	继续	废弃井
FZ2	80	25	5	2000	10000	田地	停止	大煤洞煤矿老井
FZ3	120	20	4	2400	9600	田地	偶有堆积	废弃井
FZ4	60	40	6	2400	14400	田地	停止	废弃井

表6-5（续）

编号	长/m	宽/m	平均厚度/m	面积/m²	体积/m³	占地类型	堆积情况	隶属煤矿
FZ5	100	80	4.2	8000	33600	矿区	偶有堆积	原良教乡乡矿
FZ6	130	120	3	15600	46800	田地	停止	废弃矿
FZ7	100	42	3.5	4200	14700	田地	停止	废弃矿
FZ8	300	150	15	45000	675000	田地	继续	小煤洞沟斜井矿
FZ9	40	20	1.2	800	960	田地	停止	废弃井
FZ10	90	35	7	3150	22050	路基	偶有堆积	废弃井
FZ11	50	30	7	1500	10500	田地	停止	废弃井
FZ12	200	70	5	14000	70000	田地	停止	废弃井
FZ13	30	22	10	660	6600	田地	停止	废弃井
FZ14	38	21	7	798	5580	田地	停止	废弃井
FZ15	60	40	6	2400	14400	田地	停止	废弃井
FZ16	78	39	6	3042	18252	田地	停止	废弃井
FZ17	240	210	20	50400	100800	宅基地	停止	元树儿斜井矿
FZ18	250	190	30	47500	1068750	砖厂厂区	继续堆积	青煤集团立井矿
FZ19	70	20	4	1400	9600	田地	停止	废弃井
FZ20	60	20	3	1200	3600	田地	停止	废弃井

　　废渣堆一般分布在沟道或地面，高出地面2.0m以内，仅小煤洞沟废渣堆及元树儿立井矿废渣堆堆积高度较高，小煤洞沟废渣堆高出地面6.0~18.0m，废渣为自然堆积，废渣堆周边形成近55°的边坡；元树儿立井矿废渣堆西北侧高出地面1.5~2.5m，周边其余部位高出地面18.0~47.0m，废渣为自然堆积，废渣堆周边形成50°~65°的边坡，边坡稳定性差，应对废渣堆周边边坡进行防护。部分废渣堆堆积情况如图6-14、图6-15、图6-16所示。

图6-14　白崖矿废渣堆

图 6-15　元树儿立井矿废渣堆

图 6-16　小煤洞沟废渣堆

由于小煤洞沟废渣堆高度太大，对居民区造成一定威胁，且该煤矿仍存在堆积活动，故对小煤洞沟废渣堆进行整治。对废渣堆横纵各剖两条线，横纵剖面线共 5 条，其中横向剖面线 3 条、纵向剖面线 2 条，如图 6-17 所示。

1-1′剖面长 200m，剖面中废渣堆堆放区长 114m，废渣堆堆积最大高程 2532.48m，废渣堆中心高达 2531.15m，剖切面地表最小高程 2506.88m，如图 6-18 所示。

2-2′剖面长 200m，剖面中废渣堆堆放区长 163m，废渣堆堆积最大高程 2532m，废渣堆中心高达 2531.75m，剖切面地表最小高程 2509m，如图 6-19 所示。

3-3′剖面长 200m，剖面中废渣堆堆放区长 131.5m，废渣堆堆积最大高程 2530.79m，废渣堆中心高达 2530.6m，剖切面地表最小高程 2519.3m，如图 6-20 所示。

4-4′剖面是小煤洞沟废渣堆的第一条纵向剖切面，剖面长 400m，剖面中废渣堆堆放区长 168.735m，废渣堆堆积最大高程 2533m，废渣堆中心高达 2530.73m，剖切面地表最

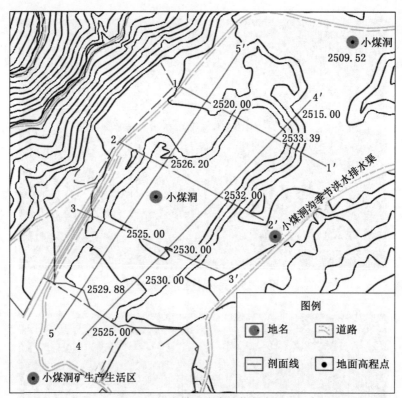

图6-17 小煤洞沟废渣堆剖面图

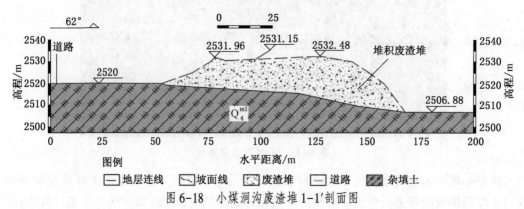

图6-18 小煤洞沟废渣堆1-1′剖面图

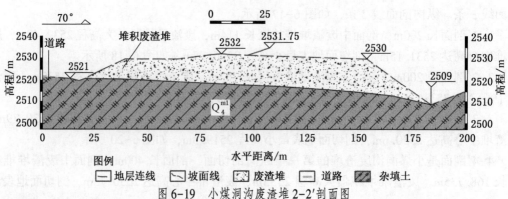

图6-19 小煤洞沟废渣堆2-2′剖面图

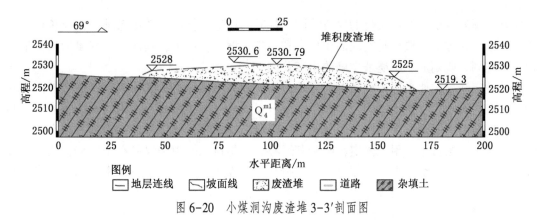

图 6-20　小煤洞沟废渣堆 3-3′剖面图

小高程 2506.75m，如图 6-21 所示。

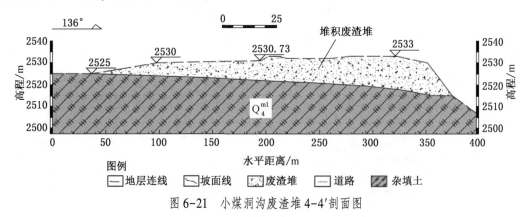

图 6-21　小煤洞沟废渣堆 4-4′剖面图

5-5′剖面是小煤洞沟废渣堆的第二条纵向剖切面，剖面长 400m，剖面中废渣堆堆放区长 137.65m，废渣堆堆积最大高程 2531.75m，该高程也是废渣堆中心处的堆积高程，剖切面地表最小高程为 2517.5m，如图 6-22 所示。

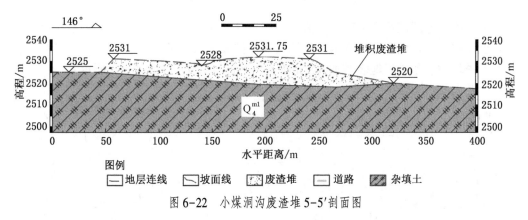

图 6-22　小煤洞沟废渣堆 5-5′剖面图

由于小煤洞沟地区地处青藏高原东北部，是黄土高原和青藏高原的过渡带，属于典型的高原大陆性气候，气温低而寒冷，昼夜温差大，土壤易发生冻胀破坏，故采用生态治理，即结合当地的社会自然环境和长远规划，把受破坏的自然景观建设成以绿色为主的生态景观。根据高寒区土壤特点种植我国高寒区特有植被，并结合矿山遗址文化，把矿区建设成具有高寒区矿山遗址文化的生态公园，提升当地生态价值和矿山遗址的文化价值。首先，采取环保方法处置长时间大面积压占和污染土壤的废渣堆；其次，对修复后的旱地进行土地规划，规划成矿山遗址主题的生态公园。

处理废渣堆主要采用一种简单环保的方法，即黄土稀释法，选用黄土作为天然的中和剂，将煤矸石和黄土按比例混合形成混合煤矸石黄土，解决煤矸石污染问题。将煤矸石与黄土相混合可以起到两个作用：一是能够使煤矸石中部分化学组分，特别是一些有毒有害的金属离子，被黄土吸附、固定，阻滞其迁移；二是黄土能中和煤矸石中的酸性物质。处置废渣堆，采取挖坑填埋、分层夯填以及摊平后覆隔污层。针对上述 5 个剖面，对废渣堆上部分进行开挖，然后用开挖出的废渣料和黄土混合后堆积在左右两侧以达到地面整平的效果。治理后如图 6-23 所示。

1-1′剖面经过开挖及回填后，废渣堆中心点开挖 6.15m，中心点左侧坡度为 2°，右侧坡度为 3°。左右两侧均设置格宾网挡墙以及排水沟，左侧格宾网挡墙嵌入杂填土土层，右侧格宾网挡墙嵌入中和的渣堆中。整治后地表增加 30cm 覆土，并进行绿化，如图 6-23 所示。

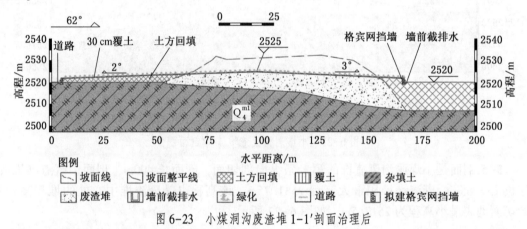

图 6-23　小煤洞沟废渣堆 1-1′剖面治理后

2-2′剖面经过开挖及回填后，废渣堆中心点开挖 6.75m，中心点右侧坡度为 1°。左右两侧均设置格宾网挡墙以及排水沟，左侧格宾网挡墙嵌入杂填土土层，右侧格宾网挡墙嵌入中和的渣堆中。整治后地表增加 30cm 覆土，并进行绿化，如图 6-24 所示。

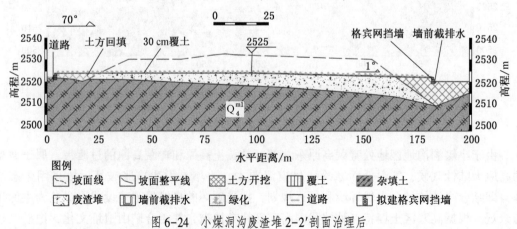

图 6-24　小煤洞沟废渣堆 2-2′剖面治理后

3-3′剖面经过开挖及回填后，废渣堆中心点开挖 5.6m，中心点左侧坡度为 3°，右侧坡度为 3°。右侧设置格宾网挡墙以及排水沟，挡墙嵌入中和的渣堆中。整治后地表增加 30cm 覆土，并进行绿化，如图 6-25 所示。

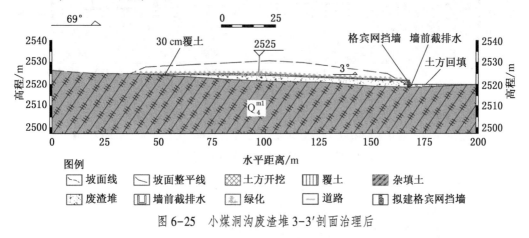

图 6-25 小煤洞沟废渣堆 3-3′剖面治理后

4-4′剖面经过开挖及回填后，废渣堆中心点开挖 5.73m，中心点右侧坡度为 2°。右侧设置格宾网挡墙以及排水沟，格宾网挡墙嵌入中和的渣堆中。整治后地表增加 30cm 覆土，并进行绿化，如图 6-26 所示。

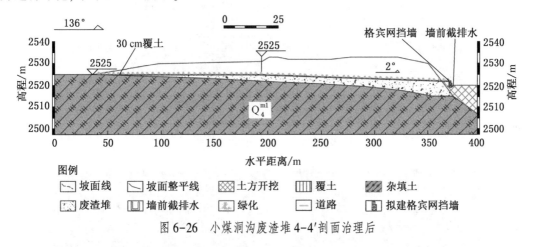

图 6-26 小煤洞沟废渣堆 4-4′剖面治理后

5-5′剖面经过开挖及回填后，废渣堆中心点开挖 6.75m，中心点右侧坡度为 2°。整治后地表增加 30cm 覆土，并进行绿化，如图 6-27 所示。

上述治理中，所修建的格宾网挡墙如图 6-28 所示。

经过整治后修建的公园俯视图如图 6-29 所示。

二、煤矸石堆对地貌景观的影响分布特征

研究区内 12 处煤矸石堆主要位于上甘沟东南部、大煤洞沟、小煤洞沟、元树儿沟西南处，煤矸石堆占地面积 750~606375 m²，平均占地面积 72202 m²，煤矸石堆厚度 2~6.0m，平均厚度 3.67m，体积 200~307800m³，平均体积 91249m³。煤矸石堆分布于各煤矿矿井附近，煤矸石堆分布如图 6-30 所示。

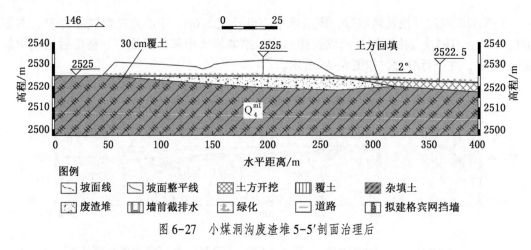

图 6-27　小煤洞沟废渣堆 5-5′剖面治理后

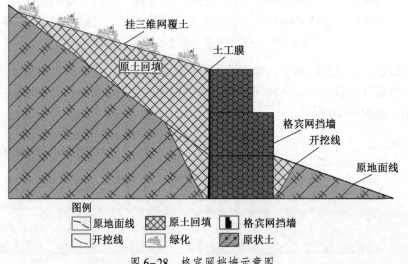

图 6-28　格宾网挡墙示意图

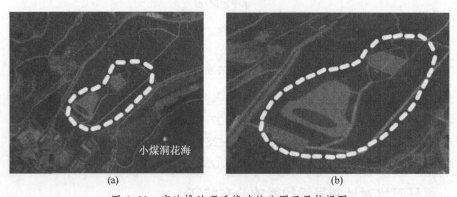

图 6-29　废渣堆治理后修建的公园卫星俯视图

　　方量大于 10000m² 的主要煤矸石堆有 M3，长约 570m、宽约 180m、平均厚度 5m，占地面积 102600m²，占地类型为田地，勘查期间煤矸石堆继续堆积；M4，长约 430m、宽约 65m、平均厚度 3m，占地面积 27950m²，占地类型为田地，已停止堆积；M5，长约 160m、宽约 70m、平均厚度 6m，占地面积 11200m²，占地类型为田地，勘查期间煤矸石堆继续堆

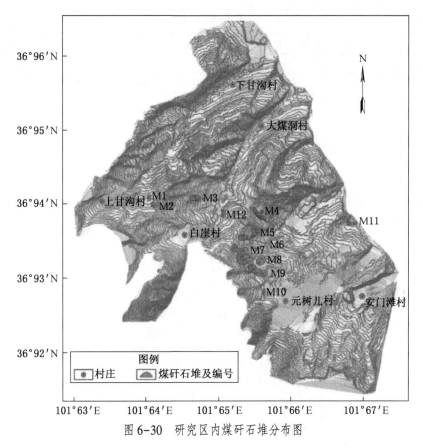

图 6-30　研究区内煤矸石堆分布图

积；M6，长约 105m、宽约 55m、平均厚度 4.5m，占地面积 606375m²，占地类型为田地，已停止堆积；M7，长约 240m、宽约 200m、平均厚度 3.5m，占地面积 48000m²，占地类型为田地，已停止堆积；M8，长约 150m、宽约 80m、平均厚度 3.5m，占地面积 12000m²，占地类型为田地，勘查期间煤矸石堆继续堆积；M11，长约 170m、宽约 75m、平均厚度 2m，占地面积 12750m²，占地类型为田地，勘查期间煤矸石堆继续堆积。除上述较大煤矸石堆对地形地貌有影响外，还有一些小型的煤矸石堆也对地形地貌有影响，煤矸石堆规模见表 6-6。

表 6-6　煤矸石堆统计表

编号	长/m	宽/m	平均厚度/m	面积/m²	体积/m³	占地类型	堆积情况	隶属煤矿
M1	50	40	3	2000	6000	田地	停止	废弃井
M2	250	130	3	750	97500	矿区	停止	废弃井
M3	570	180	5	102600	307800	田地	继续堆积	大煤洞煤矿
M4	430	65	3	27950	83850	田地	停止	废弃井
M5	160	70	6	11200	72800	田地	继续堆积	桥头镇煤矿
M6	105	55	4.5	606375	259900	田地	停止	废弃井
M7	240	200	3.5	48000	168000	田地	停止	废弃井
M8	150	80	3.5	12000	48000	田地	继续堆积	牙合煤矿
M9	360	110	4	39600	15840	田地	停止	废弃井

表6-6（续）

编号	长/m	宽/m	平均厚度/m	面积/m²	体积/m³	占地类型	堆积情况	隶属煤矿
M10	40	20	2.5	800	200	田地	停止	元树儿斜井矿
M11	170	75	2	12750	25500	田地	偶有堆积	废弃井
M12	60	40	4	2400	9600	田地	停止	废弃井

三、地面塌陷对地貌景观的影响分布特征

研究区内共有4处大型塌陷区，按其分布位置，由北向南分别为上甘沟村采空塌陷区、大煤洞村采空塌陷区、小煤洞村采空塌陷区和元树儿村采空塌陷区，采空塌陷区分布如图6-31所示。4个采空塌陷区的特征见表6-7。

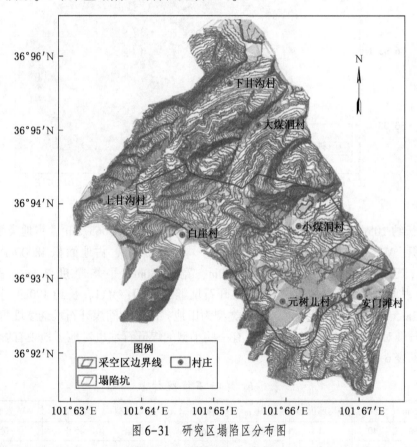

图6-31　研究区塌陷区分布图

表6-7　采空塌陷区的特征

名称	形状	长/m	宽/m	面积/m²	长轴方向/(°)
上甘沟村采空塌陷区	椭圆形	435	212	65366	319
大煤洞村采空塌陷区	椭圆形	770	400	200036	75
小煤洞村采空塌陷区	长条形	1600	650	681175	46
元树儿村采空塌陷区	椭圆形	842	330	220095	125

塌陷区最大面积可达 $1.04 \times 10^6 \mathrm{m}^2$，塌陷区均分布于采空区内部，塌陷区边缘和采空区边缘基本重合，据调查塌陷区分布位置也是采煤巷道密集或延伸部位，这足以证明塌陷区形成的原因与地下采空有直接关系，也就是说地下采空是采空区形成的主要原因之一。

第三节 采矿活动对地形地貌景观的破坏影响评价与趋势分析

一、废渣堆对地形地貌景观的破坏影响评价与趋势分析

根据调查结果，研究区内有 20 处废渣堆，主要分布在大煤洞沟、小煤洞沟及元树儿沟各煤矿矿井附近。研究区地貌类型主要为低山丘陵地貌，主要土地类型为耕地、林地、其他草地、住宅用地和工矿仓储用地，目前大面积土地已被修筑为当地村民的坡地及梯田。废渣堆随意堆弃破坏了当地原生的地形地貌景观，地形地貌景观影响程度分级见表 6-8。

表 6-8 地形地貌景观影响程度分级表

严 重	较 严 重	较 轻
1. 对原生的地形地貌景观影响和破坏程度大	1. 对原生的地形地貌景观影响和破坏程度较大	1. 对原生的地形地貌景观影响和破坏程度小
2. 对各类自然保护区、人文景观、风景旅游区、城市周围、主要交通干线两侧可视范围内地形地貌景观影响严重	2. 对各类自然保护区、人文景观、风景旅游区、城市周围、主要交通干线两侧可视范围内地形地貌景观影响较重	2. 对各类自然保护区、人文景观、风景旅游区、城市周围、主要交通干线两侧可视范围内地形地貌景观影响较轻

注：评估分级确定采取上一级别优先原则，只要有一条符合者即为该级别。

根据表 6-8 中内容结合地形地貌景观破坏调查结果，可以得出各废渣堆对地形地貌景观的破坏影响评价结果，见表 6-9。

表 6-9 废渣堆对地形地貌景观的破坏影响评价结果

序号	面积/m^2	体积/m^3	占地类型	堆积情况	破坏情况
FZ1	52500	262500	矿区	继续	严重
FZ2	2000	10000	田地	停止	轻微
FZ3	2400	9600	田地	偶有堆积	较严重
FZ4	2400	14400	田地	停止	轻微
FZ5	8000	33600	矿区	偶有堆积	较严重
FZ6	15600	46800	田地	停止	严重
FZ7	4200	14700	田地	停止	严重
FZ8	45000	675000	田地	继续	严重
FZ9	800	960	田地	停止	轻微
FZ10	3150	22050	路基	偶有堆积	较严重

表6-9（续）

序号	面积/m²	体积/m³	占地类型	堆积情况	破坏情况
FZ11	1500	10500	田地	停止	轻微
FZ12	14000	70000	田地	停止	严重
FZ13	660	6600	田地	停止	轻微
FZ14	798	5580	田地	停止	轻微
FZ15	2400	14400	田地	停止	轻微
FZ16	3042	18252	田地	停止	轻微
FZ17	50400	100800	宅基地	停止	严重
FZ18	47500	1068750	砖厂厂区	继续堆积	严重
FZ19	1400	9600	田地	停止	轻微
FZ20	1200	3600	田地	停止	轻微

二、煤矸石堆对地形地貌景观的破坏影响评价与趋势分析

根据调查结果，研究区有12处煤矸石堆，主要位于上甘沟东南部、大煤洞沟、小煤洞沟、元树儿沟西南部，煤矸石堆占地面积750~606375m²，平均占地面积72202m²，厚度2~6.0m，平均厚度3.67m，体积200~307800m³，平均体积91249m³。煤矸石堆分布于各煤矿矿井附近。煤矸石堆对地形地貌景观的破坏影响与废渣堆相似，不但破坏了当地原生的地形地貌景观，而且对田地的破坏比较严重，煤矸石弃置不用，占用大片土地。煤矸石堆在雨季易崩塌，严重者可形成滑坡砸毁房屋甚至淤塞河流造成灾害。

根据表6-7中内容结合地形地貌景观破坏调查结果，可以得出各煤矸石堆对地形地貌景观的破坏影响评价结果，见表6-10。

表6-10 煤矸石堆对地形地貌景观的破坏影响评价结果

序号	面积/m²	体积/m³	占地类型	堆积情况	破坏情况
M1	2000	6000	田地	停止	较严重
M2	750	97500	矿区	停止	轻微
M3	102600	307800	田地	继续堆积	严重
M4	27950	83850	田地	停止	严重
M5	11200	72800	田地	继续堆积	严重
M6	606375	259900	田地	停止	严重
M7	48000	168000	田地	停止	严重
M8	12000	48000	田地	继续堆积	严重
M9	39600	15840	田地	停止	严重
M10	800	200	田地	停止	轻微
M11	12750	25500	田地	偶有堆积	严重
M12	2400	9600	田地	停止	较严重

三、地面塌陷对地形地貌景观的破坏影响评价与趋势分析

由于矿山采矿方式为地下开采，因此矿区内可能遭受的地质灾害为采空塌陷。采空塌陷量和危害程度与煤层顶板岩性、煤层厚度、煤层埋深、重复采动次数、煤层倾角等因素有关。

受采空塌陷影响较大的主要是地形地貌、村庄、公路、输电线路等构筑物。矿山开采后地面变形特征以宽缓沉降盆地为主，虽然塌陷深度较浅，起伏稍陡，但是塌陷程度却不断加剧，因此，地面塌陷对矿区及区域地质地貌景观影响较严重。根据地形地貌景观破坏调查结果，可以得出各地面塌陷对地形地貌景观的破坏影响评价结果，见表6-11。

表6-11 地面塌陷对地形地貌景观的破坏影响评价结果

名称	形状	面积/m²	长轴方向/(°)	破坏情况
上甘沟村采空塌陷区	椭圆形	65366	319	严重
大煤洞村采空塌陷区	椭圆形	200036	75	严重
小煤洞村采空塌陷区	长条形	681175	46	严重
元树儿村采空塌陷区	椭圆形	220095	125	严重

第四节 矿山地质灾害综合评价

一、评价原则

以上评价和分析了采矿活动对地形地貌景观、土地资源、建筑物的影响和破坏等矿山地质环境问题。

（一）评价分区原则

以各矿山地质环境问题评价结果为基础，兼顾矿区地质环境背景，突出影响较大的矿山环境地质问题。

（二）评价分区主要参考因子

（1）已发生矿山地质灾害类型及规模、压占与破坏土地的面积及类型、采空区的影响、对建筑物的影响和破坏、对含水层的破坏、对地形地貌景观的影响和破坏、土壤破坏质量评价。

（2）矿山生态环境治理的难易程度和轻重缓急。

（3）水文地质工程地质条件、开采方式、矿山企业规模与经济形势。

（三）评价分级原则

矿山地质灾害影响评价分为3级，即严重区、较严重区和一般区。

二、评价方法

遵循评价原则并结合对灾害类型的评价结果进行综合评价，不同的地质灾害和环境影响要素在不同的评价类型中的破坏和影响等级以及严重程度不同，以影响最严重的结果作

为综合评价结论。例如，煤矸石堆对地貌景观的影响和破坏较严重，对土地压占与破坏严重，综合评价时最终评价结果为严重。

按照各要素最终评价结果的影响范围总和（总范围区域）确定调查区整体严重程度，分为严重区、较严重区和一般区。

三、矿山地质环境综合分区评述

根据现场调查，研究区共采矿活动引发的地质灾害 81 处，其中，不稳定斜坡 16 处、滑坡 11 处、地裂缝 32 条、地面塌陷 22 处；采矿活动对地形地貌景观的影响和破坏共 73 处，其中，废渣堆 20 处、煤矸石堆 12 处、废弃的老矿井 41 处；采矿活动对土地资源的影响和破坏共 73 处，其中，废渣堆 20 处、煤矸石堆 12 处、废弃的老矿井 41 处；采矿活动对建筑物的影响和破坏 84 处。

按照矿山地质灾害类型、规模等在不同评价类型中的影响程度将其归类统计，统计结果见表 6-12。

表 6-12　各灾害评价要素、评价类型及评级结果个数统计　　　　　　个

影响破坏类型		滑坡	斜坡	地面塌陷	煤矸石堆	废渣堆	废弃老矿井
对地貌景观的破坏	严重			4	8	7	
	较严重				2	3	41
	轻微				2	10	
对土地的压占和破坏	严重	3		4	5	4	
	较严重	8	5		7	16	
	较轻		3				

由统计结果及实际位置可知，上甘沟村、白崖村、小煤洞村及元树儿村西部，研究区地质灾害发育，土地资源的压占与破坏严重—较严重，地形地貌破坏严重，建筑物破坏严重，含水层破坏轻微。

（一）矿山地质环境影响较严重区

该区主要位于元树儿村以东及矿山东路附近，地质灾害较发育，土地资源的压占与破坏较严重—轻微，地形地貌破坏较严重—轻微，建筑物的影响破坏轻微，含水层破坏轻微。

（二）矿山地质环境影响一般区

其余部分为矿山地质环境影响一般区，矿山地质环境影响轻微。

第五节　环境保护设计建议与地质灾害防治监测

一、设计依据

（1）《中华人民共和国环境保护法》。

（2）《中华人民共和国城市规划法》。

（3）《建设项目环境保护管理条例》。

（4）《国务院关于环境保护若干问题的决定》。

二、环境影响评价

环境影响评价工作和治理工程活动紧密关联，它们是治理工程前期工作的一部分，治理内容由治理工程内容决定，不能只涉及治理工程活动，要密切围绕具体治理工程进行评价。工程对环境的影响是多方面的，对治理工程进行综合评价，给出工程建设对环境的总体影响及影响程度，可为工程方案选择和提出减免或改善不利影响的措施提供科学依据。

三、绿色施工

随着社会稳步前进，人们的环境保护意识越来越重。为了保证工程所在地区的环境得到有效保护，必须严格执行国家和工程所在地政府的环保政策、法律和法规，认真听取监理工程师、业主、政府环保部门的相关建议和意见，并接受其检查和监督。

（一）临时用地

施工期间要严格划定施工范围，在保证施工顺利进行的前提下，严格限制施工人员和施工机械的活动范围，尽可能缩小作业带宽度，以减少对周边交通和群众生产、生活的影响；施工结束后，及时清理现场，使之尽快恢复原状，将施工对生态环境的影响降低到最低程度。

施工场地清理出来后，对场地进行平整，修建施工便道、材料堆放场、工棚、厨房、洗澡房、厕所及化粪池、下水道等，然后对办公区施工场地进行围栏隔离。

（二）施工设备及施工方法的噪声

严格执行《建筑施工机械与设备　噪声测量方法及限值》（JB/T 13712—2019）标准，根据施工场地周围的环境情况，减少夜间作业，避免灯光、噪声及震动等对周围村民的惊扰。

防止噪声的措施如下：

（1）进行机械防音处理，设置防音外壳、消音装置。

（2）注意机械设备检查和操作。

（3）在音源配置方面进行详细研究，选择合理的机械配备。

（4）配置隔音设施。

防止震动的保护措施如下：

（1）采取震动较小的施工措施和配备震动小的机械。

（2）安装橡胶、空气垫层等防震装置。

（3）适当选择机械的配置地点。

（三）施工中的污染物处理

妥善处理施工期间产生的各类污染物，对产生的固体废物和生活垃圾要集中处理，不能随便遗弃在野外。设置专门的废物堆放场地，固体废物要挖坑堆积，施工结束后进行妥善处理，防止其对重点地段的生态环境造成污染，特别是对河流水体及土壤产生影响。

防止水质污染的保护措施如下：

（1）施工废水、废气、废油、生活污水、垃圾，不得排入耕地、河流、灌溉渠；污水经处理池净化处理后再排放。

（2）油类、油脂类、汽油和其他燃料如果没有监理工程师同意，必须储存在距离河流50m外的地方。在装卸和加油过程中，不得污染地面及水源。

（3）除了指定的料场，未经当地有关部门许可，施工中不能随意向水沟内倾倒废物。

（4）施工结束后，要尽快完善区域的绿化工程，最大限度地减少对环境的影响和危害。

（5）施工期间保持工地清洁，施工便道经常洒水以控制扬尘；严禁在施工现场焚烧有毒、有害物质，避免有毒、有害气体污染大气；水泥砂浆要随拌随用，严禁将砂浆任意抛洒和拌后不用；运渣车、运料车的洒落物要及时清理；场地使用一段时间后，产生凹凸不平，要及时平整，防止积水使场地泥泞不堪。

（6）对生活区周边环境的保护：

①开工前进行环境保护理论知识学习，增强环保意识，形成良好的环保习惯，施工中对生态环境的损伤采取有效措施，使损伤降至最低程度。

②场地清理物，如表土、草皮、树木、树墩、树根、灌木和垃圾等应运到指定地点废弃，不得妨碍施工及环境保护。

③砂料、碎石料运输车辆不能装载过满，或运输车加盖，要防止用料沿途抛洒。

④合理布置施工场地，生产、生活设施尽量布置在征地线以内，少占或不占耕地，尽量不破坏原有植被，保护自然环境。

⑤生活区应修建必要的临时排水渠道，并与永久性排水设施相接，不致引起淤积冲刷。

⑥不得随意砍伐树木，乱烧火堆。

第六节　矿山地质环境监测建议及评价分析

一、矿山地质环境监测管理建议

（1）建立环境管理体制，设人员对环境进行巡查，将环境管理落实到各工序和各班组。

（2）环境监测工作主要有：植被破坏是否控制在征地范围内；弃渣是否进入弃渣场；固体垃圾是否按要求堆放；施工完成后的场地恢复。

二、地质灾害防治监测建议

地质灾害稳定程度关系到矿区采空区治理工程的顺利实施以及矿区居民和耕地的安全，必须建立完善的监测及预警机制。地质灾害防治监测包括施工安全监测、防治效果监测和动态长期监测，应以施工安全监测和防治效果监测为主，所布网点应可供长期监测利用。施工期间，监测结果应作为判断滑坡稳定状态、指导施工、反馈设计和防治效果检验的重要依据。建立地表监测网，地质灾害监测方法确定、仪器选择，既要考虑滑坡体的变形动态，又要考虑仪器维护方便和节省投资。滑坡监测系统包括仪器安装，数据采集、传输和存储，数据处理，预测预报等。

三、地质灾害评价分析

本章分析了大通煤矿存在的地质灾害类型、分布、发展趋势及危害等，在区域内共发现主要地质灾害 81 处，灾害类型分别为不稳定斜坡、滑坡、地面塌陷、地裂缝。其中不稳定斜坡 16 处，占地质灾害总数的 19.75%；滑坡 11 处，占地质灾害总数的 13.58%；地面塌陷 22 处，占地质灾害总数的 27.16%；地裂缝 32 处，占地质灾害总数的 39.51%。

根据地质灾害现状、地质环境条件、灾害诱发因素和人类活动程度 4 类主要评价因子，对区域内的不稳定斜坡进行分析。区域内的滑坡，大煤洞垭豁岭滑坡、桥头镇煤矿滑坡、元树儿立井矿滑坡、小煤洞油库滑坡、元树儿黏土场滑坡等处于不稳定状态，元树儿滑坡处于欠稳定状态。

经过实地调查，可知小煤洞—大煤洞一带滑坡、不稳定斜坡都是由于采空区地面塌陷诱发的，元树儿—安门滩一带斜坡都是由于斜坡坡脚开挖取土或拓展建筑场地诱发的，上下甘沟村一带斜坡也是由于在斜坡坡脚开挖取土或拓展建筑场地诱发的。

研究区有废渣堆 20 处，煤矸石堆 12 处，废弃老矿井 41 处，塌陷区 4 处。废渣堆主要分布在大煤洞沟、小煤洞沟及元树儿沟地区，煤矸石堆主要分布在上甘沟东南部、大煤洞沟、小煤洞沟、元树儿沟西南处。采矿活动对建筑物的影响和破坏非常严重，区域内房屋普遍开裂变形的共 1033 户，受灾人数达到 4863 人，房屋变形共 7189 间。

第七章　大通煤矿沉陷区土地平整设计

随着城镇化建设进程的加快，大通煤矿所处地已发展成为重要城镇。大量开采煤炭资源，城镇周边地面沉陷区逐渐显现并持续恶化，进而形成大面积沉陷区。长期大量的开采，形成了采空巷道和大面积的地下采空硐室，矿区地面沉陷十分严重。研究区地处青藏高原和黄土高原的过渡地带，生态脆弱，地表土壤质地松散，易发生地质灾害进而破坏城镇市政管网系统。

为了改善大通煤矿开采后的地质环境问题，推进重点地区矿山地质环境治理工作发展，对大通煤矿沉陷区村庄搬迁区进行土地平整设计治理，对平整土地还林耕作，实现农业生产规模的增加并提高农产值，有效增加耕地面积。

第一节　土地利用现状分析

一、土地利用结构

大通矿区土地规划平整区域含 2 块采矿用地、2 块裸地和元树儿村拆迁宅基地，面积不等、大小不一、分布不均，大部分整修道路主要集中在拆迁区内。因此，综合考虑耕地、田间道路和农田水利用地，合理布置平整新增耕地位置。区域土地利用现状、利用类型如图 7-1、图 7-2 所示，土地利用情况见表 7-1。

表 7-1　土地利用情况

土地分类		元树儿村			
一类地	二类地	总面积/hm²	占总面积的比例/%	建设规模面积/hm²	不动工面积/hm²
耕地	旱地	0.77	1.62	0.50	0.27
	小计	0.77	1.62	0.50	0.27
渣石山用地	采矿用地	1.07	2.27	0.27	0.80
	小计	1.07	2.27	0.27	0.80
住宅用地	农村宅基地	40.50	85.47	38.58	1.92
	小计	40.50	85.47	38.58	1.92
交通运输用地	农村道路	3.22	6.81	3.17	0.06
	小计	3.22	6.81	3.17	0.06
其他土地	裸地	1.82	3.84	1.82	0
	小计	1.82	3.84	1.82	0
合计		47.38	100.00	44.34	3.05

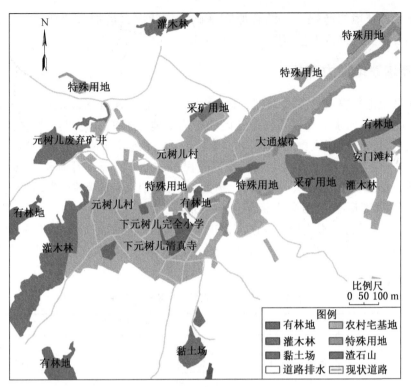

图 7-1　土地利用现状

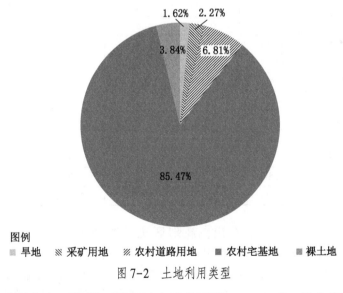

图 7-2　土地利用类型

根据全国土地调查变更数据，研究区土地总面积 47.38hm²，其中建设规模动工面积 44.34hm²，主要构成为耕地（旱地）0.5hm²、工矿仓储用地（采矿用地）0.27hm²、住宅用地（农村宅基地）38.58hm²、交通运输用地（农村道路）3.17hm²、其他土地（裸地）1.82hm²。

大通矿区土地平整设计明确，平整后土地利用布局即为农用地布局。根据研究区的自然环境、经济社会发展需要，因地制宜，确定整理后的土地以农用地为主。在提高土地利用率、改善生态环境的前提下，结合原有基础设施状况，增加农业耕地面积，采用田、路、水相结合的方式进行工程布置。

二、新增耕地潜力分析

大通矿区土地平整设计主要对搬迁区土地进行平整，搬迁区总面积47.38hm²，其中建设面积44.34hm²，涉及元树儿村搬迁区农村宅基地、采矿用地和裸地。搬迁区农村宅基地范围较广，占地面积大，总面积40.50hm²，采矿用地有2块，总面积1.07hm²。元树儿村砖厂不进行土地平整，农村宅基地动工面积38.58hm²，采矿用地动工面积0.27hm²。裸地有2块，总面积1.82hm²，一块为元树儿村西南侧已治理滑坡，滑坡原为黏土采场，滑坡采用挡墙治理后前缘因黏土板结，土地荒废，面积15252.68m²；另一块裸地面积2941.65m²，全部进行工程治理。大通煤矿土地平整区地势西高东低，平整范围不规则且组成分散，通过挖高填低的平整方式将坡地改为坡式梯田。研究区土地利用结构调整情况见表7-2。

表7-2　研究区土地利用结构调整情况

土地分类		建 设 规 模					
		整理前		整理后		增减量	
一类地	二类地	面积/hm²	比例/%	面积/hm²	比例/%	面积/hm²	比例/%
耕地	旱地	0.50	1.12	40.36	91.02	39.86	89.90
	小计	0.50	1.12	40.36	91.02	39.86	89.90
渣石山用地	采矿用地	0.27	0.62	0	0	-0.27	-0.62
	小计	0.27	0.62	0	0	-0.27	-0.62
住宅用地	农村宅基地	38.58	87.01	0	0	-38.58	-87.01
	小计	38.58	87.01	0	0	-38.58	-87.01
交通运输用地	农村道路	3.17	7.15	3.26	7.35	0.09	0.20
	小计	3.17	7.15	3.26	7.35	0.09	0.20
水域及水利设施用地	沟渠	0	0	0.72	1.63	0.72	1.63
	小计	0	0	0.72	1.63	0.72	1.63
其他土地	裸土地	1.82	4.10	0	0	-1.82	-4.10
	小计	1.82	4.10	0	0	-1.82	-4.10
合计		44.34	100.00	44.34	100.00	0	0

由规划整理前后对比可以看出：规划区土地整理规模44.34hm²，其中，耕地40.36hm²、工矿仓储用地0hm²、住宅用地0hm²、交通运输用地3.26hm²、水域及水利设施用地0.72hm²。整理后，农村宅基地减少38.58hm²，耕地面积增加39.86hm²，农村道路、农田水利用地增加0.81hm²。通过综合整治，改善了区域农田基础设施和交通条件，合理利用了水土资源，提高了土地生产力，工程技术可行、经济合理，达到社会、经济和生态效益协调统一。

三、水土资源平衡分析

研究区水资源主要包括降雨径流和地下水资源两部分。

（一）地表径流量

由相关资料可知，规划区土地面积为 11148.15 亩，规划区多年平均天然径流深度为 320mm，每年降雨形成的径流量达到 $2.38×10^6 m^3$。

（二）现有水利工程灌溉能力分析

规划区灌溉水源主要由地表径流、地下水资源及水库供水 3 部分构成，合计总量为 $1.56×10^6 m^3$。其中，可用年地表径流 $1.19×10^6 m^3$。地下水资源有 $4×10^3 m^3$，但因其分散且动态不稳定，利用率低，难以被农业利用。规划区原有过境河流、水库、蓄水池、塘堰供水，一般年份可提供水量约 $3.7×10^5 m^3$。川河地处青藏高原东北部，是黄土高原和青藏高原的过渡带，属于典型的高原大陆性气候，气温低而寒冷，昼夜温差大，流域内雨量丰沛，年降水量在 400~650mm 之间，仅次于祁连山东段和久治一带，相应蒸发量较小，年蒸发量 1273mm。由于流域地处祁连山和达坂山东南侧，位置偏北，西风带过境频繁，在盛夏季节受东南季风和西南气候影响，水气较充沛。同时近地层气温较高，常使大气低层处于不稳定状态，促使热力对流的形成。降水量随季节变化显著，暖季降水充沛，6—9 月集中了全年降水量的 70% 以上，冷季降水稀少。降水多而集中为森林植被的生长和发育创造了条件。

根据大通县气象站资料统计，年平均气温 2.8℃，最高气温 29.3℃，最低气温 −33.1℃，多年平均地温 5.7℃；多年平均降水量 513.8mm，多年平均日雨量大于 10mm 的降雨天数为 13.7d，一日最大降水量 78.8mm（1967 年 8 月 2 日），一月最多降水量 252.3mm（1967 年 8 月）；多年平均蒸发量 940.3mm（E601 蒸发器）；相对湿度 66%，最大积雪深度 21cm；平均风速 2.1m/s，最大风速 17.0m/s，多年平均大风日数 14d；最大冻土深度 137cm，无霜期 96d。大通县气象站气象资料统计见表 7-3。

表7-3　大通县气象站气象资料统计表

项　目	数　值	项　目	数　值
多年平均气温/℃	2.8	多年平均风速/(m·s^{-1})	2.1
极端最高气温/℃	29.3	年最大风速/(m·s^{-1})	17
极端最低气温/℃	−33.1	多年平均蒸发量/mm	1273
多年平均降水量/mm	513.8	日照时间/h	2590.5

由水土资源分析可知，规划设计实施后，会对现有水利工程进行整合治理，并维修和新建一定的工程措施，用来增加蓄水量保证足够的灌溉用水，使水土资源供需达到平衡状态。

第二节　土地整理规划设计

一、项目设计目标、原则和依据

（一）目标

在完成矿山地质环境勘测的基础上，按照统筹安排、突出重点、全面整治、因地制宜的原则，实施大通县重点采煤沉陷区矿山地质灾害治理工程，使沉陷区搬迁土地资源得以修复和综合利用，提升土地资源利用率，减少人地矛盾。突出该背景下的土地利用价值，奠定高原绿色矿山、高原现代化生态农业基地的基础；消除和减轻矿山地质灾害、恢复弃渣压占破坏污染土地，实现对青海矿山地质环境治理工作的引领和示范作用。

（二）原则

（1）项目实施安全、经济、科学协调的原则。

（2）综合治理，全面规划，根据环境要求、灾害规模大小，采取"宜桩则桩、宜墙则墙、宜林则林"精准施策的原则。

（3）治理工程与城市环境美化工程相结合的原则。

（4）动态设计、信息化施工的原则。

（三）文件依据

（1）《全国生态环境保护纲要》（国发〔2000〕38号）。

（2）《土壤污染防治行动计划》（国发〔2016〕31号）。

（3）《关于加快推进采煤沉陷区综合治理的意见》（国办发〔2016〕102号）。

（4）《关于加强分类引导培育资源型城市转型发展新动能的指导意见》（发改振兴〔2017〕52号）。

（5）《关于组织申报2019年重点采煤沉陷区综合治理项目的通知》。

（6）《国家发展改革委关于下达采煤沉陷区综合治理专项2019年中央预算内投资计划（第一批）的通知》（发改投资〔2018〕1740号）。

（7）《国家发展改革委关于抓紧编制上报2020年度资源型地区转型发展中央预算内投资计划的通知》。

（8）《青海省发展和改革委员会关于下达西宁市大通县重点采煤沉陷区综合治理项目2019年中央预算内投资计划的通知》（青发改投资〔2018〕742号）。

（四）相关法律、法规、规范

（1）《中华人民共和国矿产资源法》。

（2）《中华人民共和国土地管理法》。

（3）《中华人民共和国水土保持法》。

（4）《中华人民共和国环境保护法》。

（5）《青海省地质灾害防治规划》。

（6）《地质灾害防治条例》。

（7）《矿山地质环境保护与恢复治理方案编制规范》（DZ/T 0223—2011）。

（8）《农田土壤环境质量监测技术规范》（NY/T 395—2012）。

（9）《耕地地力调查与质量评价技术规程》（NY/T 1634—2008）。

（10）《综合工程地质图图例及色标》（GB/T 12328—1990）。

（11）《土地利用现状分类》（GB/T 21010—2017）。

（12）《砌石坝设计规范》（SL 25—2006）。

（13）《防洪标准》（GB 50201—2014）。

（14）《建筑边坡工程技术规范》（GB 50330—2013）。

（15）《滑坡防治工程设计与施工技术规范》（DZ/T 0219—2006）。

（16）《滑坡防治工程勘查规范》（DZ/T 0218—2006）。

（17）《建筑边坡工程技术规范》（GB 50330—2013）。

（18）《混凝土结构设计规范》（GB 50010—2010）。

（19）《砌体结构设计规范》（GB 50003—2011）。

（20）《建筑抗震设计规范》（GB 50011—2010)(2016 年版）。

（21）《建筑地基基础设计规范》（GB 50007—2011）。

（22）《建筑地基处理技术规范》（JGJ 79—2012）。

（23）《湿陷性黄土地区建筑标准》（GB 50025—2018）。

（24）《边坡喷播绿化工程技术标准》（CJJT 292—2018）。

（25）《岩土工程勘察规范》（GB 50021—2001)(2009 年版）。

（26）《工程地质手册》（第五版）。

（27）《建筑变形测量规范》（JGJ 8—2016）。

（28）《崩塌、滑坡、泥石流监测规程》（DT/T 0223—2004）。

（五）相关技术资料

（1）《青海省西宁市大通煤矿地质环境治理示范工程》。

（2）《青海省西宁市大通县重点采煤沉陷区综合治理工程实施方案》。

（3）《青海省西宁市大通县重点采煤沉陷区矿山地质灾害治理工程可行性研究报告》。

（4）《青海省西宁市大通县重点采煤沉陷区矿山地质灾害治理工程勘查报告》。

（5）与项目有关的其他相关法规政策、规范及资料。

第三节　总　体　布　局

一、土地利用规划布局

大通煤矿沉陷区规划平整的土地面积大小不一，范围不规则，分布较零散。根据区域周边实际地形情况、道路系统布置情况以及当地农业耕作习惯，土地平整区域基本以田间道路为界进行划分，A 地整治区、B 地整治区、C 地整治区，1 号渣石山、2 号渣石山，取土场以及林地山地等。平整耕地总面积为 40.53hm²，平整方式为坡式梯田，具体规划如图 7-3 所示。

二、工程布局

大通煤矿沉陷区土地平整工程的主要对象为搬迁区农村宅基地，通过田、水、路综合整治，改善农田基础设施和交通条件，合理利用水土资源，规划土地平整工程、渣石山治理工程，优化工程设计，提高土地生产力，工程技术可行、经济合理，达到社会、经济和生态效益协调统一。治理区域主要为 A 地整治区 1 号、2 号、3 号地块，B 地整治区 4 号—15 号地块，C 地整治区 16 号—28 号地块，290 块平整方式主要为坡式梯田，土地平整设计布置如图 7-4 所示、土地平整规则见表 7-4。

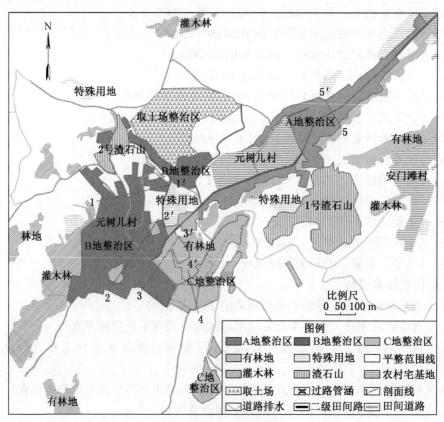

图7-3　土地整理规划图

表7-4　土 地 平 整 规 划 表

平整区域		地形坡度/(°)	田块平均长度/m	田块平均宽度/m	面积/hm²	田块分区/块
A地整治区	1号地块	9~25	80.79	14.68	4.69	41
	2号地块	4~25	74.12	20.38	5.83	41
	3号地块	6~13	73.49	19.83	0.32	2
B地整治区	4号地块	3~25	63.46	13.96	2.98	30
	5号地块	13~18	54.34	13.96	0.12	2
	6号地块	0~5	73.22	25.57	0.40	2
	7号地块	5~18	64.61	32.72	0.29	2
	8号地块	10~25	93.10	17.19	3.70	25
	9号地块	4~21	67.41	15.23	3.01	29
	10号地块	7~15	68.78	25.66	2.12	13
	11号地块	7~10	84.65	20.87	2.80	15
	12号地块	10~25	108.39	24.23	1.67	7
	13号地块	0~8	40.05	20.66	0.16	2
	14号地块	2~10	52.33	25.40	0.54	5
	15号地块	5~9	70.45	24.06	1.91	12

表7-4（续）

平整区域		地形坡度/(°)	田块平均长度/m	田块平均宽度/m	面积/hm²	田块分区/块
C地整治区	16号地块	2~7	36.94	20.18	0.32	4
	17号地块	0~6	45.00	31.25	0.46	3
	18号地块	3~8	72.72	26.43	1.88	8
	19号地块	0~7	22.11	13.36	0.03	1
	20号地块	0~5	69.60	27.24	0.61	4
	21号地块	2~19	60.04	21.95	2.68	19
	22号地块	5~10	104.16	20.26	0.92	5
	23号地块	4~13	98.86	18.88	0.77	5
	24号地块	5~25	35.11	13.75	0.08	2
	25号地块	8~12	119.15	18.45	0.23	1
	26号地块	7~12	97.83	19.87	0.19	1
	27号地块	8~11	55.57	17.90	0.29	3
	28号地块	0~20	91.53	31.34	1.53	5
合计/平均		0~25	70.63	21.26	40.53	289

图7-4　土地平整设计布置图

第四节 土地平整工程设计

一、搬迁区建筑物基础拆除

土地平整期内搬迁住户 708 户，按照每户 $100m^2$ 进行建筑物基础拆除，按照 0.2m 厚度对 $36300m^2$ 进户硬化道路及混凝土地面进行拆除。建筑物拆除量 $2.27×10^4m^3$，道路拆除量 $7260m^3$。拆除后对建筑垃圾进行就地掩埋，掩埋量 $4.27×10^4m^3$。具体建筑物拆迁掩埋工程量见表 7-5。

表7-5　建筑物拆迁掩埋工程量

项目类别	建筑物基础拆除	道路混凝土拆除	建筑垃圾就地掩埋
工程量/m³	22688	7260	42660

二、土地平整原则

（1）综合考虑区域实际地形、地貌、田块平整度、作业机械类型等因素，因地制宜地确定田块布置方案及土地平整方式。

（2）梯田布设按照"等高不等宽、大弯随弯、小弯取直"的原则，大致沿等高线修筑，原则上田面宽度根据坡度分级取不同数值，边角地带可以随地形规划为不规则田块，坡度大于 25° 的坡地不进行整理。

（3）土地平整高程上不做统一要求，因地制宜，灵活合理布置。

（4）根据区域土地利用现状，因地制宜地确定典型田块设计方式。计算典型田块土地平整工程量，从而推算整个平整区域土地平整工程量。

（5）新增耕地平整时严格按照规划设计要求，全土层厚度一定要满足规范规定，耕作层土层厚度不小于 30cm，土层中岩石碎屑及侵入体含量要低于 10%，以达到耕作、保水、保土、保肥、适宜农作物生长的目标。

三、土地整理工程设计

（一）地面坡改梯田

地面坡改梯田的主要平整设计是水土保持、保护土地肥力与周边生态环境。设计内容主要包括平整梯田工程设计、田坎设计、地力培肥。

（1）梯田平整：将坡面平缓、岩层呈现水平状态、原地较宽的坡地，应以原有自然坡面为基础，分平台放线；原坡面起伏不明显、坡度较大、地貌容易破碎，动用土石方量较大的坡地，应沿等高线放线，定台位。

（2）平台面坡度、平整度：对耕地的平整治理应适当降坡，并结合规划进行设计。坡度 5° 以上、15° 以下宜整理成水平梯田，坡度 15° 以上、25° 以下坡面的耕地可以整理成水平梯田和坡式梯田，坡式梯田设计台面坡度应小于 10°。梯田田面局部起伏高差在 10 ~ 15cm 范围内，田面长方向保留 1/300 ~ 1/500 的比降，以利于排水，预留排水口与坡面水系相通。

（3）土层厚度：平整后的土层应具有较好的保湿和保肥能力，以适宜农作物生长，耕作层厚度应达到25cm以上，土层厚度应达到50cm以上。

（4）表土剥离、回填：宜选取耕作层厚度20~30cm进行表土剥离，整个田块不应全部剥离，在田面平衡高程处可不剥离。在田块平整中，将原耕作土层用于回填。

（5）田块长度和宽度：由地形、土壤、农业机械作业方式和作物种类等因素综合考虑后确定。

（6）土地平整：平整田块应最大限度地降低平整土方量。在实施过程中应尽量使挖、填土方量达到平衡，使总平整土方量最小。此外，为了确保虚土沉实后达到田面的标准要求，必须考虑虚高。

大通煤矿沉陷区土地平整规划设计1-1′剖面，剖切方向正北80.2°，剖切跨度623.4m，剖切B地整治区，中间经过3条乡村道路，中间剖切线经过外缘山地及元树儿村居民区，地势相对较陡；岩层构造主要由地表第四系风积黄土（Q_4^{eol}）和二叠纪砂岩、泥岩（J_3nx）组成。平整规划设计1-1′剖面经过8号地块3阶梯田、9号地块2阶梯田、12号地块4阶梯田、14号地块3阶梯田，地块被中间乡村道路分界。平整后梯田治理主要为耕种农作物。1-1′地质剖面如图7-5所示，1-1′平整治理如图7-6所示。1-1′剖面土地平整情况见表7-6。

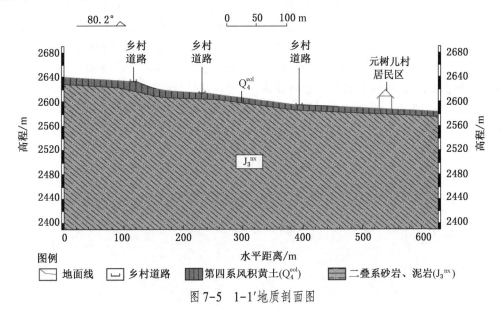

图7-5　1-1′地质剖面图

表7-6　1-1′剖面土地平整表

平整区域	地形坡度/(°)	田面平均长度/m	田面平均宽度/m	面积/hm²	田块分区/块
8号地块	10~25	93.10	17.19	3.70	25
9号地块	4~21	67.41	15.23	3.01	29
12号地块	10~25	108.39	24.23	1.67	7
14号地块	2~10	52.33	25.40	0.54	5

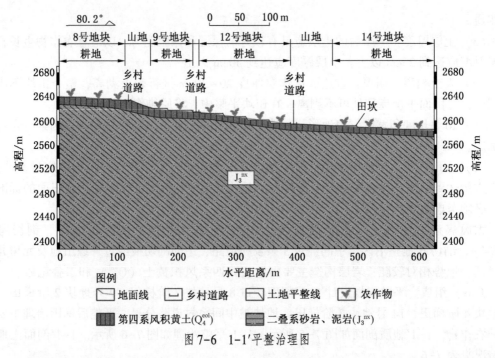

图 7-6　1-1′平整治理图

大通煤矿沉陷区土地平整规划设计 2-2′剖面，剖切方向正北 31.3°，剖切跨度 825.5m，剖切 B 地整治区，中间经过 2 条乡村道路穿过元树儿村居民区，地势相对平缓；岩层构造主要由地表第四系风积黄土（Q_4^{eol}）和二叠纪砂岩、泥岩（J_3nx）组成。平整规划设计 2-2′剖面经过 10 号地块中间林地和 4 阶梯田、11 号地块 5 阶梯田、15 号地块中间林地和 5 阶梯田，地块被中间乡村道路分界。平整后梯田治理主要为耕种农作物。2-2′地质剖面如图 7-7 所示，平整治理如图 7-8 所示。2-2′剖面土地平整情况见表 7-7。

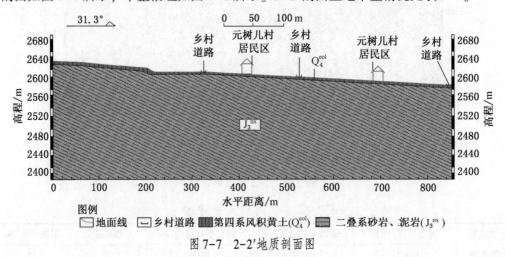

图 7-7　2-2′地质剖面图

大通煤矿沉陷区土地平整规划设计 3-3′剖面，剖切方向正北 30.5°，剖切跨度 600.4m，剖切 B 地整治区和 C 地整治区中间经过 2 条乡村道路，穿过元树儿村居民区地势相对平缓；岩层构造主要由地表第四系风积黄土（Q_4^{eol}）和二叠纪砂岩、泥岩（J_3nx）组成。平整规划设计 3-3′剖面经过 10 号地块 6 阶梯田、18 号地块 5 阶梯田，地块被中间

表7-7 2-2′剖面平整表

平整区域	地形坡度/(°)	田面平均长度/m	田面平均宽度/m	面积/hm²	田块分区/块
10号地块	7~15	68.78	25.66	2.12	13
11号地块	7~10	84.65	20.87	2.80	15
15号地块	5~9	70.45	24.06	1.91	12
10号地块	7~15	68.78	25.66	2.12	13

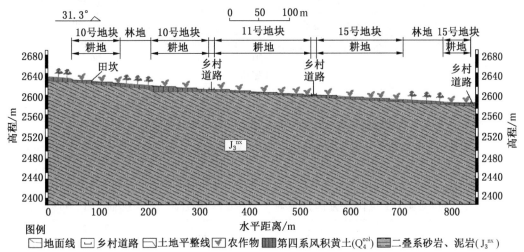

图7-8 2-2′平整治理图

乡村道路分界。平整后梯田治理主要为耕种农作物。3-3′地质剖面如图7-9所示，3-3′平整治理如图7-10所示，3-3′剖面土地平整情况见表7-8。

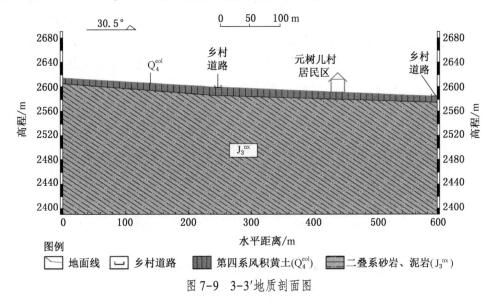

图7-9 3-3′地质剖面图

大通煤矿沉陷区土地平整规划设计4-4′剖面，剖切方向正北156.2°，剖切跨度

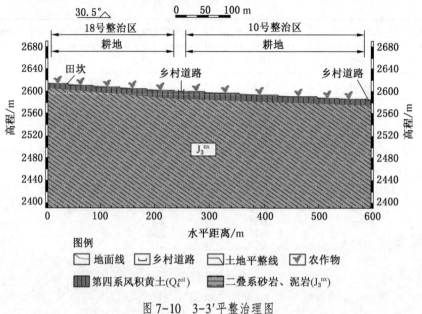

图7-10　3-3′平整治理图

表7-8　3-3′剖面平整表

平整区域	地形坡度/(°)	田面平均长度/m	田面平均宽度/m	面积/hm²	田块分区/块
10 号地块	7~15	7~15	7~15	7~15	7~15
18 号地块	3~8	72.72	26.43	1.88	28.22

600.0m，中间经过3条乡村道路，穿过元树儿村居民区和林地，居民区地势相对平缓；岩层构造主要由地表第四系风积黄土（Q_4^{eol}）和二叠纪砂岩、泥岩（J_3nx）组成。平整规划设计4-4′剖面经过20号地块2阶梯田、23号地块3阶梯田，22号地块剖切位置相对平坦为1阶梯田，地块被中间乡村道路分界。平整后梯田治理主要为耕种农作物。4-4′地质剖面如图7-11所示。4-4′平整治理如图7-12所示，4-4′剖面土地平整情况见表7-9。

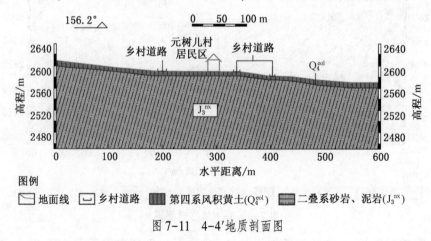

图7-11　4-4′地质剖面图

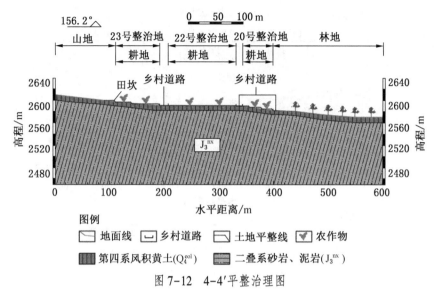

图7-12　4-4′平整治理图

表7-9　4-4′剖面平整表

平整区域	地形坡度/(°)	田面平均长度/m	田面平均宽度/m	面积/hm²	田块分区/块
20 号地块	0~5	69.60	27.24	0.61	9.13
22 号地块	5~10	104.16	20.26	0.92	13.85
23 号地块	4~13	98.86	18.88	0.77	11.49

　　大通煤矿沉陷区土地平整规划设计 5-5′剖面，剖切方向正北 318.3°，剖切跨度 485.4m，剖切 A 地整治区，中间经过 1 条乡村道路，穿过元树儿村居民区及林地和周边山地，居民区地势相对平缓；岩层构造主要由地表第四系风积黄土（Q_4^{eol}）和白垩纪砂岩、泥岩（k_3hk）组成。平整规划设计 5-5′剖面经过 1 号地块 2 阶梯田，2 号地块剖切位置相对平坦为 1 阶梯田，地块被中间乡村道路分界。平整后梯田治理主要为耕种农作物。5-5′地质剖面如图 7-13 所示，5-5′平整治理如图 7-14 所示，5-5′剖面土地平整情况见表7-10。

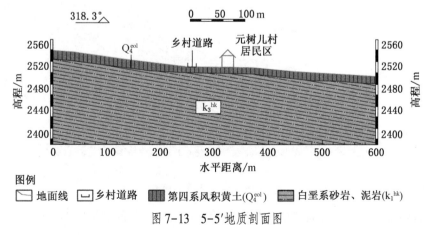

图7-13　5-5′地质剖面图

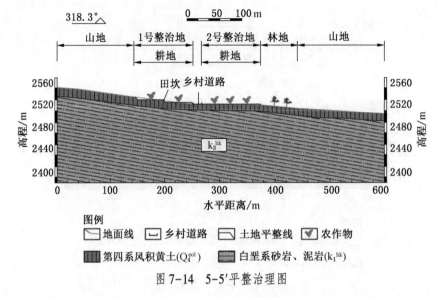

图 7-14　5-5′平整治理图

表 7-10　5-5′剖面平整表

平整区域	地形坡度/(°)	田面平均长度/m	田面平均宽度/m	面积/hm²	田块分区/块
1 号地块	9~25	80.79	14.68	4.69	70.32
2 号地块	4~25	74.12	20.38	5.83	87.44

（二）田块布置

依据土方量少、用工省、占地少、耕作方便的原则，根据大通煤矿沉陷区地形条件，结合道路系统布置、农田防护布置及农作物种植要求，确定田块的设计参数，梯田设计示意如图 7-15 所示。

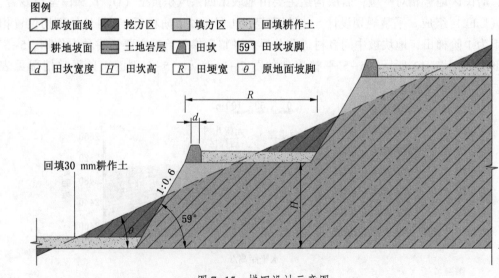

图 7-15　梯田设计示意图

（1）田块形状：根据大通煤矿沉陷区现状，将田块形状规划为矩形，少数为梯形，部分田块由于地形限制可以根据实际情况确定。

（2）田块方向：根据地形限制和农户的耕作习惯，梯田按"等高不等宽、大弯随弯、小弯取直"的原则，大致沿等高线修筑，地面坡度大的区域宽度较窄，地面坡度小的区域宽度较宽。

（3）田块参数：根据实际地形，平整规划后的田面高程范围为2444～2610m。确定坡式梯田平均长度为22～120m、平均宽度为13～33m。

（4）田面平整度：应满足适种作物的灌溉、排水要求。田面高差初次机械平整应小于±10cm，人工平整应小于±5cm，在耕作过程中平整田面高差应小于±3cm。

（5）田面坡度：根据表7-11中的分级，确定平整时梯田田块坡度分级。大通煤矿沉陷区设计地形坡度越小，田块规划长度及宽度越大；设计地形坡度越大，田块规划长度及宽度越小。

表7-11　梯田田面坡度分级表

坡度分级	坡度/(°)	田块长度/m	田块宽度/m
一级	0～10	90～120	15～30
二级	10～15	80～100	10～20
三级	15～20	50～80	5～15
四级	20～25	30～50	3～10

（6）田埂设计：根据田块分区及实际耕作需要，设计修筑土质田埂，田埂断面形式为梯形，顶宽0.3m，高出地面0.3m，内外坡比为1∶1。

（7）田坎设计：田坎布置与梯田田面设计相结合，以田坎稳定且少占耕地为原则，田坎高度一般小于或等于3m。此次地块设计的田坎高度在0.5～2.8m之间，田坎侧坡的坡度为1∶0.6。

（三）典型地块设计

按照典型区域面积不小于建设规模5%的原则对较完整的地块进行典型地块设计。根据表7-12中的土地平整规划，选取4号地块和9号地块作为典型地块进行土地平整计算，总面积为5.82hm²，占建设规模的13.12%。4号地块地形较复杂，缓坡坡度在3°～10°之间，陡坡坡度在10°～25°之间，划分为30个分区田块，田块平均长度为69.08m，平均宽度为14.87m。9号地块地形较规整，缓坡坡度在4°～8°之间，陡坡坡度在15°～21°之间，划分为29个分区田块，田块平均长度为67.08m，平均宽度为15.19m。根据实际地形情况及田面设计要求设计比降在1/200～1/300之间。

表7-12　典型地块土地平整规划表

平整区域	地形坡度/(°)	田面平均长度/m	田面平均宽度/m	面积/m²	田块分区/块
4号地块	0～10	82.38	20.09	10035.81	6
	10～15	82.81	15.22	3817.35	3
	15～20	61.47	13.49	8334.91	10
	20～25	49.67	10.69	5880.07	11
小计/平均	—	69.08	14.87	28068.14	30

表 7-12（续）

平整区域	地形坡度/(°)	田面平均长度/m	田面平均宽度/m	面积/m²	田块分区/块
9 号地块	0~10	73.31	19.05	15307.37	11
	10~15	64.74	14.95	6801.32	7
	15~20	63.20	11.58	8012.55	11
小计/平均	—	67.08	15.19	30121.24	29

四、土方计算

通过方格网法计算梯田田块平整土方量。计算原则为在挖填平衡的前提下，保证挖填土方量最小。计算得出挖填位置、面积、挖填土方量后，对挖土的利用、堆放和填土进行综合协调处理，保证土方运输量和土方运输成本最低。

（一）计算方法

（1）田面设计高程依据现场实际地形推算。

（2）计算场地各个角点的施工高度。施工高度为角点设计地面标高与自然地面标高之差，是以角点设计标高为基准的挖方或填方的施工高度。各方格角点的施工高度按式（7-1）计算：

$$h_n = H_n n - H \tag{7-1}$$

式中　h_n——方格角点施工高度即填挖高度（"+"为填，"−"为挖），m；

　　　n——方格角点编号；

　　　H_n——方格角点设计高程；

　　　H——方格角点原地面高程。

（3）计算"零点"位置，确定零线。方格边线一端施工高程为"+"，若另一端为"−"，则沿其边线必然有一个不挖不填的点，即"零点"（图 7-16）。

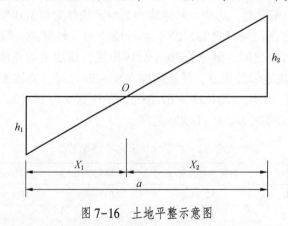

图 7-16　土地平整示意图

零点位置按式（7-2）、式（7-3）计算：

$$X_1 = \frac{ah_1}{h_1 + h_2} \tag{7-2}$$

式中　X_1——方格角点至零点的距离，m；

$\quad h_1$、h_2——相邻两角点的施工高度（均用绝对值），m；

$\quad a$——方格网边长，m。

$$X_2 = \frac{ah_2}{h_1 + h_2} \qquad\qquad (7\text{-}3)$$

式中　X_2——方格角点至零点的距离。

（4）计算方格土方工程量。

按方格底面积图形和表 7-13 中的计算公式，逐格计算每个方格内的挖填方量。

（5）计算土方总量。将挖方区（或填方区）所有方格的土方量和边坡土方量进行汇总，即可得到该场地挖方和填方的总土方量。

（6）田埂土方计算。田埂断面形式为梯形，顶宽 30cm、顶高 30cm，内外坡比 1：1，每亩田的田埂长度按式（7-4）计算：

$$L_{亩} = \frac{666.7}{B} + 2B \qquad\qquad (7\text{-}4)$$

式中　$L_{亩}$——每亩田的田埂长度，m；

$\quad B$——田面宽度，m。

参照表 7-13 中常用方格网点计算公式，根据典型 4 号、9 号地块分区布置，可以计算出田块平均宽度 15m 时，每亩田的田埂长度为

$$L_{亩} = \frac{666.7}{B} + 2B = \frac{666.7}{15} + 2 \times 15 = 74.45(\text{m})$$

田埂横断面按梯形面积公式进行计算：

$$S_{田埂} = \frac{(0.3 + 0.9) \times 0.3}{2} = 0.18(\text{m}^2)$$

每亩田的田埂工程量按下式计算：

$$V_{亩} = L_{亩} S_{田埂} = 74.45 \times 0.18 = 13.40(\text{m}^3)$$

表 7-13　常用方格网点计算公式

项目	图式	计算公式
一点填方或挖方（三角形）		$V = \dfrac{1}{2}bc\dfrac{\sum h}{3} = \dfrac{bch_3}{6}$，当 $b=a=c$ 时，$V = \dfrac{a^2 h_3}{6}$
两点填方或挖方（梯形）		$V_+ = \dfrac{b+c}{2}a\dfrac{\sum h}{4} = \dfrac{a}{8}(b+c)(h_1+h_3)$，$V_- = \dfrac{d+e}{2}a\dfrac{\sum h}{4} = \dfrac{a}{8}(d+e)(h_2+h_4)$

表7-13（续）

项目	图式	计算公式
三点填方或挖方（五边形）		$V=\left(a^2-\dfrac{bc}{2}\right)\dfrac{\sum h}{5}=(a^2-2bc)\dfrac{h_1+h_2+h_3}{5}$
四点填方或挖方（正方形）		$V=\dfrac{a^2}{4}\sum h=\dfrac{a^2}{4}(h_1+h_2+h_3+h_4)$

（二）土方量计算

典型地块土方计算见表7-14。

表7-14　典型地块土方计算表

地块名称	地块编号	田面长度/m	田面宽度/m	田块面积/m²	田块面积/亩	坡度范围/(°)	土方平整/m³	田埂土方/m³	田坎土方/m³	客土回填/m³
4号平整地块	P4-1	67.14	11	731.96	1.10	15~20	352	16.39	285.81	365.98
	P4-2	66.01	14	914.58	1.37	15~20	412	18.73	210.70	457.29
	P4-3	68.4	14	945.47	1.42	15~20	423	19.37	103.42	472.73
	P4-4	49.12	12	578.53	0.87	20~25	277	12.52	492.04	289.26
	P4-5	47.74	11	547.55	0.82	20~25	265	11.98	261.23	273.78
	P4-6	45.99	9	436.50	0.65	15~20	187	10.52	69.54	218.25
	P4-7	49.98	10	501.37	0.75	20~25	231	11.71	341.71	250.68
	P4-8	49.16	10	512.90	0.77	20~25	242	11.74	336.11	256.45
	P4-9	48.28	14	661.35	0.99	20~25	286	13.58	109.93	330.67
	P4-10	61.03	9	544.10	0.82	20~25	290	13.61	194.81	272.05
	P4-11	75.03	13	987.81	1.48	10~15	445	20.53	170.84	493.91
	P4-12	77.28	16	1201.78	1.80	10~15	521	24.00	175.97	600.89
	P4-13	51.48	12	596.47	0.89	20~25	313	13.00	219.15	298.23
	P4-14	53.85	10	534.65	0.80	20~25	277	12.56	368.17	267.32
	P4-15	52.59	9	482.69	0.72	20~25	206	11.86	359.56	241.34
	P4-16	50.92	14	702.84	1.05	20~25	316	14.40	45.68	351.42
	P4-17	32.25	7	217.62	0.33	20~25	602	6.60	73.43	108.81
	P4-18	58.58	13	742.85	1.11	15~20	536	15.63	52.55	371.43
	P4-19	71.20	13	956.26	1.43	15~20	677	19.75	63.87	478.13
	P4-20	59.20	15	917.20	1.38	15~20	527	18.33	6.93	458.60
	P4-21	55.64	15	835.00	1.25	15~20	480	16.78	49.91	417.50
	P4-22	63.89	15	979.33	1.47	15~20	491	19.61	57.31	489.66

表7-14（续）

地块名称	地块编号	田面长度/m	田面宽度/m	田块面积/m²	田块面积/亩	坡度范围/(°)	土方平整/m³	田埂土方/m³	田坎土方/m³	客土回填/m³
4号平整地块	P4-23	64.07	15	980.47	1.47	0~10	624	19.64	57.47	490.24
	P4-24	103.23	19	1989.87	2.98	0~10	989	39.30	92.60	994.93
	P4-25	96.12	17	1627.76	2.44	10~15	709	32.19	306.82	813.88
	P4-26	86.29	18	1561.88	2.34	0~10	791	30.80	196.48	780.94
	P4-27	39.38	22	847.52	1.27	0~10	340	16.94	17.01	423.76
	P4-28	97.90	25	2466.25	3.70	0~10	1052	51.17	87.82	1233.13
	P4-29	103.41	21	2189.81	3.28	0~10	1137	43.66	92.76	1094.91
	P4-30	58.63	15	875.77	1.31	15~20	415	17.62	400.85	437.88
小计		63.46	13.93	28068.14	42.06	15~20	14413	584.52	5300.48	14034.05
9号平整地块	P9-1	75.10	11	807.0917	1.21	15~20	482	18.20	32.44	403.55
	P9-2	71.57	12	826.8195	1.24	15~20	391	18.04	228.45	413.41
	P9-3	68.63	11	738.4942	1.11	15~20	427	16.65	292.16	369.25
	P9-4	56.98	17	973.1308	1.46	0~10	533	19.23	24.62	486.57
	P9-5	60.32	11	650.3392	0.98	15~20	429	14.64	91.20	325.17
	P9-6	59.39	11	664.0834	1.00	15~20	325	14.70	324.98	332.04
	P9-7	58.52	12	708.5438	1.06	10~15	335	15.17	249.12	354.27
	P9-8	57.73	11	627.9099	0.94	15~20	254	14.08	315.90	313.95
	P9-9	57.36	10	554.2246	0.83	15~20	373	13.22	244.18	277.11
	P9-10	63.58	13	798.9928	1.20	0~10	313	16.87	57.03	399.50
	P9-11	63.84	11	721.3730	1.08	15~20	322	15.89	203.78	360.69
	P9-12	64.38	12	750.1921	1.13	15~20	341	16.31	537.70	375.10
	P9-13	64.48	13	866.5873	1.30	10~15	526	17.90	274.49	433.29
	P9-14	65.85	13	872.9371	1.31	15~20	305	18.10	149.94	436.47
	P9-15	66.76	14	905.6623	1.36	10~15	377	18.65	456.44	452.83
	P9-16	72.38	18	1286.7551	1.93	10~15	525	25.38	396.06	643.38
	P9-17	68.45	23	1587.2742	2.38	0~10	991	32.20	467.99	793.64
	P9-18	96.71	10	967.5134	1.45	0~10	448	22.64	86.75	483.76
	P9-19	51.03	16	799.0842	1.20	15~20	424	15.94	348.89	399.54
	P9-20	46.20	16	748.0163	1.12	10~15	469	14.86	196.67	374.01
	P9-21	73.18	14	1055.6519	1.58	10~15	583	21.40	311.53	527.83
	P9-22	71.66	17	1230.1031	1.85	10~15	662	24.30	305.06	615.05
	P9-23	68.25	16	1114.6581	1.67	0~10	587	22.12	290.54	557.33
	P9-24	67.01	15	990.5409	1.49	0~10	557	19.97	60.11	495.27
	P9-25	92.57	19	1804.4239	2.71	0~10	898	35.66	210.78	902.21
	P9-26	82.84	24	2006.6677	3.01	0~10	797	41.16	264.43	1003.33

表7-14（续）

地块名称	地块编号	田面长度/m	田面宽度/m	田块面积/m²	田块面积/亩	坡度范围/(°)	土方平整/m³	田埂土方/m³	田坎土方/m³	客土回填/m³
9号平整地块	P9-27	81.35	25	2042.3515	3.06	0~10	987	42.33	346.31	1021.18
	P9-28	78.59	24	1881.1728	2.82	0~10	967	38.46	334.56	940.59
	P9-29	50.06	23	1140.6417	1.71	0~10	589	23.05	113.99	570.32
小计		67.41	15.23	30121.2365	45.18	—	15217	627.10	7216.09	15060.62
合计	—	—		58189.37	87.28	—	29630	1211.61	12516.56	29094.69

五、平整地块土方量推广

设计土地平整总面积40.36hm²，其中典型地块面积5.82hm²，通过面积推广计算，土地平整工程土方面积2.055×10^5m³，田埂修筑8.4×10^3m³，田坎修筑8.68×10^4m³，客土回填2.018×10^5m³。平整地块土方量推广计算成果见表7-15。

表7-15 平整地块土方量推广计算成果

地块名称	面积/m²	田块面积/亩	土方平整/m³	田埂土方/m³	田坎土方/m³	客土回填/m³	土壤培肥/kg
典型地块	5.82	87.28	29630	1211.61	12516.56	29094.69	17456.81
平整地块	40.36	605.34	205492.08	8402.87	86805.76	201779.53	121067.72

六、客土回填

农用耕地中适宜农作物正常生长的有效土层厚度应大于或等于30cm。设计沉陷区平整地块由农村宅基地、采矿用地及裸地平整组成，部分用地属于建设用地中的废弃地，土层较薄，不能满足作物生长要求，需要增厚土壤土层。因此，在平整梯田时将拉运客土覆盖。客土覆盖厚度是指自然沉实的厚度，农用地需要加深耕层土地，土层覆盖厚度宜大于或等于20cm。为了防止新填土经灌溉和耕作产生沉陷，客土覆盖时必须预留一定的超高，采用机械摊铺的宜预留填土厚度的20%，采用人工摊铺的宜预留填土厚度的30%。

研究区平整田块回填厚度0.5m。客土料场位于元树儿砖厂以北，4号平整地以东，面积为9.2hm²，高程范围为2584~2535m。土壤有机质含量较高，能够满足作物耕作需要。另外，地质灾害工程削坡所得的土壤可用于土地整治工程的平整地覆盖，客土运输距离为2km。

七、土壤培肥

土壤培肥措施可以提高土壤有机质含量，增强土壤酶活性，增强土壤微生物活力，保持耕作层地力，改善土壤环境，增加植被覆盖率，有利于作物正常生长，促进农作物稳产高产。

大通煤矿沉陷区平整设计地块由农村宅基地、采矿用地及裸地组成，土壤养分较差，不能满足作物正常生长。因此，为了满足作物种植的基本要求，对区域平整土地进行土壤培肥，培肥量为121067.72kg，以保证耕作土质量。

八、土地整治工程量

大通煤矿沉陷区土地整治工程量以搬迁区土地平整工程土方平整为主，对搬迁区内土地工程量进行统计，见表7-16。

表7-16 土地整治工程量

序号	工程名称	数　量
	搬迁区土地整治工程	
1	搬迁区土地平整	
(1)	搬迁区建筑物基础拆除/m³	22688
(2)	混凝土路面及地平拆除/m³	7260
(3)	建筑垃圾就地掩埋/m³	42660
(4)	土方平整/m³	205492.08
(5)	土料场客土拉运（运距2km)/m³	140196.08
(6)	不稳定斜坡削方客土回填摊铺/m³	61583.45
(7)	田埂修筑/m³	8402.87
(8)	田坎修筑/m³	86805.76
(9)	培肥/kg	121067.72

第五节　渣堆治理工程设计

一、渣堆治理布置

渣堆治理分为2个区域：1号渣堆治理区和2号渣堆治理区。1号渣堆（立井矿渣堆）位于安门滩村砖厂上游，最长280m、最宽270m、最高约35m，堆放面积24380m²，总放量约$6.5×10^5m^3$。矿渣裸露，矿渣堆填边坡45°～50°，边坡局部有溜滑现象，矿渣边坡结构松散，稳定性差。渣堆治理采用就近掩埋方式，利用渣堆东侧原砖厂取土空地进行回填，考虑回填区对下游厂房、居民的安全并减少环境污染，在渣堆下游设挡渣墙，回填后表面覆盖耕植土并进行植树种草进行绿化。渣堆治理及土地平整工程需要大量客土覆土，经实际调查选取就近土源作为土料场。该客土料场为粉土，位于张家沟西侧元树儿砖厂后缘，此料场距土地整理区和渣堆治理区平均距离为2km。地质灾害治理工程削坡土方为165570.14m³，工程自身坡面回填及覆土使用土方97425.51m³，剩余68144.63m³土外运至土地整理区作为客土回填使用，平均运距为5km；土地平整区另需客土133634.9m³和1号、2号渣堆治理区覆土294884m³由取土场取用，平均运距为2km，恢复治理取土场面积为9.2hm²。

渣堆治理及取土场治理区域平面布置如图7-17所示。

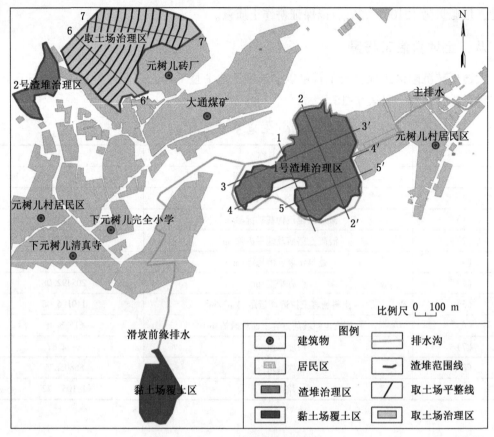

图 7-17 渣堆治理布置图

二、挡渣墙设计

混凝土和浆砌石：混凝土和浆砌石挡墙结构稳固、经久耐用、占地少；缺点是对地基稳定性和承载力要求高，基础出现沉降易对整体造成破坏，在低温季节受外界气温影响大，总工期较长，并且结构外观不美观，表面不易采取植物措施进行复绿。

格宾网箱：采用格宾网箱结构形式，可以降低造价，便于施工，加快施工进度，而且整体结构为柔性结构，可以应对基础沉降变形，另外可以采用植物措施对表面进行复绿；缺点是占地面积大，块石用量稍大。

方案对比见表 7-17。

表 7-17 挡渣墙材料方案比较

比较项目	方案一	方案二	方案三
材料	格宾网箱	浆砌石	混凝土
材料用量	大	稍大	小
安全性	耐久性一般，易锈蚀	耐久性好	耐久性好
抗冻性	较好	一般	一般
地基适应性	柔性材料，适应地基变形能力强	一般	一般

表 7-17（续）

比较项目	方案一	方案二	方案三
占地面积	大	较小	小
实施植物措施	可以	不可以	不可以
工程量、投资对比	工程量大，投资较小	工程量较小，投资较小	工程量小，投资大

综上所述，格宾网箱结构适应地基变形能力强，可以实施植物措施并且投资小，选用格宾网箱挡土墙结构比较经济合理。

三、挡渣墙结构设计

1 号渣堆下游按台阶式修建 3 座挡土墙，挡土墙均采用格宾网箱形式，第一级挡墙为Ⅰ型挡墙，墙长 250m，总高度为 7m，墙顶高程为 2465.00m，第二、第三级挡墙为Ⅱ型挡墙，墙长分别为 267m 和 301m，总高度为 5m，墙顶高程分别为 2472.00m 和 2479.00m。挡墙背侧为直立式，墙前为台阶式，墙顶宽 1m。考虑挡土墙的耐久性，网箱材料采用镀锌覆塑形式。网箱回填块石粒径不小于 10cm。为了避免边坡回填土方中的污染物被雨水携带从挡土墙部位渗出，在挡土墙后侧回填 200cm 厚的隔污层，回填土方需要分层夯实。

四、渣堆回填设计

1 号渣堆（立井矿渣堆）总方量约 $6.5×10^5 m^3$，采用回填掩埋方式进行处理，考虑总量较大，对渣堆进行开挖回填，降低渣堆高度和坡度。回填利用渣堆南侧低洼空地（原砖厂取土区），回填区面积为 66090m²，治理后总面积为 90470m²。

渣堆顶部高程约 2511.0m，高出周边地面约 13m，因此对高出地面的渣堆进行开挖至高程 2498.0m，对挡渣墙以上至高程 2498.0m 之间的边坡进行削坡，坡比按 1:2~1:3 控制，在高程 2485.0m 处设一级马道，马道宽度为 3m。

渣堆开挖总量为 386091.0m³，将其全部回填至南侧空地挡渣墙上游，第一道挡渣墙与第二道挡渣墙及第三道挡渣墙之间坡比为 1:2，第三道挡渣墙上游回填时坡比按 1:13.5~1:14.5 控制。

回填煤矸石预湿掩埋量 $3.861×10^5 m^3$。渣堆西侧开挖坡比按 1:2~1:16 控制，东侧回填区坡比按 1:12.25 控制。矿渣渣堆回填时，为了防止扬尘等问题造成二次污染，掩埋时需要洒水预湿并进行分层碾压夯实，分层厚度不大于 0.8m，压实度系数不小于 0.85。对煤矸石堆进行削坡开挖，削坡开挖量回填至挡渣墙上游，渣堆回填分层压实，每回填 3m 覆盖一层隔离土层，每层隔离土层厚 0.8m，渣堆内部设置两层，全部回填后渣堆表层先铺设一层隔离土层并压实，在隔离土层顶部覆盖耕植土 1.2m。

2 号渣堆占地面积约 16400m²，当地居民已在渣堆上修建房屋、道路等建筑物，结合现场实际情况，对坡面和平缓地段采用不同方式进行治理。坡面段在坡脚处设格宾网箱挡墙，挡墙高度为 3m，基础埋深为 1m，地面以上为 2m，墙顶宽度为 1m，基础宽度为1.5m，挡墙分为 2 段，其中 1 号挡墙长度为 150m，2 号挡墙长度为 55m；坡面进行平整后安装三维网，并覆土 30cm 后撒播草籽。对平缓地段采用客土覆盖回填，覆土厚度为50cm，恢复为耕地。在废弃井口将废弃建筑物进行拆除，拆除后对井口进行开挖，开挖按

"上大下小"的倒锥形，总高度为 6m，顶部开口宽度按 2 倍立井（斜井）直径控制，底部按 1.5 倍立井（斜井）直径控制，开挖后底部安装模板进行封闭，采用 C20 混凝土进行封堵，封堵高度为 5m，混凝土达到强度后顶部回填覆土，覆土厚度为 1m。

沉陷区渣堆治理 1 号渣堆 1-1′剖面图，剖切方向正北 33.2°，剖切跨度 263.4m，剖切 1 号渣堆堆积处；岩层构造主要由地表渣堆及杂填土 Q_4^{ml} 和强风化泥岩 N 组成。1-1′剖面堆渣治理措施是：挖渣和填方对表面进行覆土治理，并在坡度较陡处设置格宾网挡墙。1-1′渣堆治理剖面图如图 7-18 所示。

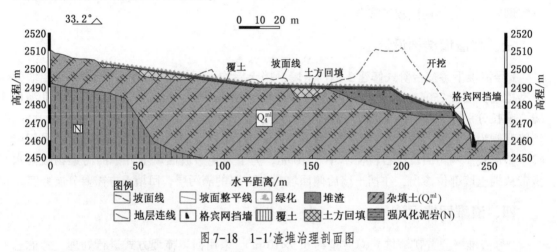

图 7-18　1-1′渣堆治理剖面图

沉陷区渣堆治理 1 号渣堆 2-2′剖面图，剖切方向正北 33.2°，剖切跨度 313.2m，剖切 1 号渣堆堆积处；岩层构造主要由地表渣堆及杂填土 Q_4^{ml} 和黄土状土 Q_4^{ap+pl} 组成。2-2′剖面堆渣治理措施是：挖渣和填方对表面进行覆土治理，并且在坡度较陡处设置格宾网挡墙。2-2′渣堆治理剖面图如图 7-19 所示。

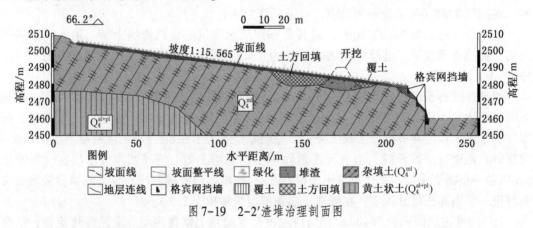

图 7-19　2-2′渣堆治理剖面图

沉陷区渣堆治理 1 号渣堆 3-3′剖面图，剖切方向正北 102.2°，剖切跨度 212.4m，剖切 1 号渣堆填方处；岩层构造主要由地表渣堆及杂填土 Q_4^{ml} 和黄土状土 Q_4^{ap+pl} 组成。3-3′剖面堆渣治理措施是：对原地面填方并进行表面覆土治理，并且在坡度较陡处设置格宾网挡墙。3-3′渣堆治理剖面图如图 7-20 所示。

沉陷区渣堆治理 1 号渣堆 4-4′剖面图，剖切方向正北 103.4°，剖切跨度 206.5m，剖

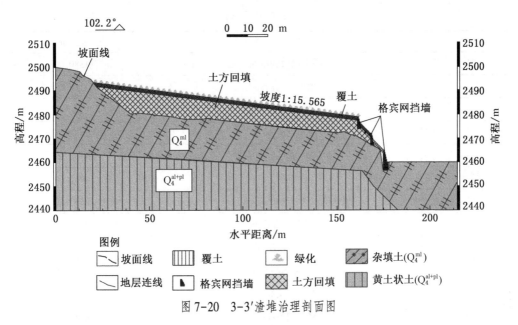

图 7-20　3-3′渣堆治理剖面图

切 1 号渣堆填方处；岩层构造主要由地表渣堆及杂填土 Q_4^{ml} 和强风化泥岩 N 组成。4-4′剖面堆渣治理措施是：对原地面填方并进行表面覆土治理。4-4′渣堆治理剖面图如图 7-21 所示。

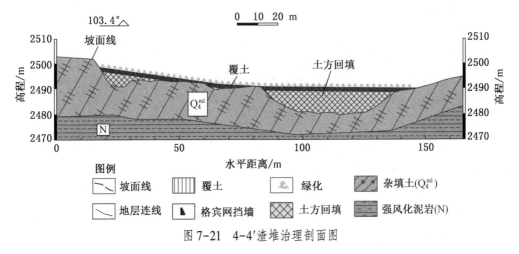

图 7-21　4-4′渣堆治理剖面图

沉陷区渣堆治理 1 号渣堆 5-5′剖面图，剖切方向正北 104.3°，剖切跨度 25.5m，剖切 1 号渣堆堆渣处；岩层构造主要由地表渣堆及杂填土 Q_4^{ml} 和黄土状土 Q_4^{ap+pl} 组成。5-5′剖面堆渣治理措施是：对原地面填方并进行表面覆土治理。5-5′渣堆治理剖面图如图 7-22 所示。

大通煤矿沉陷区土地平整 1 号渣堆治理工程量见表 7-18。

表 7-18　1 号渣堆治理工程量

序号	工 程 名 称	数 量
1	I 型格宾挡墙/m	250.00
(1)	三级土开挖/m³	4595.00

表7-18（续）

序号	工程名称	数量
(2)	开挖土回填利用/m³	1380.00
(3)	基础抛石挤淤/m³	1100.00
(4)	砂砾石垫层/m³	550.00
(5)	格宾网箱/m²	26000.00
(6)	网箱内石块回填/m³	4500.00
(7)	土工膜/m²	1750.00
(8)	预埋排水管（250PVC管）/m	2557.50
2	Ⅱ型格宾挡墙/m	568.00
(1)	三级土开挖/m³	2101.60
(2)	开挖土回填利用/m³	2101.60
(3)	基础夯实/m³	1931.20
(4)	格宾网箱/m²	31808.00
(5)	网箱内石块回填/m³	5680.00
(6)	土工膜/m²	1704.00
3	渣堆回填	
(1)	渣堆填埋区土方开挖/m³	33101.00
(2)	原土回填利用/m³	33101.00
(3)	煤矸石拉运预湿掩埋（运距300m）/m³	289133.00
(4)	煤矸石就地推运预湿掩埋/m³	96958.00
(5)	煤矸石压实/m³	386091.00
(6)	渣堆隔污层和覆土拉运（运距2km）/m³	286684.00
(7)	渣堆表面隔污层客土压实/m³	72376.00
(8)	隔污层客土压实度/m³	105744.00

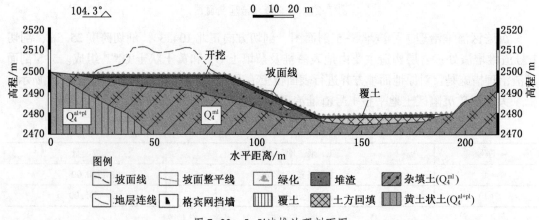

图7-22 5-5′渣堆治理剖面图

五、排水设计

排水工程主要包括1号渣堆回填区场地盲沟排水、1号渣堆治理区地表截排水、挡渣墙墙前排水、H5滑坡前缘排水及主排水渠。

（一）1号渣堆回填区场地盲沟排水设计

1号渣堆回填区位于张家沟底，场区底部局部有地下水渗出，根据勘察资料地下水埋深4.0~15.8m，考虑回填后地下水排泄顺畅，在回填施工前布置盲沟排水。

排水盲沟内安装塑料盲管，管径250mm，外侧回填级配砂砾石，并外包反滤土工布。排水盲沟尺寸为80cm×85cm，按30~50m间距综合布置，引至挡渣墙下游墙前排水沟，穿挡渣墙段提前预埋DN315PE管，排水盲沟总长2864m。

（二）地表截排水设计

对1号渣堆治理区覆土完成后在回填区外侧、马道及回填区内低洼处布置截水沟。截水沟采用C20混凝土矩形结构，断面尺寸为30cm×40cm，衬砌厚度为15cm，截水沟每隔15m设伸缩缝，缝内安装1cm厚沥青木板。为避免H5滑坡前缘汇水冲毁下游耕地，在滑坡前缘设置截水沟，截水沟结构与回填区截水沟一致。地表截水沟统计见表7-19。

表7-19　地表截水沟统计表

部位名称	结构形式	断面尺寸/（cm×cm）	长度/m
1号渣堆治理区截水沟	矩形	30×40	1859
H5滑坡前缘截水沟	矩形	30×40	966

（三）墙前排水设计

1号渣堆挡渣墙前布置排水沟，将1号回填区地表截水及排水盲沟的汇水引至该排水沟。排水沟采用C20钢筋混凝土矩形结构，断面尺寸为50cm×80cm，衬砌厚度为20cm，总长为250m。

（四）主排水设计

将1号渣堆治理区范围内场地排水盲沟、地面截水沟汇至墙前排水沟。挡渣墙下游是砖厂及安门滩村，村内排水沟断面约为30cm×50cm，部分为明渠，部分为暗渠，雨季和冬季无法满足排水需求。

依据《水利水电工程等级划分及洪水标准》及有关规范、规程的规定，排水工程防洪按10年一遇洪水标准设计，按20年一遇洪水标准校核。

根据水文资料，研究区10年一遇洪水标准为4.65m³/s，20年一遇洪水标准为7.12m³/s。

1. 排水沟过流量计算

计算公式为

$$Q = wC\sqrt{Ri} \tag{7-5}$$

式中　Q——允许过流量，m³/s；

　　　w——过流断面面积，m²；

　　　C——流速系数，m/s；

R——水力半径，m；

i——水力坡降，（°）。

其中流速系数C采用满宁公式计算：

$$C = R^{\frac{1}{6}}/n \qquad\qquad (7-6)$$

式中　C——流速系数，m/s；

n——糙率；

$$R = A/X \qquad\qquad (7-7)$$

式中　A——排水沟有效过水断面面积，m^2；

X——湿周，m。

排水沟截面允许过流量计算结果见表7-20。

表7-20　排水沟截面允许过流量计算结果

项目名称	净宽/m	净深/m	有效过水断面面积/m^2	过流断面面积/m^2	湿周/m	水力半径/m	糙率	水力坡降	过流量/$(m^3 \cdot s^{-1})$
主排水沟	1	1.4	1.4	1.4	3.8	0.37	0.014	0.045	7.19

由表7-20可见，截水沟设计断面允许过流量为7.19m^3/s，大于地表汇流量7.12m^3/s，满足过流要求。

2. 排水沟设计

排水沟总长1221m。其中，砖厂厂区段为新建，长231m；其余段为混凝土村道部分拆除后施工的排水沟，拆除长度为990m、宽1.5m、厚0.25m。采用矩形断面，净宽1.4m、净深1m、壁及底厚0.25m，C25混凝土结构，排水沟纵向每间隔20m设一道伸缩缝，缝宽2cm，缝中填沥青木板。渠道顶部安装预制C25混凝土盖板。主排水沟断面尺寸见表7-21。

表7-21　主排水沟断面尺寸

项目名称	长度/m	断面类型	净深/m	净宽/m	壁厚/m
主排水沟	1221	矩形	1.4	1	0.25

煤矸石堆治理排水工程量见表7-22。

表7-22　煤矸石堆治理排水工程量

序号	工　程　名　称	数　量
1	1号回填区盲沟排水/m	2864.00
（1）	土方开挖/m^3	2806.72
（2）	土方回填/m^3	730.32
（3）	排水盲管（直径250mm）/m	2864.00
（4）	反滤土工布/m^2	9021.60
（5）	级配砂砾石回填/m^3	1918.88

表 7-22（续）

序号	工程名称	数量
（6）	PE 套管（1.6MPa）/m	90.00
2	1 号回填区地表截排水/m	1859.00
（1）	土方开挖三级土/m^3	1226.94
（2）	基础夯实/m^3	7436.00
（3）	土方回填/m^3	557.70
（4）	C20 排水沟混凝土/m^3	446.16
（5）	沥青木板伸缩缝/m^2	29.74
3	挡渣墙墙前排水/m	250.00
（1）	土方开挖三级土/m^3	393.25
（2）	土方回填/m^3	140.75
（3）	砂砾石垫层/m^3	27.5
（4）	钢筋/t	16.52
（5）	C20 混凝土/m^3	125.00
（6）	沥青木板伸缩缝/m^3	8.50
4	主排水渠/m	1221.00
（1）	土方开挖/m^3	4713.06
（2）	土方回填/m^3	1367.52
（3）	拆除混凝土及土方外运（运距 1km）/m^3	4114.77
（4）	砂砾石垫层/m^3	207.57
（5）	混凝土路面拆除/m^3	549.45
（6）	旧渠拆除/m^3	219.78
（7）	C25 混凝土渠道/m^3	1378.51
（8）	C25 混凝土预制盖板/m^3	244.20
（9）	钢筋/t	165.30
（10）	伸缩缝/m^2	91.90
（11）	C20 混凝土路面恢复（厚度 25cm）/m^2	2193.66

六、绿化设计

1 号渣堆治理区范围内覆土后对治理区种植乔木进行绿化，绿化面积 96960m^2，树种选择适合当地环境并具有一定观赏性的青杨、云杉、山杏、榆叶梅、丁香、茶条槭、六月雪、白桦、山桃稠李，株间距 1.5m，共种植各类乔木 24200 棵，并采用人工种草方式进行绿化。

2 号渣堆坡面进行种草绿化，坡面平整后挂三维网，覆土后进行种草，绿化面积 6665.71m^2。草籽由披碱草、星星草、高原冷地早熟禾 3 种草种按 1∶1∶1 比例配比，草籽播种量按坡面 15kg/亩左右控制。

区域内植草种树后需要定期进行浇水养护。煤矸石渣堆绿化工程量见表7-23。

表7-23 煤矸石堆绿化工程量

序号	工程名称	数量
1	1号渣堆	
(1)	种草/m²	96960.00
(2)	青杨/株	2000.00
(3)	云杉（30cm土球）/株	1500.00
(4)	云杉（60cm土球）/株	2950.00
(5)	山杏/株	210.00
(6)	丁香/株	2050.00
(7)	榆叶梅/株	3100.00
(8)	茶条槭/株	3000.00
(9)	暴马丁香（60cm土球）/株	230.00
(10)	景观林（六月雪）/株	8350.00
(11)	白桦/株	160.00
(12)	山桃稠李/株	40.00
(13)	2.5t洒水车浇水养护/台班	610.00
(14)	管护/(人·月⁻¹)	3800.00
2	2号渣堆	
(1)	种草/m²	6665.71

七、格宾网挡墙布置

格宾网挡墙布置如图7-23所示。

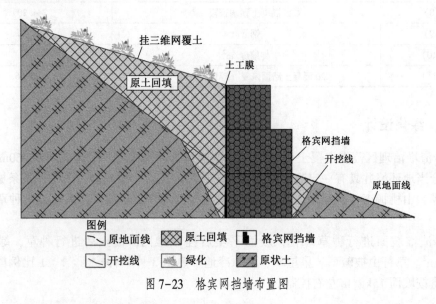

图7-23 格宾网挡墙布置图

第六节 取土场整治设计

渣堆治理及土地平整工程需要大量客土、覆土，经调查选取就近土源作为土料场。客土料场为粉土，位于张家沟西侧元树儿砖厂后缘，此料场距土地整理区和渣堆治理区的平均距离为2km。地质灾害治理工程削坡土方为165570.14m³，工程自身坡面回填及覆土使用土方97425.51m³，剩余68144.63m³土方外运至土地整理区作为客土回填使用，平均运距为5km；土地平整区另需客土133634.9m³和1号、2号渣堆治理区覆土294884.00m³由取土场取用，平均运距为2km，恢复治理取土场面积为9.2hm²。6-6′取土场治理剖面如图7-24所示，7-7′取土场治理剖面如图7-25所示。

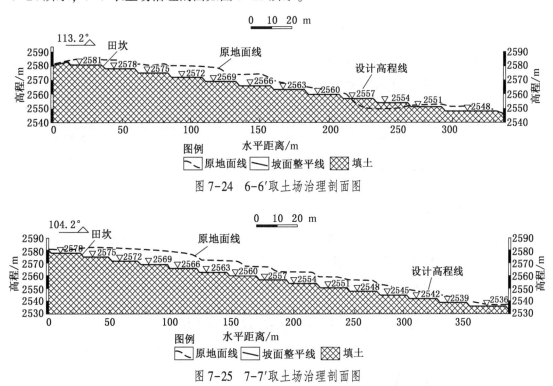

图7-24 6-6′取土场治理剖面图

图7-25 7-7′取土场治理剖面图

一、取土场土地规划布置

取土场地势西北高东南低，取土完成后进行恢复治理，恢复为耕地。取土场治理总面积约为9.2hm²，高程为2584～2535m，场区下缘坡度较陡。根据现场实际地形、土层厚度、种植作物种类、机械化程度及当地耕作习惯，治理通过挖高填低的平整方式将取土场恢复为坡式梯田。梯田布设按"等高不等宽、大弯随弯、小弯取直"的原则，大致沿等高线修筑，原则上田面宽度根据坡度分级取不同数值，边角地带可随地形规划为不规则田块，坡度大于25°的坡地不进行整理。设计田面宽度为20～28m，田面高差约为3m。

根据田块设计布置田埂，主要修筑土质田埂，田埂断面形式为梯形，顶宽30cm、顶高30cm，内外坡比为1∶1。

田坎高度与田面宽度和地面坡度等因素有关，田坎太高，不利于修筑，费工费时，并且容易损坏崩塌。因此要根据土质不同、坡度大小和方便耕作等因素综合考虑，以田坎稳定且少占耕地为原则。取土场梯田化整理时，设计田坎高度为3.0m，田坎侧坡的坡比取1∶0.7。

二、田块土方量计算方法

取土场地形属于坡地，等高线较多且变化比较均匀，平整土方量的计算不适用方格网计算法，适用横截面计算法。根据地形及设计田块布置情况，将计算的田块划分横断面，划分原则为垂直等高线或设计梯田长边，各断面间的间距可以不等，按比例绘制每个横截面的自然地面和设计地面的轮廓线，然后进行土方量计算。

三、取土场恢复治理工程量

恢复治理取土场面积为91990.10m²，土方平整量为46841.31m³，田坎修筑19787.12m³，田埂修筑1915.41m³。取土场恢复治理工程量见表7-24。

表7-24　取土场恢复治理工程量

项目类别	面积/hm²	土方平整/m³	田坎修筑/m³	田埂修筑/m³
工程量	91990.10	46841.31	19787.12	1915.41

四、生活垃圾处置工程

规划区域多条沟道中下游两侧都有村民居住，居住历史悠久，沟道成为住户倾倒生活垃圾的主要场地。垃圾已经对沟道造成了严重堵塞和污染，清理这些生活垃圾，并拉运至垃圾填埋场，运距为25km，清运方量为6200m³。

第七节　黏土场与农田防护工程

一、黏土场滑坡前缘排水

黏土场滑坡前缘是耕地，为了避免后期地表汇水冲毁耕地，在前缘修建排水沟引至元树儿村内天然沟道，排水沟采用C20混凝土矩形结构，尺寸为30cm×40cm，衬砌厚度为15cm。排水沟每隔15m设一道伸缩缝，缝内安装1cm厚的沥青木板，排水沟总长度为966m。

二、谷坊坝工程

元树儿村内有一条天然沟道，修建有6座浆砌石谷坊坝，但因年久失修已出现不同程度的损毁，因此将所有谷坊坝拆除后原地重建。

谷坊坝墙顶宽度为0.5m，迎水坡坡比为1∶0.2，背水坡坡比为1∶0.3，坝体采用C20混凝土浇筑，设计最大高度为5m，地面以上3.5m，基础最大埋深为1.5m。护坦采用

C20 混凝土，长度为 3.4m、厚度为 0.4m，护坦下部设砂砾石垫层，厚度为 0.3m。坝体左右坝肩均嵌入堆积体，嵌入厚度不低于 1.0m，嵌入区岩性为堆积卵石土，基础和坝肩临时边坡分别按坡比 1：0.5、1：0.7 开挖。坝身设泄水孔，共布置 2 排，采用 60mm PVC 管，水平净距为 1.0m。坝身上游、下游沿河道设置翼墙，墙顶宽度为 0.3m，迎水坡坡比为 1：0.3，墙体采用 C20 混凝土浇筑，设计最大高度为 4.5m，地面以上 3m，基础最大埋深为 1.5m。上游翼墙长度为 3m，下游翼墙长度为 4.4m，其中开口端长度为 1m。上游翼墙及下游翼墙开口端角度按现场实际地形确定。

三、农田防护林

在田、水、路、林、村统一规划的原则下，在新建和整修道路两侧栽植 1 行乔木，主要树种为青杨，株距为 1.5m，选择根系完整发达、粗壮健康的大苗，苗高 2.0m 以上，胸径 4cm 以上。栽植时渠道林带为穴状整地，规格为 0.45m×0.45m×0.45m，造林后及时浇水，每隔 10 天浇水一次，保证苗木成活率。防护林共种植青杨 17322 株。另外，元树儿村内居民家中及周边栽种有很多树木，考虑土地整治统一规划，将分散和有经济价值的树木进行移栽，移栽树木数量为 2124 株。

第八节　效　益　分　析

一、社会效益

通过对地质灾害的治理，消除了地质灾害隐患对周边居民生命财产安全的威胁。同时，对煤矸石堆的治理消除了土地占压、环境污染问题，通过对搬迁区土地进行整治，增加了耕地面积，缓解了居民土地紧张问题，极大地改善了村民的不满情绪，化解了矿山与村民、政府与村民之间的社会矛盾。

（1）治理符合生态文明建设的战略决策和构建和谐社会的精神，有利于资源环境协调发展、区域经济社会协调发展，以及矿山资源、环境、生态协调发展。

（2）治理从根本上改善和解决了沉陷区人民群众的生存条件、生态环境问题。通过治理为沉陷区居民创造了一个安居乐业的生产生活环境，为矿区及周边地区的社会经济可持续发展做出了贡献。

（3）治理使沉陷区的矿渣压占、破坏土地得到恢复，耕地质量提高，既改造了塌陷区的生态环境，也为当地居民提高生活水平创造了条件，缓和了各种社会矛盾，为保持社会稳定和创造和谐平安社会提供了良好保证。

二、生态效益

随着沉陷区内地质灾害防治工程、煤矸石堆治理工程、搬迁区土地整治等各项工程措施的实施，将有效改善大通县的地质环境、生态环境，对促进地方旅游发展、城市经济转型具有十分重要的意义。

（1）矿山地质环境灾害治理有利于地方经济可持续发展。沉陷区采煤活动已全部关停，治理工程实施可改善矿区生态环境，为沉陷区后续产业发展打下良好基础。

（2）去除或减少矿山地质灾害，在沉陷区植树和恢复矿区生态环境，防止水土流失，使水土得以保持；同时改变了区域脏乱差的落后面貌，美化了区域生产生活环境。矿山地质环境灾害治理是区域及周边生态环境安全的重要保障，能极大地提高防灾、减灾及抗灾的能力。

通过土地整治，配套建设了"田、水、路、林"等工程，完善了沉陷区农业基础设施，改善了农业生产条件，增加了耕地面积，保证了土地可持续利用和农业可持续发展。

（3）通过恢复耕地、植树造林等方式，使区域绿色植被覆盖率得到进一步提升，可以有效减少矿区的水土流失，优化矿区气候，改善矿的地貌景观，恢复和改善沿沟矿区的生态环境。

三、经济效益

通过恢复治理，既可以增加耕地，缓解土地供应压力，又可以缓解人地矛盾，同时可以增加当地的农业产值。通过治理将改善矿区生态环境，增加一定耕地、林地面积，为居民摆脱困境和大通县经济良好转型提供有效途径。大通县沉陷区地质灾害治理工程的实施将保障危险区内 46 户居民的生命和 1.6 亿元财产的安全，促进和保障大通县社会经济发展，经济效益显著。

研究区为老农业生产区，主要种植春小麦、油料、马铃薯和蔬菜等作物。根据农牧科技局提供的资料、近 3 年区域内的种植结构和农业生产成本，计算确定研究区年纯收益。研究区年总产值计算见表 7-25。

表 7-25 研究区年总产值计算表

作物名称	种植比例/%	种植面积/亩	单亩增产量/(kg·亩⁻¹)	总增产量/kg	单价/(元·kg⁻¹)	总增产值/万元
春小麦	35	208.32	280	5.83	2.30	13.42
油料	35	208.32	160	3.33	6.20	20.67
马铃薯	25	148.80	1600	23.81	1.00	23.81
蔬菜	5	29.76	1400	4.17	0.80	3.33
合计	100	595.20		37.14		61.22

通过搬迁区土地整治工程，既可以增加耕地，缓解土地供应压力，又可以缓解人地矛盾，同时可以增加当地的农业产值。通过工程实施，新增耕地 $39.86hm^2$，每年可为当地农业总产值增加 61.22 万元。通过治理，增加了土地垦殖率，增加了林地、草地覆盖率，增加了土地供养能力，修复了周边景区生态环境，减少了地质灾害损失，恢复了农田单产产量，提高了粮食总产量等。

第九节 沉陷区土地平整设计分析

对沉陷区土地进行平整规划设计，主要解决元树儿村土地资源闲置问题以及矿业弃渣，治理 2 个渣堆，消除渣堆和建筑垃圾对土地的占压，减少土地污染和水土流失，恢复可利用的土地。整治元树儿村搬迁区土地，全面改造为耕地，解决土地资源闲置问题。

通过土地平整规划设计，工程建设规模 44.34hm²，其中农用耕地 40.36hm²、工矿仓储用地 0hm²、住宅用地 0hm²、交通运输用地 3.26hm²、水域及水利设施用地 0.72hm²。整理后，农村宅基地减少 38.58hm²，耕地面积增加 39.86hm²，农村道路、农田水利用地面积增加 0.81hm²。通过土地利用结构调整，主要整理搬迁区土地新增块状耕地面积，通过综合整治，改善了农田基础设施和交通条件，合理利用水土资源，提高土地生产力，工程技术可行、经济合理，达到社会、经济和生态效益协调统一。

通过治理使煤矸石渣堆占压的大面积土地恢复成耕地、建设用地及林地，消除了煤矸石堆对环境、土壤植被的污染和破坏，改善了人居环境，产生了巨大的生态环境效益。排洪渠工程提高了治理区防洪等级，使治理区村民耕地、房屋等财产得到了保护。通过对煤矸石堆及建筑垃圾的综合治理，消除了矿山地质环境问题，使居民的生命财产安全得到保障。

通过合理规划农业用地种植经济作物，增加了新增耕地的收益，提高了人均收入，不仅增加了有效耕地面积，而且完善了当地耕作系统，实现了可持续发展。

第八章　煤矿沉陷区 InSAR 监测地表变形规律分析

　　大通县重点采煤沉陷区地处北川河流域，在长期地面沉陷、人类取土开挖的情况下，形成不稳定斜坡，造成地质环境破坏。同时因采煤形成的渣堆长期压占土地资源，无法有效利用，影响当地生态环境。区域内地形起伏大，下游沟口人口居住密集，人类生产和经济活动频繁，地质环境、生态环境脆弱，这些条件决定了自然与人为诱发的各类地质灾害频繁发生。为了实施相应的应对措施，需要确定地表发生形变的具体范围及形变程度。传统的人工监测无法全面细致地获取数据，利用哨兵一号卫星技术获取 2014—2021 年研究区域的整体形变数据，使用 SBAS-InSAR 技术对数据进行差分干涉处理，去除各相位从而减少误差。将最终 SAR 数据导入 arcgis 软件进行地理数据配对，确定监测线并选取特征点，其数据集导入 Excel 进行表格和图表绘制。将各监测点 8 年的沉降变化量以点排列形式进行表达，分析其变形规律。利用 InSAR 监测技术，通过卫星轨道传送的数据可以获取近年来该区域的地表沉降变化量。了解具体的土地沉降变化规律，针对相应的变化量制定具体的应对措施。相比于传统的人工实地监测，InSAR 技术更占优势，优点如下：

　　（1）全天时：卫星雷达一直在外太空轨道上运行，使用雷达主动传感器进行成像，不受天气的影响，可以实现全天候、全天时的对地观测。

　　（2）精密度高：许多卫星的地形变形量的年平均精度可以达到毫米等级。

　　（3）范围广：由于卫星范围基本可以覆盖全球范围，其监测地理范围相当广泛，单个图像可以获取上千平方千米以上的范围。

　　（4）密度大：对于需要研究的区域范围可以获取数量较大的观测点，监测密度大。

　　（5）回归快：随着科技的发展，卫星的重访周期越来越短，如 PLANETSCOPE 卫星，全部 132 颗卫星可以每日获取整个中国的卫星图像。

　　（6）安全性高：InSAR 技术利用卫星在外太空直接获得数据并对其进行处理。所有数据均可在网上进行下载；相比于传统的现场监测，可以取消派人参与，对于偏远危险地区的项目，减少了安全事故发生的概率。

　　（7）科学性强：InSAR 技术，基于时间和地形变化，不但可以提供简洁明了的静态信息，也能给出随时间变化的动态信息，为项目决策提供依据。

　　（8）成本较低：由于卫星技术的普及，许多数据都可以直接获取；一些卫星精度较高的数据所消耗的成本也不高。

第一节　InSAR 技术监测地表沉降分析

一、InSAR 技术基本原理

InSAR 技术是基于合成孔径雷达技术的一种测量手段，可用于干涉的雷达运载平台有机载和星载两种，InSAR 技术起源于 1801 年完成的 "杨氏双狭缝光干涉实验"。现在常用星载 InSAR 平台，其具有覆盖面积大、飞行轨道稳定、获取数据成本较低等优势。与通常所见的红外线或者普通光线不同，雷达可以穿透天空中大多数的云层、烟雾对地表进行监测，夜晚也不会对雷达产生影响。雷达发射的波在地面反弹后由雷达重新接收。其中包含雷达到达地面后的散射强度信息，以及相关的位置信息。收集到的两幅雷达信息图像之间会有一定的距离变化，称为相位差。如图 8-1 所示，将同一区域两幅不同的雷达图像进行干涉处理生成干涉图后，便可以从干涉图中提取地表高程数据。然后对同一地区的两幅干涉图进行差分干涉处理便可以得到该区域的地形、地貌以及沉降变化量。

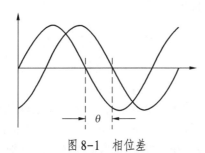

图 8-1　相位差

星载 InSAR 的另一种监测方式是在同一颗卫星上安装两幅天线，其原理是在卫星运行过程中，其中一幅天线发射波，回收波反弹的信号时用两幅天线进行接收，这样可以使反射的信息具有更高的精度。

如图 8-2 所示，以双天线为例，其推导结果完全适用于单天线双成像的 SAR 应用。两幅天线接收来自目标返回信号的相位差为

$$\varphi = \varphi_1 - \varphi_2 = \frac{2\pi}{\lambda} P(r_2 - r_1) \tag{8-1}$$

其中，λ 为波长，ρ 为天线到目标的斜距，P 为系数（若只有一幅天线发射信号，则 $P=1$，在干涉图中反映单程的相位差；若两幅天线均用于发射和接收信号，则 $P=2$，在干涉图中反映双程的相位差）。

如图 8-2 所示，有

$$r_2^2 = r_1^2 + B^2 - 2r_1 B\cos(\theta - \theta_{21}) \tag{8-2}$$

其中 B 为天线之间的距离，称为空间基线。一般情况下，空间基线短，有利于 SAR 图像的干涉成图。设 $\alpha = \theta_{21} - \pi/2$，$\alpha$ 为水平方向基线角，则有

$$\sin(\theta - \alpha) = \cos(\theta - \theta_{21})$$

$$= \frac{r_1^2 - r_2^2 + B^2}{2r_1 B}$$

$$= \frac{(r_1 - r_2)(r_1 + r_2)}{2r_1 B} + \frac{B}{2r_1}$$

$$\cong \frac{r_1 - r_2}{B} = \frac{-\lambda\varphi}{2\pi PB} \qquad (8-3)$$

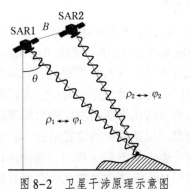

图8-2　卫星干涉原理示意图

由于通常 $r_1 \gg B$，则可以得出

$$\theta = \alpha - \arcsin\left(\frac{\lambda\varphi}{2\pi PB}\right) \qquad (8-4)$$

$$h = H - r_1\cos\theta \qquad (8-5a)$$

$$y = r_1\sin\theta \qquad (8-5b)$$

式（8-4）、式（8-5）表明干涉相位差 φ 与高程 h 之间的数学关系，如果已知天线位置（H，B，α）和雷达成像系统参数（θ），就可以从相位差 φ 中提取高程值 h，所以 In-SAR 技术最早应用于行星地表测绘。2000 年 NASA（美国宇航局）通过使用航天飞机搭载 C 波段雷达的方式，仅用 11 天便完成了地球陆地大部分的地面测绘，即现在经常使用的 SRTM 高程数据。

二、D-InSAR 技术

D-InSAR 技术是差分干涉测量法，目前提出了 3 种方法进行差分干涉：两轨法、三轨法和四轨法。如图 8-3 所示，对同一地区重复观测的 SAR 图像进行干涉计算，得到的干涉图中除了包含观测目标的变形信息 φ_{def} 外，还存在多种因素引起的误差，差分干涉计算最终需要保留的结果就是式（8-7）中的 φ_{def} 信息，其中地形相位 φt_{opo} 多使用外部 DEM 数据模拟方式去除，所以使用的 DEM 数据越精确，残留的地形形位误差越小；观测向斜距误差 φ_{flat}、随机误差 $\Delta\varphi_{noise}$ 和轨道误差 $\Delta\varphi_{orbit}$ 均属于系统误差，可以根据卫星自身飞行、设计参数去除，而大气误差 $\Delta\varphi_{atmos}$ 多使用滤波的方式或通过建立大气模型的方式去除，处理后的地形变干涉相位信息 φ_{def} 为

$$\varphi_{int} = \varphi_m - \varphi_s = \varphi_{def} + \varphi_{topo} + \varphi_{flat} + \Delta\varphi_{dem} + \Delta\varphi_{atm} + \Delta\varphi_{orbit} + \Delta\varphi_{noise} \qquad (8-6)$$

$$\phi_{def} = \frac{4\pi}{\lambda}\Delta R \qquad (8-7)$$

其中 λ 为雷达波波长，ΔR 为雷达视线向变形量，通过三角几何关系（辅助其他信息）可以换算为水平变形或垂直变形。

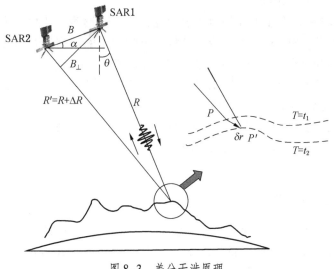

图 8-3　差分干涉原理

三、Stacking-InSAR 技术

Stacking-InSAR 技术是将多幅解缠后的差分干涉相位图进行线性叠加，减少大气误差，提高形变精度的一种方法。其基本假设是：在独立的干涉图中，大气扰动的误差相位是随机的、相等的，而区域上的形变为线性速率。在这种假设的基础上，将多幅独立干涉图对应的解缠相位叠加起来，得到的形变相位信息是所叠加时间基线内的变形量。叠加后的大气误差相位，不是单幅干涉图中大气相位误差随干涉图数量倍数增长的结果，而是随干涉图数量的平方根倍数增长的结果，由此提高了叠加相位图中形变信息和大气误差项之间的信噪比，达到提高监测精度的目的。Stacking-InSAR 技术在估计相位线性速度时，假定大气相位是稳定的，以 2 次成像时间间隔为权因子，则单幅干涉图中相位变化速率的标准偏差与成像时间间隔成比例。Stacking-InSAR 方法是此次观测采用的主要 InSAR 处理方法。

四、SBAS-InSAR 技术

SBAS-InSAR 技术是在 InSAR 数据的基础上增加了相应的时间序列技术，利用时空基线比较短的干涉来提取地表变形信息。对于多空间邻近的多个对象取平均值，从而加强干涉性。算法定义式为式（8-8）：

$$\Delta\varphi(x, r) \approx 4\pi/\lambda \times \Delta d(x, r) + 4\pi/\lambda \times B\perp/(r\sin\theta) \times$$
$$\Delta z(x, r) + \Delta\varphi\text{atm}(x, r) + \Delta\varphi n(x, r) \tag{8-8}$$

式中　　x、r——像元坐标；

λ——雷达波长；

Δd——雷达视线方向地表形变；

$B\perp$——垂直基线；

θ——SAR 视角；

Δz——地形残差；

$\Delta\varphi$atm——大气延迟相位；

$\Delta \varphi n$——其他噪声相位。

显然，SBAS 算法将差分干涉相位分为地表形变相位、地形残差相位、大气延迟相位以及其他噪声相位 4 部分。SBAS 算法的特点是将各个时间点的数据进行自由组合分析，将时间基线和空间基线相结合，保证每幅干涉图的高相干性，利用奇异值分解（SVD）方法将多个干涉图的子集联合进行最小二乘求解，增加了时间采样；SBAS-InSAR 技术利用其独立的算法将外部 DEM 误差生成的相位分离出来，减少了外部 DEM 引入的误差；充分考虑了大气延迟相位对形变结果的影响，SBAS 算法通过时空域滤波的方法削弱了大气延迟相位。相对于永久散射体技术，小基线集技术更充分地利用了数据源，获取的形变序列在空间上更连续。

五、研究区域数据获取

通过网络下载研究所需要的数据，利用 Sentinel-1 卫星数据进行处理研究。Sentinel-1 卫星是欧洲航天局为了接替 Envisat-ASAR 卫星发射的科研 SAR 卫星。该卫星具有高质量成像的数据集、轨道稳定性以及多样化的特点。每一颗卫星的重访周期为 24 天，近年来又发射了 Sentinel-1B 卫星，将卫星的常用重访周期缩短至 12 天，如果遇到紧急情况，两颗卫星可以共同工作，将重访周期减小至 6 天，且数据免费开放。通过和其他卫星数据进行比对，可知研究区域的 Sentinel-1 卫星数据良好、覆盖范围广泛、获取方法简单，可以获取自 2014 年 10 月至今的数据集。Sentinel-1 卫星数据参数见表 8-1。

表 8-1　Sentinel-1 卫星数据参数

模式	入射角/(°)	分辨率	幅宽/km	极化
条带成像	20~45	5m×5m	80	HH+HV、VH+VV、HH、VV
干涉宽幅	29~46	5m×20m	250	HH+HV、VH+VV、HH、VV
超宽幅	19~47	20m×40m	400	HH+HV、VH+VV、HH、VV
波浪模式	22~35 35~38	5m×5m	20×20	HH、VV

如图 8-4 所示，将获取 2014 年 10 月至 2021 年 11 月的数据集，共计 173 期降轨 Sentinel-1 数据，重访周期为 24 天，再利用网络资源获取对应每一期的精密轨道数据文件。

研究所需的 DEM 高程文件采用地理空间数据云，包括以下数据：LANDSAT 系列数据、MODIS 陆地标准产品、MODIS 中国合成产品、MODISL1B 标准产品、DEM 数字高程数据、EO-1 系列数据、大气污染插值数据、Sentinel 数据、高分四号数据产品、NOAA VHRR 数据产品、高分一号 WFV 数据产品。经过比较选择 30m ASTER GDEM 数字高程数据（$V1$，$V2$）。

六、数据处理及分析

（一）SAR 数据处理

在网络上获取数据后需要通过 ENVI 软件进行基本的格式转换，才能进行下一步处理。将初始数据集解压备用，进行 ENVI 软件基础设置，利用 SARscape 模块中 Sentinel-1 数据处理项，将初始数据导入转换得到 SARscape 格式文件。由于初始数据覆盖范围远大于研

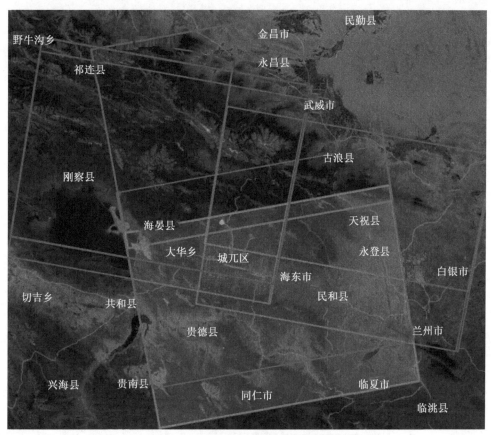

图 8-4 研究区域及低轨卫星覆盖范围

究区域范围，故进行图像裁剪，将收集的研究区域范围文件代入软件进行详细裁剪。

SAR 数据处理方法多样，各有特点，此次研究采用 SBAS-InSAR 方法进行处理。在进行干涉计算之前，需要对之前处理好的裁剪数据和 DEM 文件进行数据匹配。通常情况下，为了保证干涉过程的正常运行以及最终结果的准确性，SAR 图像的精准度要达到亚像元级别。而外部 DEM 数据的匹配可以去除地形相位的误差，越精密的 DEM 数据越能保证 In-SAR 数据的质量。由于在 ENVI 软件中 DEM 数据坐标系与待处理数据的坐标相反，将 DEM 数据由本身的地理坐标系转化为雷达坐标系。此次配准计算 1024 个采样点中共找到 938 个同名点，range 和 azimuth 方向配准方差均小于 0.2，完全满足亚像元配准精度要求。

（二）SBAS-InSAR 技术流程

1. 生成连接图

将处理好的数据导入 SARscape 模板中，生成连接图。结果会出现一幅最强连接图作为主影像，其余数据作为从影像。如图 8-5 所示圈出的黑色的点，代表最强连接图，横坐标为最强连接图影像。

2. 干涉差分处理

如图 8-6 所示，选择 2018 年 1 月 19 日 SAR 影像为主影像进行图像配准计算，其中 Azimuth 方向配准精度小于千分之一像元，满足 Sentinel-1 数据配准要求。干涉像对最小时间间隔为 12 天，最大时间间隔为 120 天，最小垂直基线长度为 0.3m，最大垂直基线长

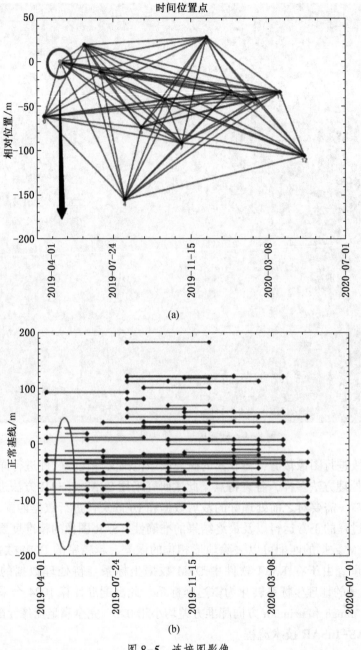

图 8-5　连接图影像

度为 216.8m，完全满足干涉计算需求，共有干涉像对 513 个。

3. 轨道精炼和重去平

这一步估算和去除残余的恒定相位和解缠后还存在的相位坡道。这一步生成的 fint 图便可以初步看出土地的沉降情况。

4. 第一次反演、第二次反演

这两步是 SBAS 反演的核心，第一次估算形变速率和残余地形。这两步也会做二次解缠用来对输入的干涉图进行优化，以便进行下一步处理。

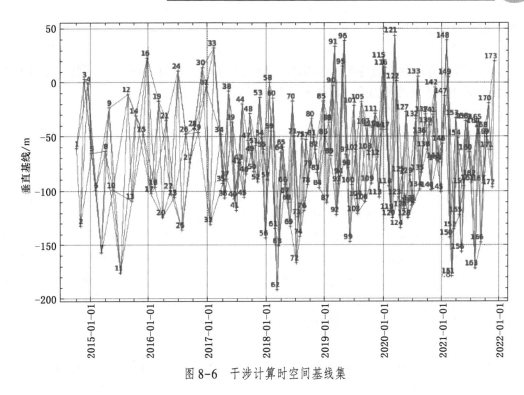

图 8-6　干涉计算时空间基线集

5. 地理编码

这一步的目的是进行坐标转换，将 SAR 坐标转换为地理坐标。这一步结束后会得到一个 SI_vel_geo 和 SI_geo_disp_meta 文件，第一个是平均速率文件，第二个是索引文件，包含各时间序列影像文件。

（三）误差源分析

在复杂的 InSAR 数据处理和计算中，会有很多因素对最终结果产生影响，且同一影响因素在不同的地理位置、不同的使用条件、不同的使用数据的影响下产生的影响程度也不同。所以在计算过程中要分析数据和现实情况，针对不同类型的数据、不同的地理位置来调节参数。

1. 系统误差

系统误差产生的原因是 SAR 数据自身具有一些特性，如卫星传导波时会有气象干扰、波干扰、系统热噪声干扰等，所以为了确保所需数据准确详细，一般在获得 SAR 数据后，会有相应的工作人员将 SAR 数据进行校对并改正，在其中加入厘米级的精密轨道数据文件。在处理 SAR 数据的过程中，其系统误差均可通过调整对应的参数进行纠正。根据 SAR 卫星获取地面信息的原理可得，SAR 影像在不同地形的影响下会存在遮盖、阴影以及方位倒置的情况，其中遮盖和阴影会直接导致 SAR 数据无法生成干涉图。研究区域的地形为高山峡谷地区，会出现大范围的遮盖及阴影，所以在卫星数据选择时，可以利用升轨和降轨对该地区进行监测，减少系统误差。

2. DEM 误差

研究区域的山谷地形在长时间的外力因素下发生快速剥离，使获取的 DEM 数据存在较大误差，在差分干涉步骤中会形成一个地形相位的误差，且对于不同长度的空间基线高程误差程度会有所不同。

3. 失相干

InSAR 计算方法的基础在于 SAR 影像之间的相干性，只有 SAR 影像间的相干性足够好才能保证计算结果的准确度，导致图像失相干的因素是多样的。

1）地面条件

SAR 卫星主动发射电磁波，并接收电磁回波，所以地面的后向散射能力是影响相干性的重要因素。一般情况下，在植被茂密地区、积雪覆盖区等地面遮盖物多的情况下，雷达波很容易受到干扰，这时 SAR 图像能否成功干涉关键依靠雷达波的穿透能力，而穿透能力随着波长的变长而变强，L 波段的雷达波甚至能穿透一定厚度的柏油路面，所以在地面条件不好的地区为了保证相干性应该优先选择长波段数据。在地面裸露区，如城市建筑区、大片基岩出露的地方，不规则散射体分布多，后向散射能力强，则相应的 SAR 图像具有很高的相干性，这种地区适用各种波段数据，具体的波长选择要看具体地区的变形速率和需要的测量精度。在镜面反射能力较强的地区，如湖泊、河流、光滑路面等，由于其后向散射能力非常微弱，SAR 卫星无法接收到雷达回波或接收信号微弱，此时也不能形成干涉，这些地区在雷达的强度影像图上会显示为黑色区域。

2）时间间隔

雷达波由卫星发射，到达地面反射，再由卫星接收，是一个很复杂的物理过程。随着时间的推移，地面属性也许会发生变化，发生变化后的地面雷达波特征会发生变化，这时就会失去相干性，尤其是在地面条件不好时。所以一般情况下，随着 SAR 图像时间间隔的增加，相干性会逐渐变弱，甚至失去相干性。如果地面目标后向反射强度保持不变，如城市地面、建筑区域，则可以在很长时间间隔下保持良好的相干性。

3）空间基线

同一形成干涉的两幅 SAR 图像除了要求相同轨道外，雷达的垂直入射角参数也必须相同或者非常相近，这是因为侧视角不同的两次雷达成像会导致雷达信号存在差异，差异会导致相干性越弱，如果差异较大则会彻底失相干。空间基线的长度就是侧视角度的表现，是指雷达卫星对同一地区成像时，卫星在空间上的相对距离，在 InSAR 计算中一般用垂直基线表示，过长的空间基线会导致图像的多普勒偏移变大，从而造成失相干。使雷达图像完全失去相干性时的基线长度称为临界基线。所以在 InSAR 计算中，要避免使用长基线的干涉对。目前新一代雷达卫星都有非常好的控轨能力，可以极大地优化空间基线参数。

4）变形速率

雷达干涉测量对变形的敏感度与雷达波波长相关，在 InSAR 计算中，如果相邻两个像元的变形差超过了 1/4 雷达波波长，这时便失去了准确测量变形的能力，可能会丢失变形周期，使测量结果比实际变形小。当相邻像元变形差过大时就会失去相干性从而无法形成干涉。所以短波长数据对变形有更高的敏感程度，但不适合测量较大变形；而长波数据测量变形的敏感程度相对较低，但在大变形测量时有独特的优势，所以选择数据时要结合实际情况。

4. 大气误差

星载雷达卫星大多数都是太阳同步轨道卫星，所以卫星成像时雷达波必然要穿越大气层。虽然雷达波具有穿透云层的能力，但不同的大气成分会对雷达波的传输速度产生影响，雷达卫星每次成像时大气都是不一样的，所以干涉测量过程中会出现因为大气效应而造成的相位差，这是干扰 InSAR 测量准确程度的一个重要因素。雷达波长度与大气延迟敏感性关系密切，波长越短受到的大气延迟影响越明显。

第二节　InSAR 结果分析

受制于 Sentinel-1 卫星数据本身的分辨率，研究区 InSAR 观测结果空间分辨率近15m。研究区观测到的变形主要是采矿后沉降变形，所以将 InSAR 计算得到的雷达视线向变形转为垂直向变形。

一、选取监测线

由于大通煤矿区域较广，InSAR 数据集密度较高，需要选取地表沉降明显的地区作为研究对象。使用最小费用流的方法进行相位解缠处理，相干性阈值设置为 0.2，生成相位解缠结果图像，解缠相位均过度平滑，未出现相位跳跃的情况，但部分解缠相位受大气效应干扰严重。为了保证研究结果的准确性，利用快速空间滤波方法初步估算大气相位，再将大气相位去除，确保结果的清晰程度。将各项误差处理解决，可得到最终数据。

由 ENVI 软件得到最终数据，将其导入 arcgis 中，如图 8-7 所示，可以清晰地看到该地区 8 年累计变化速率，选取其中特定地点设置 3 条监测线，分别为 EH1-EH1′测线、EH2-EH2′测线、EH3-EH3′测线。为了方便阐述，将 EH1-EH1′测线称为 L1 测线、EH2-EH2′测线称为 L2 测线、EH3-EH3′测线称为 L3 测线，如图 8-8 所示。其中每条监测线涉及主要的煤矿区，元树儿煤矿勘测线为 L1，小煤洞煤矿勘测线为 L2，大煤洞煤矿勘测线为 L3。每条测线上按照 InSAR 数据图显示，选取 12 个地表变形量较大的点。获取的点数据包括点的编号，根据地理坐标编辑的 x、y 坐标数据，8 年的年均变化量和累计变化量，以及年均变形速率。

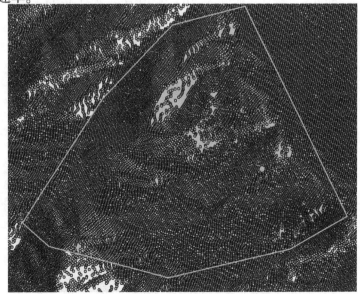

图 8-7　arcgis 呈现地表沉降变形量集

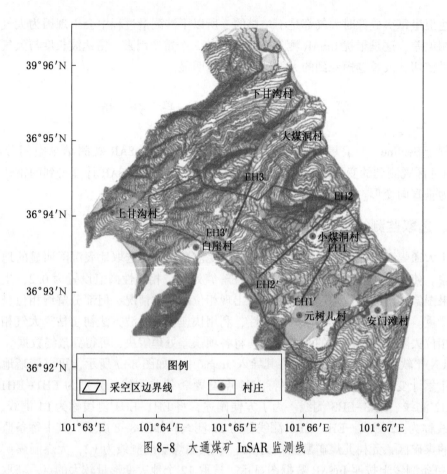

图 8-8　大通煤矿 InSAR 监测线

二、8 年逐年变化分析

利用 Stacking-InSAR 方法计算研究区 2014 年 10 月至 2021 年 11 月逐年地面沉降变形情况。

如图 8-9 所示，2014 年 10 月至 2016 年 10 月大通矿区均有不同程度的地表变化。沉

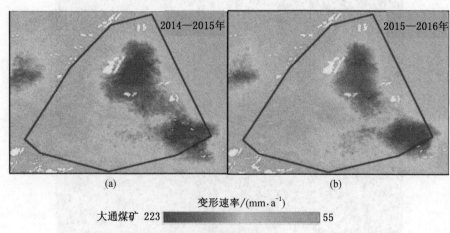

图 8-9　大通矿区逐年地面变形分布图（2014—2016 年）

降区主要分布在矿区中部和东南部，且两年的年均变化速率最大可达 220mm/a 以上。图 8-9 中白色部分是卫星数据和系统运算中存在的少许误差，导致数据缺失，但不影响对总体地区变形规律的分析。

如图 8-10 所示，2015 年以后，矿区的变形范围和沉降程度均开始减弱。2016 年以后矿区东南部还存在小部分地面沉降，2016 年沉降量也达到 100mm/a 以上。矿区中部及东南部 8 年的累计沉降量可达到 400mm/a。

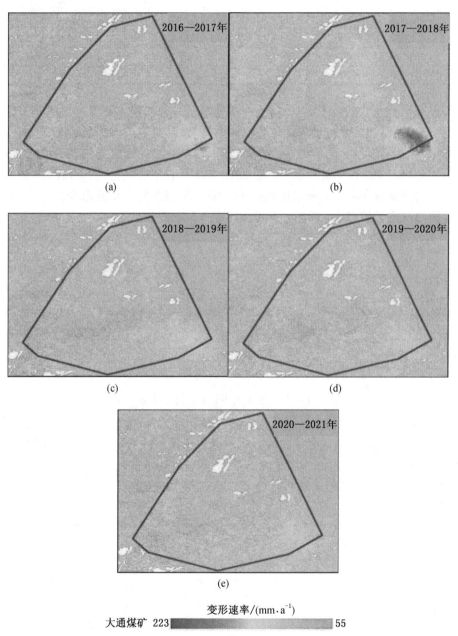

图 8-10 大通矿区逐年地面变形分布图（2016—2021 年）

三、L1 监测线上监测点 8 年累计变形量

L1 监测线上监测点 M1-1 累计变形量见表 8-2。

表 8-2　L1 监测线上监测点 M1-1 累计变形量　　　　　　　　　mm

时间	2014-12-18	2015-04-29	2015-10-14	2016-01-18	2016-07-04	2016-10-14	2017-03-25
变形量	-2	-3	-13	-20	-24	-35	-39
时间	2017-08-04	2017-10-15	2018-01-19	2018-07-06	2018-10-10	2019-01-26	2019-07-01
变形量	-45	-45	-51	-43	-54	-59	-58
时间	2019-10-17	2020-02-02	2020-07-31	2020-10-11	2021-01-03	2021-06-08	2021-10-18
变形量	-58	-66	-56	-57	-50	-70	-77

监测点 M1-1 位于 L1 监测线上 EH1′端端点处，该监测线主要穿过元树儿矿区，通过 arcgis 软件形成 mxd 格式数据文件，将数据导出至 Excel 进行编辑，如图 8-11 所示。该监测点在 2014—2021 年共发生了 77mm 的沉降量（表 8-2），变形速率为-9.843mm/a。该监测点 8 年的地表变形速率基本稳定，于 2018 年 7 月 6 日地表发生了约 10mm 的抬升，抬升量不大，初步推测存在人为种植植物行为，使该监测点发生抬升形变。2021 年 10 月 3 日，该监测点发生了约 20mm 的抬升，可能存在人工治理现象。

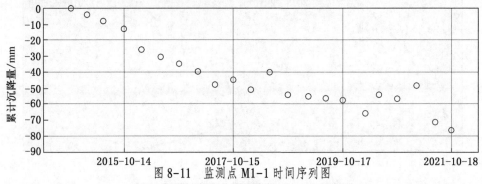

图 8-11　监测点 M1-1 时间序列图

监测点 M1-2 位于靠近 L1 监测线上 EH1′端端点处，该监测线主要穿过元树儿矿区，通过 arcgis 软件形成 mxd 格式数据文件，将数据导出至 Excel 进行编辑，如图 8-12 所示。该监测点在 2014—2021 年共发生了 138mm 的沉降量（表 8-3），变形速率为-17.992mm/a。该监测点 8 年的地表变形速率基本稳定，2017 年 10 月 15 日到 2019 年 1 月 26 日，该监测点基本未发生形变。

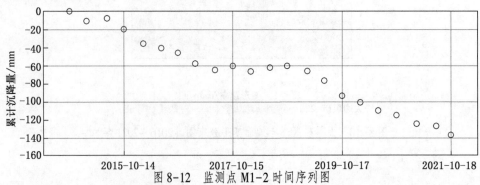

图 8-12　监测点 M1-2 时间序列图

表 8-3　L1 监测线上监测点 M1-2 累计变形量　　　mm

时间	2014-12-18	2015-04-29	2015-10-14	2016-01-18	2016-07-04	2016-10-14	2017-03-25
变形量	-6	-5	-19	-31	-41	-46	-59
时间	2017-08-04	2017-10-15	2018-01-19	2018-07-06	2018-10-10	2019-01-26	2019-07-01
变形量	-63	-60	-65	-65	-61	-61	-72
时间	2019-10-17	2020-02-02	2020-07-31	2020-10-11	2021-01-03	2021-06-08	2021-10-18
变形量	-94	-99	-121	-116	-123	-130	-138

　　监测点 M1-3 位于靠近 L1 监测线上 EH1′端端点处，该监测线主要穿过元树儿矿区，通过 arcgis 软件形成的 mxd 格式数据文件，将数据导出至 Excel 进行编辑，如图 8-13 所示。该监测点在 2014—2021 年共发生了 154mm 的沉降量（表 8-4），变形速率为 -17.639mm/a。该监测点 8 年的地表变形速率基本稳定，2018 年 10 月 10 日该监测点发生了微小的抬升，推测可能受人类活动影响，也可能存在大气误差。

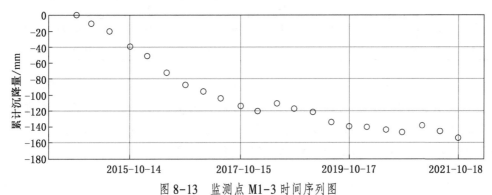

图 8-13　监测点 M1-3 时间序列图

表 8-4　L1 监测线上监测点 M1-3 累计变形量　　　mm

时间	2014-12-18	2015-04-29	2015-10-14	2016-01-18	2016-07-04	2016-10-14	2017-03-25
变形量	-14	-22	-38	-50	-83	-87	-101
时间	2017-08-04	2017-10-15	2018-01-19	2018-07-06	2018-10-10	2019-01-26	2019-07-01
变形量	-107	-113	-119	-120	-117	-122	-135
时间	2019-10-17	2020-02-02	2020-07-31	2020-10-11	2021-01-03	2021-06-08	2021-10-18
变形量	-139	-142	-148	-146	-148	-147	-154

　　监测点 M1-4 位于靠近 L1 监测线上 EH1′端端点处，该监测线主要穿过元树儿矿区，通过 arcgis 软件形成 mxd 格式数据文件，将数据导出至 Excel 进行编辑，如图 8-14 所示。该监测点在 2014—2021 年共发生了 123mm 的沉降量（表 8-5），年均变形速率为 -14.397mm/a。该监测点 8 年的地表变形速率基本稳定，于 2018 年 7 月 6 日地表发生了约 10mm 的抬升，抬升量不大，初步推测存在人为种植植物行为，使该监测点发生抬升形变。该监测点又于 2021 年 10 月 3 日发生了约 5mm 的抬升，推测可能存在人类活动影响因素，也可能存在大气误差。

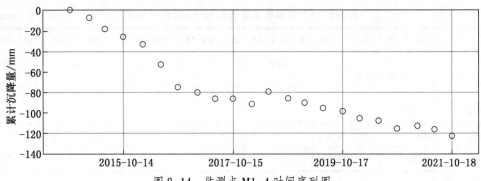

图 8-14　监测点 M1-4 时间序列图

表 8-5　L1 监测线上监测点 M1-4 累计变形量　　　　　　　　　mm

时间	2014-12-18	2015-04-29	2015-10-14	2016-01-18	2016-07-04	2016-10-14	2017-03-25
变形量	-5	-25	-25	-34	-67	-75	-86
时间	2017-08-04	2017-10-15	2018-01-19	2018-07-06	2018-10-10	2019-01-26	2019-07-01
变形量	-87	-87	-88	-79	-85	-94	-98
时间	2019-10-17	2020-02-02	2020-07-31	2020-10-11	2021-01-03	2021-06-08	2021-10-18
变形量	-98	-109	-110	-116	-114	-120	-123

　　监测点 M1-5 位于 L1 监测线中间区域，该监测线主要穿过元树儿矿区，通过 arcgis 软件形成 mxd 格式数据文件，将数据导出至 Excel 进行编辑，如图 8-15 所示。该监测点在 2014—2021 年共发生了 193mm 的沉降量（表 8-6），变形速率为 -23.02mm/a。该监测点 8 年的地表变形速率基本稳定，2016 年变形速率有所加快。

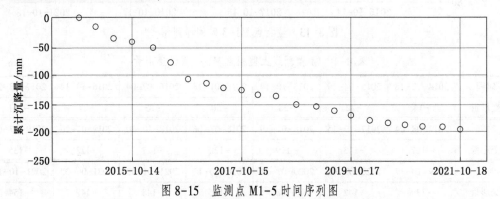

图 8-15　监测点 M1-5 时间序列图

表 8-6　L1 监测线上监测点 M1-5 累计变形量　　　　　　　　　mm

时间	2014-12-18	2015-04-29	2015-10-14	2016-01-18	2016-07-04	2016-10-14	2017-03-25
变形量	-7	-29	-39	-62	-96	-105	-118
时间	2017-08-04	2017-10-15	2018-01-19	2018-07-06	2018-10-10	2019-01-26	2019-07-01
变形量	-121	-125	-133	-135	-151	-162	-163
时间	2019-10-17	2020-02-02	2020-07-31	2020-10-11	2021-01-03	2021-06-08	2021-10-18
变形量	-170	-180	-181	-187	-183	-186	-193

监测点 M1-6 位于 L1 监测线中间区域，该监测线主要穿过元树儿矿区，通过 arcgis 软件形成 mxd 格式数据文件，将数据导出至 Excel 进行编辑，如图 8-16 所示。该监测点在 2014—2021 年共发生了 150mm 的沉降量（表 8-7），变形速率为-15.777mm/a。2014—2017 年该监测点的沉降变形速率很快，2018 年之后便趋于稳定。

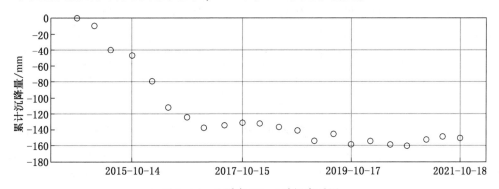

图 8-16　监测点 M1-6 时间序列图

表 8-7　监测线上 L1 点 M1-6 累计变形量　　　　　　　　　　　　　　mm

时间	2014-12-18	2015-04-29	2015-10-14	2016-01-18	2016-07-04	2016-10-14	2017-03-25
变形量	-8	-40	-46	-78	-114	-123	-138
时间	2017-08-04	2017-10-15	2018-01-19	2018-07-06	2018-10-10	2019-01-26	2019-07-01
变形量	-134	-131	-132	-128	-141	-155	-151
时间	2019-10-17	2020-02-02	2020-07-31	2020-10-11	2021-01-03	2021-06-08	2021-10-18
变形量	-157	-157	-163	-160	-152	-147	-150

监测点 M1-7 位于 L1 监测线中间区域，该监测线主要穿过元树儿矿区，通过 arcgis 软件形成 mxd 格式数据文件，将数据导出至 Excel 进行编辑，如图 8-17 所示。该监测点在 2014—2021 年共发生了 126mm 的沉降量（表 8-8），变形速率为-13.39mm/a。2014—2017 年该监测点的沉降变形速率很快，2018 年 1 月 19 日发生了约 15mm 的抬升，初步推测存在人为种植植物行为，之后基本趋于稳定。

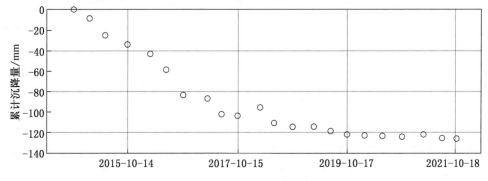

图 8-17　监测点 M1-7 时间序列图

表8-8　L1 监测线上点 M1-7 累计变形量　　　　mm

时间	2014-12-18	2015-04-29	2015-10-14	2016-01-18	2016-07-04	2016-10-14	2017-03-25
变形量	−2	−25	−34	−59	−83	−84	−105
时间	2017-08-04	2017-10-15	2018-01-19	2018-07-06	2018-10-10	2019-01-26	2019-07-01
变形量	−101	−104	−90	−114	−117	−118	−119
时间	2019-10-17	2020-02-02	2020-07-31	2020-10-11	2021-01-03	2021-06-08	2021-10-18
变形量	−122	−125	−125	−124	−121	−122	−126

　　监测点 M1-8 位于 L1 监测线中间区域，该监测线主要穿过元树儿矿区，通过 arcgis 软件形成 mxd 格式数据文件，将数据导出至 Excel 进行编辑，如图 8-18 所示。该监测点在 2014—2021 年共发生了 161mm 的沉降量（表8-9），变形速率为−15.249mm/a。该监测点于 2014—2017 年沉降变形速率很快，2017 年 8 月 4 日发生了约 10mm 的抬升，初步推测存在人为种植植物行为，之后基本趋于稳定。

图 8-18　监测点 M1-8 时间序列图

表8-9　L1 监测线上监测点 M1-8 累计变形量　　　　mm

时间	2014-12-18	2015-04-29	2015-10-14	2016-01-18	2016-07-04	2016-10-14	2017-03-25
变形量	−16	−51	−57	−84	−125	−136	−149
时间	2017-08-04	2017-10-15	2018-01-19	2018-07-06	2018-10-10	2019-01-26	2019-07-01
变形量	−139	−139	−143	−141	−151	−152	−162
时间	2019-10-17	2020-02-02	2020-07-31	2020-10-11	2021-01-03	2021-06-08	2021-10-18
变形量	−156	−166	−163	−157	−159	−158	−161

　　监测点 M1-9 位于靠近 L1 监测线 EH1 端端点处，该监测线主要穿过元树儿矿区，通过 arcgis 软件形成 mxd 格式数据文件，将数据导出至 Excel 进行编辑，如图 8-19 所示。该监测点在 2014—2021 年共发生了 143mm 的沉降量（表8-10），变形速率为−14.336mm/a。2014—2017 年该监测点的沉降变形速率很快，之后基本趋于稳定。

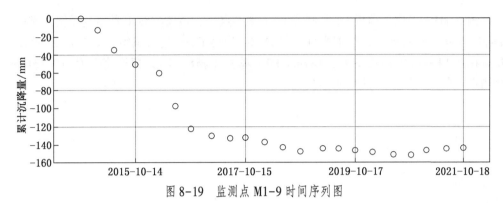

图 8-19 监测点 M1-9 时间序列图

表 8-10 L1 监测线上监测点 M1-9 累计变形量   mm

时间	2014-12-18	2015-04-29	2015-10-14	2016-01-18	2016-07-04	2016-10-14	2017-03-25
变形量	-18	-41	-51	-73	-113	-123	-130
时间	2017-08-04	2017-10-15	2018-01-19	2018-07-06	2018-10-10	2019-01-26	2019-07-01
变形量	-123	-132	-138	-144	-149	-150	-147
时间	2019-10-17	2020-02-02	2020-07-31	2020-10-11	2021-01-03	2021-06-08	2021-10-18
变形量	-146	-142	-152	-152	-148	-148	-143

监测点 M1-10 位于靠近 L1 监测线 EH1 端端点处，该监测线主要穿过元树儿矿区，通过 arcgis 软件形成 mxd 格式数据文件，将数据导出至 Excel 进行编辑，如图 8-20 所示。该监测点在 2014—2021 年共发生了 161mm 的沉降量（表 8-11），变形速率为 -17.298mm/a。2014—2017 年该监测点的沉降变形速率很快，之后发生总沉降量不超过 30mm 的缓慢沉降。

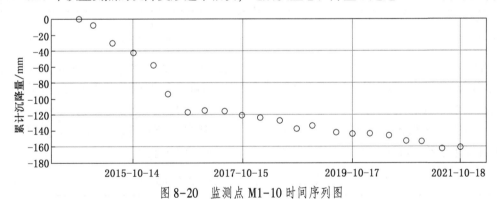

图 8-20 监测点 M1-10 时间序列图

表 8-11 L1 监测线上监测点 M1-10 累计变形量   mm

时间	2014-12-18	2015-04-29	2015-10-14	2016-01-18	2016-07-04	2016-10-14	2017-03-25
变形量	-4	-29	-43	-62	-108	-117	-121
时间	2017-08-04	2017-10-15	2018-01-19	2018-07-06	2018-10-10	2019-01-26	2019-07-01
变形量	-118	-122	-126	-126	-138	-138	-144
时间	2019-10-17	2020-02-02	2020-07-31	2020-10-11	20210103	20210608	20211018
变形量	-144	-149	-154	-152	-152	-160	-161

　　监测点 M1-11 位于靠近 L1 监测线 EH1 端端点处，该监测线主要穿过元树儿矿区，通过 arcgis 软件形成 mxd 格式数据文件，将数据导出至 Excel 进行编辑，如图 8-21 所示。该监测点在 2014—2021 年共发生了 187mm 的沉降量（表 8-12），变形速率为 -19.331mm/a。该监测点 8 年的地表变形速率基本稳定。

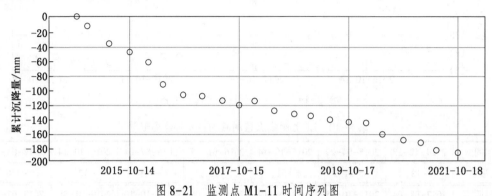

图 8-21　监测点 M1-11 时间序列图

表 8-12　监测线 L1 上监测点 M1-11 累计变形量　　　　mm

时间	2014-12-18	2015-04-29	2015-10-14	2016-01-18	2016-07-04	2016-10-14	2017-03-25
变形量	-3	-39	-47	-78	-114	-106	-116
时间	2017-08-04	2017-10-15	2018-01-19	2018-07-06	2018-10-10	2019-01-26	2019-07-01
变形量	-114	-119	-127	-124	-133	-137	-139
时间	2019-10-17	2020-02-02	2020-07-31	2020-10-11	2021-01-03	2021-06-08	2021-10-18
变形量	-144	-157	-159	-168	-166	-171	-187

　　监测点 M1-12 位于 L1 监测线 EH1 端端点处，该监测线主要穿过元树儿矿区，通过 arcgis 软件形成 mxd 格式数据文件，将数据导出至 Excel 进行编辑，如图 8-22 所示。该监测点在 2014—2021 年共发生了 173mm 的沉降量（表 8-13），变形速率为 -14.285mm/a。2014—2017 年该监测点的沉降变形速率很快，之后基本趋于稳定。该监测点于 2019 年 7 月 1 日发生了约 13mm 的抬升，初步推测存在人为种植植物行为。

表 8-13　监测线 L1 上监测点 M1-12 累计变形量　　　　mm

时间	2014-12-18	2015-04-29	2015-10-14	2016-01-18	2016-07-04	2016-10-14	2017-03-25
变形量	-35	-39	-56	-89	-137	-136	-147
时间	2017-08-04	2017-10-15	2018-01-19	2018-07-06	2018-10-10	2019-01-26	2019-07-01
变形量	-143	-149	-156	-154	-158	-160	-147
时间	2019-10-17	2020-02-02	2020-07-31	2020-10-11	2021-01-03	2021-06-08	2021-10-18
变形量	-148	-153	-153	-152	-150	-150	-173

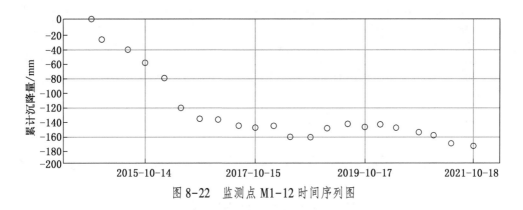

图 8-22　监测点 M1-12 时间序列图

四、L2 监测线上监测点 8 年累计变形量

监测点 M2-1 位于 L2 监测线上 EH2′端端点处，该监测线主要穿过小煤洞矿区，通过 arcgis 软件形成 mxd 格式数据文件，将数据导出至 Excel 进行编辑，如图 8-23 所示。该监测点在 2014—2021 年共发生了 127mm 的沉降量（表 8-14），变形速率为 -15.101mm/a。该监测点 8 年的地表变形速率基本稳定。

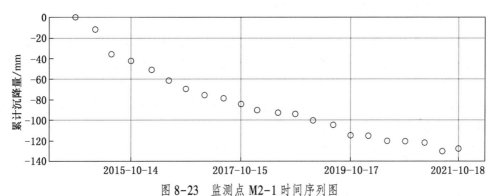

图 8-23　监测点 M2-1 时间序列图

表 8-14　L2 监测线上监测点 M2-1 累计变形量　　　　　　　　　　　　　mm

时间	2014-12-18	2015-04-29	2015-10-14	2016-01-18	2016-07-04	2016-10-14	2017-03-25
变形量	-15	-38	-41	-51	-64	-70	-75
时间	2017-08-04	2017-10-15	2018-01-19	2018-07-06	2018-10-10	2019-01-26	2019-07-01
变形量	-84	-84	-91	-92	-94	-96	-109
时间	2019-10-17	2020-02-02	2020-07-31	2020-10-11	2021-01-03	2021-06-08	2021-10-18
变形量	-115	-115	-119	-120	-121	-133	-127

监测点 M2-2 位于靠近 L2 监测线上 EH2′端端点处，该监测线主要穿过小煤洞矿区，通过 arcgis 软件形成 mxd 格式数据文件，将数据导出至 Excel 进行编辑，如图 8-24 所示。该监测点在 2014—2021 年共发生了 155mm 的沉降量（表 8-15），变形速率为 -13.417mm/a。2014—2017 年该监测点的沉降变形速率很快，2019 年 1 月 26 日发生了约 10mm 的抬升，初步推测存在人为种植植物行为。

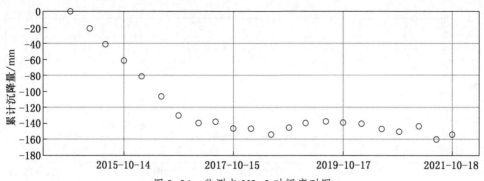

图 8-24 监测点 M2-2 时间序列图

表 8-15 L2 监测线上监测点 M2-2 累计变形量 mm

时间	2014-12-18	2015-04-29	2015-10-14	2016-01-18	2016-07-04	2016-10-14	2017-03-25
变形量	−22	−37	−62	−84	−120	−131	−145
时间	2017-08-04	2017-10-15	2018-01-19	2018-07-06	2018-10-10	2019-01-26	2019-07-01
变形量	−143	−146	−148	−154	−144	−135	−135
时间	2019-10-17	2020-02-02	2020-07-31	2020-10-11	2021-01-03	2021-06-08	2021-10-18
变形量	−139	−146	−150	−150	−139	−162	−155

监测点 M2-3 位于靠近 L2 监测线上 EH2′ 端端点处，该监测线主要穿过小煤洞矿区，通过 arcgis 软件形成 mxd 格式数据文件，将数据导出至 Excel 进行编辑，如图 8-25 所示。该监测点在 2014—2021 年共发生了 250mm 的沉降量（表 8-16），变形速率为 −23.882mm/a。该监测点 8 年的地表变形速率基本稳定，2020 年 7 月 31 日发生了约 20mm 的抬升，可能存在人工治理现象。

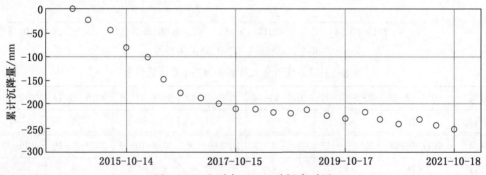

图 8-25 监测点 M2-3 时间序列图

表 8-16 L2 监测线上监测点 M2-3 累计变形量 mm

时间	2014-12-18	2015-04-29	2015-10-14	2016-01-18	2016-07-04	2016-10-14	2017-03-25
变形量	−11	−39	−82	−96	−153	−175	−191
时间	2017-08-04	2017-10-15	2018-01-19	2018-07-06	2018-10-10	2019-01-26	2019-07-01
变形量	−203	−208	−201	−219	−216	−206	−215
时间	2019-10-17	2020-02-02	2020-07-31	2020-10-11	2021-01-03	2021-06-08	2021-10-18
变形量	−227	−215	−234	−239	−231	−242	−250

　　监测点 M2-4 位于靠近 L2 监测线上 EH2′端端点处，该监测线主要穿过小煤洞矿区，通过 arcgis 软件形成 mxd 格式数据文件，将数据导出至 Excel 进行编辑（图 8-26）。该监测点在 2014—2021 年共发生了 243mm 的沉降量（表 8-17），变形速率为−25.797mm/a。该监测点 8 年的地表变形速率基本稳定，2020 年 10 月 11 日发生了约 20mm 的沉降，可能存在人工治理现象。

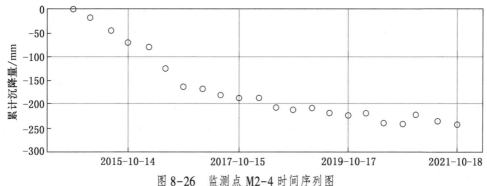

图 8-26　监测点 M2-4 时间序列图

表 8-17　L2 监测线上监测点 M2-4 累计变形量　　　　　　　　　　mm

时间	2014-12-18	2015-04-29	2015-10-14	2016-01-18	2016-07-04	2016-10-14	2017-03-25
变形量	−10	−38	−70	−82	−137	−160	−165
时间	2017-08-04	2017-10-15	2018-01-19	2018-07-06	2018-10-10	2019-01-26	2019-07-01
变形量	−180	−185	−185	−197	−209	−207	−221
时间	2019-10-17	2020-02-02	2020-07-31	2020-10-11	2021-01-03	2021-06-08	2021-10-18
变形量	−226	−211	−237	−242	−228	−231	−243

　　监测点 M2-5 位于 L2 监测线中间区域，该监测线主要穿过小煤洞矿区，通过 arcgis 软件形成 mxd 格式数据文件，将数据导出至 Excel 进行编辑，如图 8-27 所示。该监测点在 2014—2021 年共发生了 223mm 的沉降量（表 8-18），变形速率为−24.02mm/a。2014—2017 年该监测点的沉降变形速率很快，2018 年 1 月 19 日发生了约 5mm 的抬升，初步推测存在人为种植植物行为。2020 年 2 月 2 日发生了约 15mm 的抬升，可能存在人工治理现象。

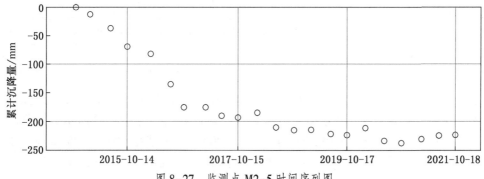

图 8-27　监测点 M2-5 时间序列图

表 8-18　L2 监测线上监测点 M2-5 累计变形量　　　　　　　　mm

时间	2014-12-18	2015-04-29	2015-10-14	2016-01-18	2016-07-04	2016-10-14	2017-03-25
变形量	-5	-34	-67	-78	-148	-174	-173
时间	2017-08-04	2017-10-15	2018-01-19	2018-07-06	2018-10-10	2019-01-26	2019-07-01
变形量	-185	-193	-188	-211	-214	-215	-223
时间	2019-10-17	2020-02-02	2020-07-31	2020-10-11	2021-01-03	2021-06-08	2021-10-18
变形量	-224	-207	-235	-236	-232	-225	-223

　　监测点 M2-6 位于 L1 监测线中间区域，该监测线主要穿过小煤洞矿区，通过 arcgis 软件形成 mxd 格式数据文件，将数据导出至 Excel 进行编辑，如图 8-28 所示。该监测点在 2014—2021 年共发生了 218mm 的沉降量（表 8-19），变形速率为 -23.832mm/a。该监测点 8 年的地表变形速率基本稳定。

图 8-28　监测点 M2-6 时间序列图

表 8-19　L2 监测线上监测点 M2-6 累计变形量　　　　　　　　mm

时间	2014-12-18	2015-04-29	2015-10-14	2016-01-18	2016-07-04	2016-10-14	2017-03-25
变形量	-16	-32	-66	-93	-137	-152	-158
时间	2017-08-04	2017-10-15	2018-01-19	2018-07-06	2018-10-10	2019-01-26	2019-07-01
变形量	-174	-173	-176	-191	-197	-197	-207
时间	2019-10-17	2020-02-02	2020-07-31	2020-10-11	2021-01-03	2021-06-08	2021-10-18
变形量	-208	-207	-221	-220	-224	-227	-218

　　监测点 M2-7 位于 L2 监测线中间区域，该监测线主要穿过小煤洞矿区，通过 arcgis 软件形成 mxd 格式数据文件，将数据导出至 Excel 进行编辑，如图 8-29 所示。该监测点在 2014—2021 年共发生了 231mm 的沉降量（表 8-20），变形速率为 -22.505mm/a。该监测点在 2014—2017 年沉降变形速率很快，2020 年 2 月 2 日发生了约 10mm 的抬升，初步推测存在人为种植植物行为，之后基本趋于稳定。

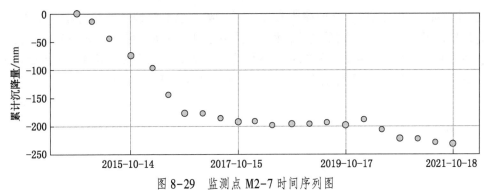

图 8-29　监测点 M2-7 时间序列图

表 8-20　L2 监测线上监测点 M2-7 累计变形量　　mm

时间	2014-12-18	2015-04-29	2015-10-14	2016-01-18	2016-07-04	2016-10-14	2017-03-25
变形量	-6	-38	-74	-104	-159	-176	-180
时间	2017-08-04	2017-10-15	2018-01-19	2018-07-06	2018-10-10	2019-01-26	2019-07-01
变形量	-186	-192	-192	-195	-195	-194	-206
时间	2019-10-17	2020-02-02	2020-07-31	2020-10-11	2021-01-03	2021-06-08	2021-10-18
变形量	-198	-208	-221	-221	-225	-227	-231

监测点 M2-8 位于 L2 监测线中间区域，该监测线主要穿过小煤洞矿区，通过 arcgis 软件形成 mxd 格式数据文件，将数据导出至 Excel 进行编辑，如图 8-30 所示。该监测点在 2014—2021 年共发生了 234mm 的沉降量（表 8-21），变形速率为 -24.201mm/a。2014—2017 年该监测点的沉降变形速率很快，2018 年 1 月 19 日发生了约 10mm 的抬升，初步推测存在人为种植植物行为，之后基本趋于稳定。

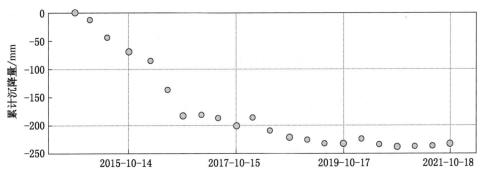

图 8-30　监测点 M2-8 时间序列图

表 8-21　L2 监测线上监测点 M2-8 累计变形量　　mm

时间	2014-12-18	2015-04-29	2015-10-14	2016-01-18	2016-07-04	2016-10-14	2017-03-25
变形量	-6	-32	-70	-98	-159	-182	-183
时间	2017-08-04	2017-10-15	2018-01-19	2018-07-06	2018-10-10	2019-01-26	2019-07-01
变形量	-195	-201	-192	-215	-222	-219	-229
时间	2019-10-17	2020-02-02	2020-07-31	2020-10-11	2021-01-03	2021-06-08	2021-10-18
变形量	-232	-225	-231	-238	-234	-234	-234

监测点 M2-9 位于靠近 L2 监测线 EH2 端端点处，该监测线主要穿过小煤洞矿区，通过 arcgis 软件形成 mxd 格式数据文件，将数据导出至 Excel 进行编辑，如图 8-31 所示。该监测点在 2014—2021 年共发生了 236mm 的沉降量（表 8-22），变形速率为 -24.508mm/a。2014—2017 年该监测点的沉降变形速率很快，之后基本趋于稳定。

图 8-31 监测点 M2-9 时间序列图

表 8-22 L2 监测线上监测点 M2-9 累计变形量   mm

时间	2014-12-18	2015-04-29	2015-10-14	2016-01-18	2016-07-04	2016-10-14	2017-03-25
变形量	-4	-31	-66	-97	-165	-186	-189
时间	2017-08-04	2017-10-15	2018-01-19	2018-07-06	2018-10-10	2019-01-26	2019-07-01
变形量	-199	-202	-198	-218	-220	-215	-228
时间	2019-10-17	2020-02-02	2020-07-31	2020-10-11	2021-01-03	2021-06-08	2021-10-18
变形量	-231	-224	-242	-247	-238	-239	-236

监测点 M2-10 位于靠近 L2 监测线 EH2 端端点处，该监测线主要穿过小煤洞矿区，通过 arcgis 软件形成 mxd 格式数据文件，将数据导出至 Excel 进行编辑，如图 8-32 所示。该监测点在 2014—2021 年共发生了 218mm 的沉降量（表 8-23），变形速率为 -23.106mm/a。2015 年 10 月 14 日该监测点的变形速率加快，至 2017 年 10 月逐渐减缓，之后发生总沉降量不超过 30mm 的缓慢沉降。

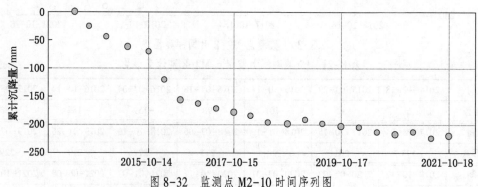

图 8-32 监测点 M2-10 时间序列图

表 8-23　L2 监测线上监测点 M2-10 累计变形量　　mm

时间	2014-12-18	2015-04-29	2015-10-14	2016-01-18	2016-07-04	2016-10-14	2017-03-25
变形量	-13	-36	-58	-66	-135	-154	-168
时间	2017-08-04	2017-10-15	2018-01-19	2018-07-06	2018-10-10	2019-01-26	2019-07-01
变形量	-171	-175	-186	-202	-200	-194	-199
时间	2019-10-17	2020-02-02	2020-07-31	2020-10-11	2021-01-03	2021-06-08	2021-10-18
变形量	-206	-204	-212	-214	-212	-223	-218

　　监测点 M2-11 位于靠近 L2 监测线 EH2 端端点处，该监测线主要穿过小煤洞矿区，通过 arcgis 软件形成 mxd 格式数据文件，将数据导出至 Excel 进行编辑，如图 8-33 所示。该监测点在 2014—2021 年共发生了 197mm 的沉降量（表 8-24），变形速率为 -24.757mm/a。该监测点 8 年的地表变形速率基本稳定，2019 年 10 月 17 日以后基本处于稳定。

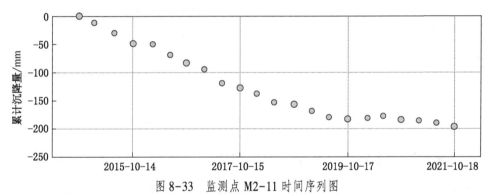

图 8-33　监测点 M2-11 时间序列图

表 8-24　L2 监测线上监测点 M2-11 累计变形量　　mm

时间	2014-12-18	2015-04-29	2015-10-14	2016-01-18	2016-07-04	2016-10-14	2017-03-25
变形量	-9	-32	-50	-50	-75	-84	-100
时间	2017-08-04	2017-10-15	2018-01-19	2018-07-06	2018-10-10	2019-01-26	2019-07-01
变形量	-113	-127	-131	-150	-157	-163	-173
时间	2019-10-17	2020-02-02	2020-07-31	2020-10-11	2021-01-03	2021-06-08	2021-10-18
变形量	-184	-188	-184	-185	-190	-194	-197

　　监测点 M2-12 位于 L2 监测线 EH2 端端点处，该监测线主要穿过小煤洞矿区，通过 arcgis 软件形成 mxd 格式数据文件，将数据导出至 Excel 进行编辑，如图 8-34 所示。该监测点在 2014—2021 年共发生了 151mm 的沉降量（表 8-25），变形速率为 -14.882mm/a。2014—2017 年该监测点的沉降变形速率很快，2017 年 10 月 15 日至 2019 年 10 月 28 日基本趋于稳定。2019 年 7 月 1 日以后共发生了约 30mm 的抬升，可能存在人工治理现象。

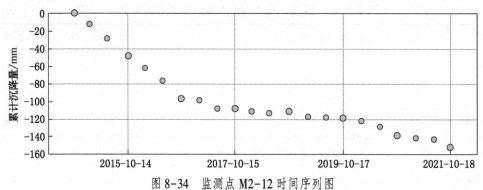

图 8-34 监测点 M2-12 时间序列图

表 8-25 L2 监测线上监测点 M2-12 累计变形量 mm

时间	2014-12-18	2015-04-29	2015-10-14	2016-01-18	2016-07-04	2016-10-14	2017-03-25
变形量	-15	-33	-48	-71	-92	-96	-104
时间	2017-08-04	2017-10-15	2018-01-19	2018-07-06	2018-10-10	2019-01-26	2019-07-01
变形量	-109	-107	-115	-107	-111	-113	-112
时间	2019-10-17	2020-02-02	2020-07-31	2020-10-11	2021-01-03	2021-06-08	2021-10-18
变形量	-119	-122	-132	-137	-138	-143	-151

五、L3 监测线上监测点 8 年累计变形量

监测点 M3-1 位于 L3 监测线上 EH3 端端点处，该监测线主要穿过大煤洞矿区，通过 arcgis 软件形成 mxd 格式数据文件，将数据导出至 Excel 进行编辑，如图 8-35 所示。该监测点在 2014—2021 年共发生了 291mm 的沉降量（表 8-26），变形速率为 -23.531mm/a。2014—2017 年该监测点的沉降变形速率很快，2019 年 10 月 17 日发生了约 10mm 的抬升，初步推测存在人为种植植物行为。

表 8-26 L3 监测线上监测点 M3-1 累计变形量 mm

时间	2014-12-18	2015-04-29	2015-10-14	2016-01-18	2016-07-04	2016-10-14	2017-03-25
变形量	-28	-98	-113	-161	-195	-230	-247
时间	2017-08-04	2017-10-15	2018-01-19	2018-07-06	2018-10-10	2019-01-26	2019-07-01
变形量	-259	-259	-262	-263	-272	-274	-260
时间	2019-10-17	2020-02-02	2020-07-31	2020-10-11	2021-01-03	2021-06-08	2021-10-18
变形量	-256	-262	-258	-283	-279	-286	-291

图 8-35 监测点 M3-1 时间序列图

监测点 M3-2 位于靠近 L3 监测线上 EH3 端端点处，该监测线主要穿过大煤洞矿区，通过 arcgis 软件形成 mxd 格式数据文件，将数据导出至 Excel 进行编辑，如图 8-36 所示。该监测点在 2014—2021 年共发生了 297mm 的沉降量（表 8-27），变形速率为 -24.618mm/a。2014—2017 年该监测点的沉降变形速率很快，2020 年 7 月 31 日发生了约 5mm 的抬升，初步推测存在人类活动影响或出现了误差。

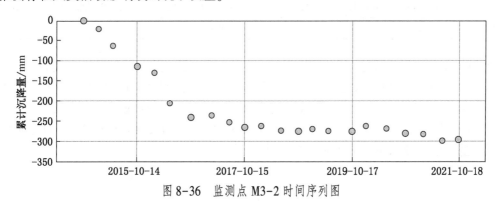

图 8-36 监测点 M3-2 时间序列图

表 8-27 L3 监测线上监测点 M3-2 累计变形量　　　　　　　　mm

时间	2014-12-18	2015-04-29	2015-10-14	2016-01-18	2016-07-04	2016-10-14	2017-03-25
变形量	-20	-85	-114	-152	-208	-243	-264
时间	2017-08-04	2017-10-15	2018-01-19	2018-07-06	2018-10-10	2019-01-26	2019-07-01
变形量	-259	-265	-269	-270	-276	-285	-280
时间	2019-10-17	2020-02-02	2020-07-31	2020-10-11	2021-01-03	2021-06-08	2021-10-18
变形量	-275	-275	-280	-281	-282	-294	-297

监测点 M3-3 位于靠近 L3 监测线上 EH3 端端点处，该监测线主要穿过大煤洞矿区，通过 arcgis 软件形成 mxd 格式数据文件，将数据导出至 Excel 进行编辑，如图 8-37 所示。该监测点在 2014—2021 年发生了 320mm 的沉降量（表 8-28），变形速率为 -28.03mm/a。2014—2017 年该监测点的沉降变形速率很快，2017 年 10 月 15 日以后，地表变形速率较平缓，变形量不超过 25mm。

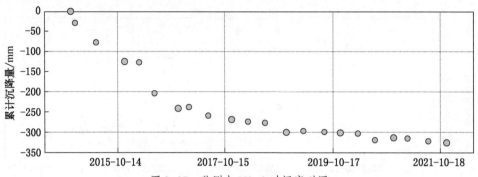

图 8-37　监测点 M3-3 时间序列图

表 8-28　L3 监测线上监测点 M3-3 累计变形量　　　　　　　　　　　　mm

时间	2014-12-18	2015-04-29	2015-10-14	2016-01-18	2016-07-04	2016-10-14	2017-03-25
变形量	-20	-88	-122	-158	-208	-239	-259
时间	2017-08-04	2017-10-15	2018-01-19	2018-07-06	2018-10-10	2019-01-26	2019-07-01
变形量	-264	-268	-272	-270	-292	-301	-301
时间	2019-10-17	2020-02-02	2020-07-31	2020-10-11	2021-01-03	2021-06-08	2021-10-18
变形量	-292	-298	-306	-305	-301	-312	-320

　　监测点 M3-4 位于靠近 L3 监测线上 EH3 端端点处，该监测线主要穿过大煤洞矿区，通过 arcgis 软件形成 mxd 格式数据文件，将数据导出至 Excel 进行编辑，如图 8-38 所示。该监测点在 2014—2021 年共发生了 287mm 的沉降量（表 8-29），变形速率为-23.097mm/a。该监测点 8 年的地表变形速率基本稳定，2017 年 10 月 15 日至 2019 年 10 月 17 日基本没有变化，之后发生了约 20mm 的沉降，推测进行了人工整治。

图 8-38　监测点 M3-4 时间序列图

表 8-29　L3 监测线上监测点 M3-4 累计变形量　　　　　　　　　　　　mm

时间	2014-12-18	2015-04-29	2015-10-14	2016-01-18	2016-07-04	2016-10-14	2017-03-25
变形量	-17	-91	-113	-154	-198	-214	-228
时间	2017-08-04	2017-10-15	2018-01-19	2018-07-06	2018-10-10	2019-01-26	2019-07-01
变形量	-229	-226	-232	-229	-240	-243	-234
时间	2019-10-17	2020-02-02	2020-07-31	2020-10-11	2021-01-03	2021-06-08	2021-10-18
变形量	-236	-240	-251	-265	-272	-271	-287

监测点 M3-5 位于 L3 监测线中间区域，该监测线主要穿过大煤洞矿区，通过 arcgis 软件形成 mxd 格式数据文件，将数据导出至 Excel 进行编辑，如图 8-39 所示。该监测点在 2014—2021 年共发生了 302mm 的沉降量（表 8-30），变形速率为 -23.554mm/a。2014—2017 年该监测点的沉降变形速率很快，之后基本趋于稳定。

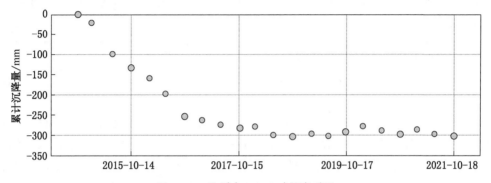

图 8-39　监测点 M3-5 时间序列图

表 8-30　L3 监测线上监测点 M3-5 累计变形量
mm

时间	2014-12-18	2015-04-29	2015-10-14	2016-01-18	2016-07-04	2016-10-14	2017-03-25
变形量	-38	-110	-136	-175	-230	-255	-269
时间	2017-08-04	2017-10-15	2018-01-19	2018-07-06	2018-10-10	2019-01-26	2019-07-01
变形量	-284	-284	-291	-307	-303	-309	-298
时间	2019-10-17	2020-02-02	2020-07-31	2020-10-11	2021-01-03	2021-06-08	2021-10-18
变形量	-292	-291	-294	-294	-299	-307	-302

监测点 M3-6 位于 L3 监测线中间区域，该监测线主要穿过大煤洞矿区，通过 arcgis 软件形成 mxd 格式数据文件，将数据导出至 Excel 进行编辑，如图 8-40 所示。该监测点在 2014—2021 年共发生了 282mm 的沉降量（表 8-31），变形速率为 -22.384mm/a。2014—2017 年该监测点的沉降变形速率很快，之后基本趋于稳定。

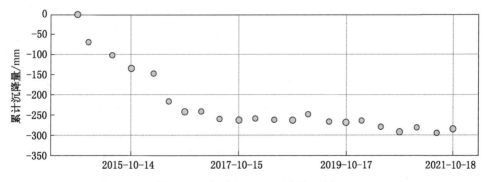

图 8-40　监测点 M3-6 时间序列图

表8-31　L3监测线上监测点M3-6累计变形量　　　　　　　　　mm

时间	2014-12-18	2015-04-29	2015-10-14	2016-01-18	2016-07-04	2016-10-14	2017-03-25
变形量	-38	-93	-134	-170	-215	-243	-256
时间	2017-08-04	2017-10-15	2018-01-19	2018-07-06	2018-10-10	2019-01-26	2019-07-01
变形量	-254	-264	-259	-267	-263	-268	-265
时间	2019-10-17	2020-02-02	2020-07-31	2020-10-11	2021-01-03	2021-06-08	2021-10-18
变形量	-267	-269	-280	-287	-290	-281	-282

　　监测点M3-7位于L3监测线中间区域，该监测线主要穿过大煤洞矿区，通过arcgis软件形成mxd格式数据文件，将数据导出至Excel进行编辑，如图8-41所示。该监测点在2014—2021年共发生了269mm的沉降量（表8-32），变形速率为-22.877mm/a。2014—2017年该监测点的沉降变形速率很快，2018年7月6日发生了约15mm的抬升，初步推测存在人为种植植物行为，之后基本趋于稳定。

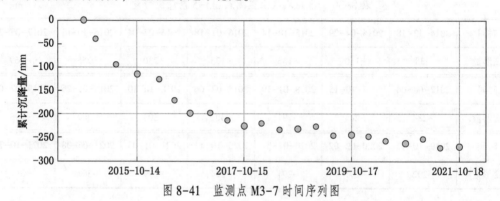

图8-41　监测点M3-7时间序列图

表8-32　L3监测线上监测点M3-7累计变形量　　　　　　　　　mm

时间	2014-12-18	2015-04-29	2015-10-14	2016-01-18	2016-07-04	2016-10-14	2017-03-25
变形量	-32	-91	-114	-147	-184	-198	-216
时间	2017-08-04	2017-10-15	2018-01-19	2018-07-06	2018-10-10	2019-01-26	2019-07-01
变形量	-222	-226	-229	-244	-232	-242	-233
时间	2019-10-17	2020-02-02	2020-07-31	2020-10-11	2021-01-03	2021-06-08	2021-10-18
变形量	-244	-251	-258	-261	-265	-264	-269

　　监测点M3-8位于L3监测线中间区域，该监测线主要穿过大煤洞矿区，通过arcgis软件形成mxd格式数据文件，将数据导出至Excel进行编辑，如图8-42所示。该监测点在2014—2021年共发生了257mm的沉降量（表8-33），变形速率为-23.892mm/a。该监测点8年的地表变形速率基本稳定。

图 8-42 监测点 M3-8 时间序列图

表 8-33 L3 监测线上监测点 M3-8 累计变形量 mm

时间	2014-12-18	2015-04-29	2015-10-14	2016-01-18	2016-07-04	2016-10-14	2017-03-25
变形量	-27	-79	-100	-128	-152	-168	-182
时间	2017-08-04	2017-10-15	2018-01-19	2018-07-06	2018-10-10	2019-01-26	2019-07-01
变形量	-181	-186	-189	-210	-213	-211	-215
时间	2019-10-17	2020-02-02	2020-07-31	2020-10-11	2021-01-03	2021-06-08	2021-10-18
变形量	-218	-225	-242	-249	-243	-246	-257

监测点 M3-9 位于靠近 L3 监测线 EH3′端端点处，该监测线主要穿过大煤洞矿区，通过 arcgis 软件形成 mxd 格式数据文件，将数据导出至 Excel 进行编辑，如图 8-43 所示。该监测点在 2014—2021 年共发生了 198mm 的沉降量（表 8-34），变形速率为-14.129mm/a。2014—2017 年该监测点的沉降变形速率很快，之后基本趋于稳定。

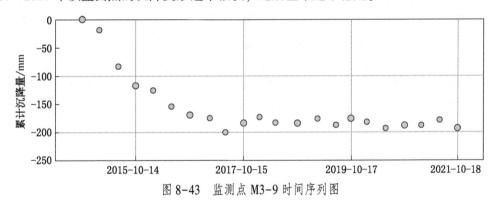

图 8-43 监测点 M3-9 时间序列图

表 8-34 L3 监测线上监测点 M3-9 累计变形量 mm

时间	2014-12-18	2015-04-29	2015-10-14	2016-01-18	2016-07-04	2016-10-14	2017-03-25
变形量	-35	-83	-104	-130	-163	-169	-178
时间	2017-08-04	2017-10-15	2018-01-19	2018-07-06	2018-10-10	2019-01-26	2019-07-01
变形量	-183	-182	-189	-192	-183	-181	-180
时间	2019-10-17	2020-02-02	2020-07-31	2020-10-11	2021-01-03	2021-06-08	2021-10-18
变形量	-178	-178	-184	-186	-187	-197	-198

　　监测点 M3-10 位于靠近 L3 监测线 EH3′端端点处，该监测线主要穿过大煤洞矿区，通过 arcgis 软件形成 mxd 格式数据文件，将数据导出至 Excel 进行编辑，如图 8-44 所示。该监测点在 2014—2021 年共发生了 187mm 的沉降量（表 8-35），变形速率为-13.548mm/a。2014—2017 年该监测点的沉降变形速率很快，之后基本趋于稳定。

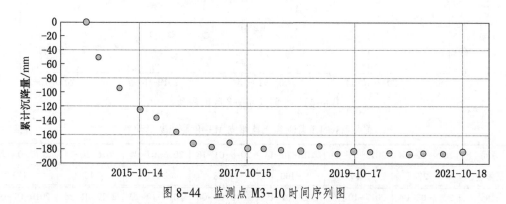

图 8-44　监测点 M3-10 时间序列图

表 8-35　L3 监测线上监测点 M3-10 累计变形量

mm

时间	2014-12-18	2015-04-29	2015-10-14	2016-01-18	2016-07-04	2016-10-14	2017-03-25
变形量	-13	-36	-58	-66	-135	-154	-168
时间	2017-08-04	2017-10-15	2018-01-19	2018-07-06	2018-10-10	2019-01-26	2019-07-01
变形量	-176	-178	-184	-177	-179	-179	-177
时间	2019-10-17	2020-02-02	2020-07-31	2020-10-11	2021-01-03	2021-06-08	2021-10-18
变形量	-180	-187	-189	-188	-188	-187	-187

　　监测点 M3-11 位于靠近 L3 监测线 EH3′端端点处，该监测线主要穿过大煤洞矿区，通过 arcgis 软件形成 mxd 格式数据文件，将数据导出至 Excel 进行编辑，如图 8-45 所示。该监测点在 2014—2021 年共发生了 166mm 的沉降量（表 8-36），变形速率为-14.207mm/a。2015 年 4 月 29 日该监测点发生了近 30mm 的大变形，推测发生了地面塌陷等灾害，之后地表变形趋于稳定。

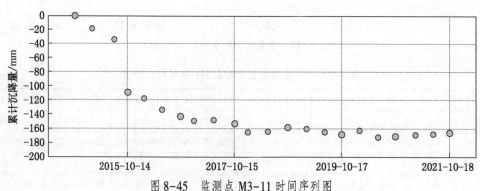

图 8-45　监测点 M3-11 时间序列图

表 8-36　L3 监测线上监测点 M3-11 累计变形量　　　　　　　　mm

时间	2014-12-18	2015-04-29	2015-10-14	2016-01-18	2016-07-04	2016-10-14	2017-03-25
变形量	-25	-69	-101	-118	-134	-143	-149
时间	2017-08-04	2017-10-15	2018-01-19	2018-07-06	2018-10-10	2019-01-26	2019-07-01
变形量	-150	-152	-157	-156	-158	-162	-165
时间	2019-10-17	2020-02-02	2020-07-31	2020-10-11	2021-01-03	2021-06-08	2021-10-18
变形量	-167	-171	-168	-171	-172	-167	-166

　　监测点 M3-12 位于 L 监测线 EH3′端端点处，该监测线主要穿过大煤洞矿区，通过 arcgis 软件形成 mxd 格式数据文件，将数据导出至 Excel 进行编辑，如图 8-46 所示。该监测点在 2014—2021 年共发生了 161mm 的沉降量（表 8-37），变形速率为 -14.568mm/a。2014—2015 年该监测点发生了快速地表变形，2015 年 10 月 14 日以后变形速率逐渐减缓。

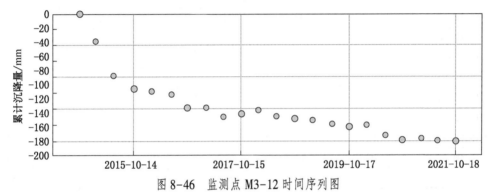

图 8-46　监测点 M3-12 时间序列图

表 8-37　L3 监测线上监测点 M3-12 累计变形量　　　　　　　　mm

时间	2014-12-18	2015-04-29	2015-10-14	2016-01-18	2016-07-04	2016-10-14	2017-03-25
变形量	-22	-64	-88	-103	-111	-121	-125
时间	2017-08-04	2017-10-15	2018-01-19	2018-07-06	2018-10-10	2019-01-26	2019-07-01
变形量	-125	-127	-130	-128	-130	-135	-135
时间	2019-10-17	2020-02-02	2020-07-31	2020-10-11	2021-01-03	2021-06-08	2021-10-18
变形量	-144	-145	-155	-156	-160	-159	-161

六、分析 L1 监测线上各监测点在特定时间发生的特殊形变

　　为了进一步精准判断矿区地表变形，将筛选出的各监测点进行以一年为单位的图表绘制。详细的数据可以反映出监测点 8 年间发生的细小地表变化情况。相较于 8 年的累计变形量，该数据可以有效去除大气相位、DEM 误差、时间间隔、系统问题所导致的误差。此次选取的最大时间基线为 30 天，发生特殊变形的时间共有 3 个时间区段，分别为 2014 年 10 月 7 日至 2015 年 9 月 10 日、2015 年 10 月 14 日至 2016 年 9 月 14 日以及 2018 年 10 月 22 日至 2019 年 9 月 23 日。

　　由表 8-38、表 8-39 可知，L1 监测线上各监测点在 2014 年 10 月至 2015 年 9 月均发生了一定程度的沉降，沉降量较明显，最大沉降量为 59mm。期间，L1 监测线上各监测点的沉降速率均较平缓，个别点位因为大气相位差、系统误差等原因会发生数据偏移，如图 8-47、图 8-48 所示。通过仔细对比发现各监测点均于 2015 年 4 月 29 日以后发生了小程度的抬升，抬升数约为 5mm，结合时间分析，初步推断由于人类进行种植使该区域发生了大范围地表抬升变化。

表 8-38 L1 监测线上监测点 D1-1 至 D1-6 变形数据   mm

日期	监测点					
	D1-1	D1-2	D1-3	D1-4	D1-5	D1-6
2014-10-07	0	0	0	0	0	0
2014-10-31	-2	-4	-5	-2	3	5
2014-11-24	-5	0	-10	-5	-10	-7
2014-12-18	-2	-6	-14	-5	-7	-8
2015-01-11	-4	-8	-21	-13	-16	-17
2015-02-04	-3	-11	-27	-17	-20	-21
2015-03-12	-6	-11	-25	-18	-22	-28
2015-04-05	-7	-5	-22	-20	-24	-38
2015-04-29	-3	-5	-22	-25	-29	-40
2015-05-23	-2	-12	-20	-22	-26	-38
2015-07-10	-13	-17	-32	-26	-34	-47
2015-08-27	-10	-17	-37	-29	-41	-50
2015-09-20	-13	-19	-41	-32	-40	-51

表 8-39 L1 监测线上监测点 D1-7 至 D1-12 变形数据   mm

日期	监测点					
	D1-7	D1-8	D1-9	D1-10	D1-11	D1-12
2014-10-07	0	0	0	0	0	0
2014-10-31	7	4	-7	3	2	10
2014-11-24	-3	-10	-7	2	5	3
2014-12-18	-2	-16	-18	-4	-3	-3
2015-01-11	-12	-25	-23	-15	-10	-10
2015-02-04	-16	-34	-27	-17	-13	-15
2015-03-12	-21	-40	-32	-24	-27	-28
2015-04-05	-13	-40	-32	-31	-37	-33
2015-04-29	-25	-51	-41	-29	-39	-39
2015-05-23	-28	-45	-34	-25	-34	-36
2015-07-10	-34	-46	-33	-30	-37	-43
2015-08-27	-35	-55	-45	-37	-53	-59
2015-09-20	-37	-50	-49	-40	-59	-58

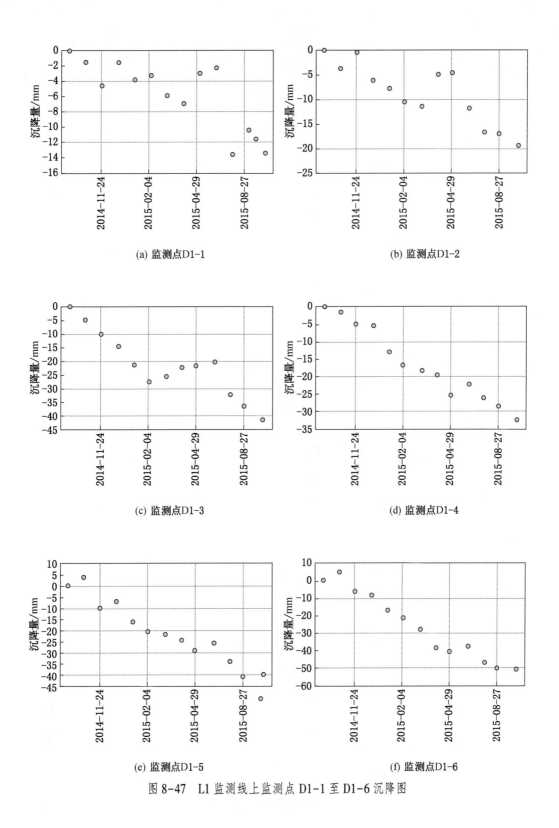

图 8-47 L1 监测线上监测点 D1-1 至 D1-6 沉降图

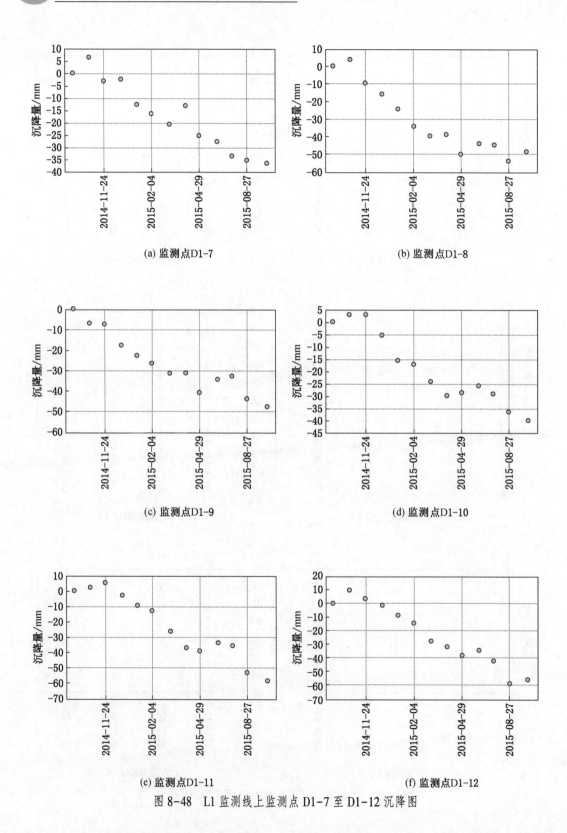

(a) 监测点D1-7

(b) 监测点D1-8

(c) 监测点D1-9

(d) 监测点D1-10

(e) 监测点D1-11

(f) 监测点D1-12

图 8-48　L1 监测线上监测点 D1-7 至 D1-12 沉降图

由表 8-40、表 8-41 可知，L1 监测线上各监测点在 2015 年 10 月至 2016 年 9 月均发生了一定程度的沉降，沉降量较明显，最大沉降量为 87mm。期间，L1 监测线上各监测点的沉降速率均较平缓，个别点位因为大气相位差、系统误差等原因会发生数据偏移，如图 8-49、图 8-50 所示。2016 年 7 月以后变形速率基本趋于稳定，各监测点在 2016 年 7 月 4 日以后发生了小程度的抬升，抬升数约为 5mm，结合时间分析，初步推断，由于人类进行种植使该区域发生了大范围地表抬升变化。

表 8-40　L1 监测线上监测点 D2-1 至 D2-6 变形数据　　　　mm

日期	监测点					
	D2-1	D2-2	D2-3	D2-4	D2-5	D2-6
2015-10-14	0	0	3	8	1	4
2015-12-01	-2	5	6	10	-9	-8
2015-12-25	-3	-5	-1	5	-17	-18
2016-01-18	-7	-11	-9	-2	-22	-27
2016-02-11	-9	-17	-14	-9	-29	-33
2016-03-06	-11	-22	-19	-16	-37	-41
2016-03-30	-9	-22	-26	-21	-37	-47
2016-04-23	-5	-27	-32	-29	-54	-56
2016-05-17	-6	-27	-39	-28	-50	-60
2016-06-10	-12	-19	-26	-23	-51	-60
2016-07-04	-11	-22	-42	-35	-56	-63
2016-07-28	-11	-20	-36	-33	-48	-60
2016-08-21	-11	-20	-36	-32	-57	-69
2016-09-14	-22	-40	-51	-44	-66	-74

表 8-41　L1 监测线上各监测点 D2-7 至 D2-12 变形数据　　　　mm

日期	监测点					
	D2-7	D2-8	D2-9	D2-10	D2-11	D2-12
2015-10-14	2	-7	-2	-3	12	1
2015-12-01	-10	-18	-10	-9	-8	-17
2015-12-25	-12	-27	-14	-12	-12	-24
2016-01-18	-22	-35	-24	-22	-19	-31
2016-02-11	-30	-41	-29	-29	-26	-38
2016-03-06	-35	-47	-38	-37	-35	-46
2016-03-30	-39	-53	-43	-41	-38	-54
2016-04-23	-46	-61	-46	-47	-38	-50
2016-05-17	-48	-68	-50	-52	-43	-59
2016-06-10	-44	-68	-55	-60	-58	-76
2016-07-04	-46	-76	-64	-68	-55	-80

表8-41（续）

mm

日期	监测点					
	D2-7	D2-8	D2-9	D2-10	D2-11	D2-12
2016-07-28	-51	-80	-60	-75	-55	-86
2016-08-21	-46	-78	-65	-72	-60	-87
2016-09-14	-45	-82	-72	-78	-56	-80

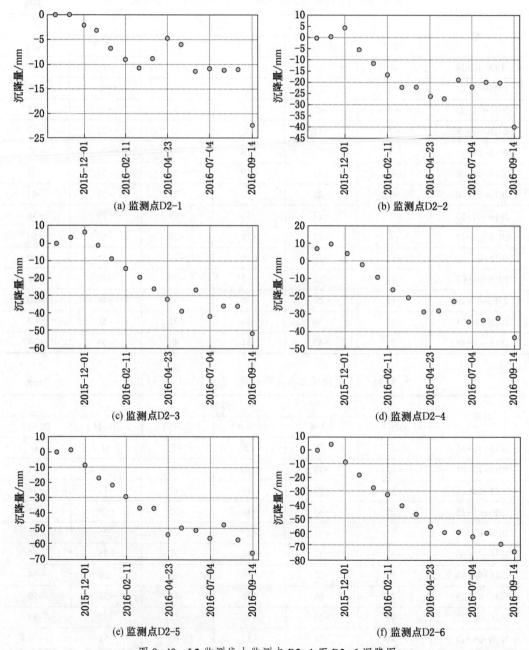

(a) 监测点D2-1

(b) 监测点D2-2

(c) 监测点D2-3

(d) 监测点D2-4

(e) 监测点D2-5

(f) 监测点D2-6

图8-49 L2监测线上监测点 D2-1 至 D2-6 沉降图

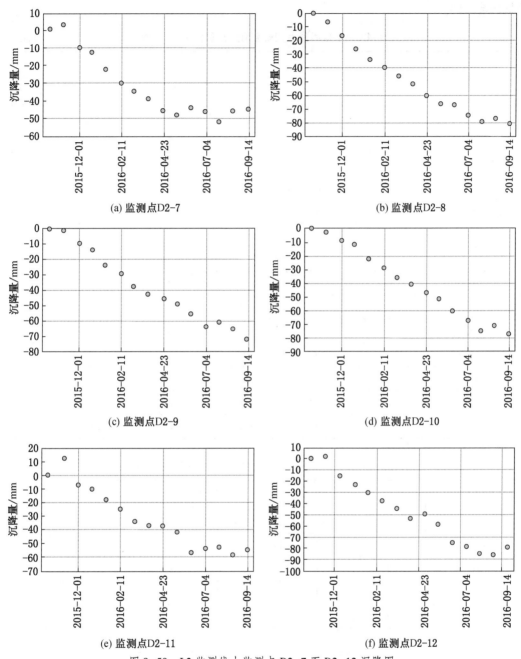

图 8-50　L2 监测线上监测点 D2-7 至 D2-12 沉降图

由表 8-42、表 8-43 可知，L1 监测线上各监测点在 2018 年 10 月至 2019 年 9 月均发生了一定程度的沉降，但沉降量相较于 2017 年以前大幅度减少，最大沉降量为 19mm，如图 8-51、图 8-52 所示。期间，L1 监测线上各监测点的沉降速率急缓不一，根本原因在于各监测点的沉降量变化较小，个别位置若发生人类活动等事件均有可能使地表沉降速率加快，2016 年 7 月以后变形速率基本趋于稳定。各监测点均于 2019 年 9 月 23 日以后发生了小程度的抬升，抬升数约为 10mm，结合时间分析，初步推断抬升是由于近年来实施的土地整治造成的。

表8-42   L1监测线上监测点D5-1至D5-6变形数据   mm

日期	监测点					
	D5-1	D5-2	D5-3	D5-4	D5-5	D5-6
2018-10-22	2	7	1	2	-8	-7
2018-11-15	2	11	3	-3	-7	-9
2018-12-21	2	8	-1	-3	-12	-15
2019-01-14	0	6	-2	-2	-13	-17
2019-02-07	-5	3	-4	-6	-15	-17
2019-03-03	5	2	0	1	-18	-18
2019-03-27	-1	1	-4	-3	-15	-19
2019-04-20	1	1	-1	-3	-16	-16
2019-05-14	2	-1	-7	-2	-22	-17
2019-06-07	-5	0	-10	-4	-18	-20
2019-07-01	-1	-6	-15	-9	-16	-13
2019-07-25	-2	-10	-16	-9	-21	-20
2019-08-18	-11	-23	-20	-10	-21	-14
2019-09-23	-8	-33	-25	-15	-20	-21

表8-43   L1监测线上监测点D5-7至D5-12变形数据   mm

日期	监测点					
	D5-7	D5-8	D5-9	D5-10	D5-11	D5-12
2018-10-22	6	2	3	-1	-2	0
2018-11-15	9	1	9	2	-3	-7
2018-12-21	10	1	6	1	-3	-4
2019-01-14	9	-3	2	1	-4	-10
2019-02-07	6	-7	2	0	-6	-9
2019-03-03	7	-8	1	1	-5	-7
2019-03-27	8	-7	5	2	-2	-6
2019-04-20	7	-5	-1	-3	-1	-1
2019-05-14	1	-5	5	-1	-6	1
2019-06-07	-3	-9	5	-6	-5	5
2019-07-01	-5	-13	6	-7	-8	3

表 8-43（续） mm

日期	监测点					
	D5-7	D5-8	D5-9	D5-10	D5-11	D5-12
2019-07-25	-5	-15	12	-8	-13	2
2019-08-18	-9	-17	4	-7	-18	-7
2019-09-23	-3	-15	3	-10	-19	-4

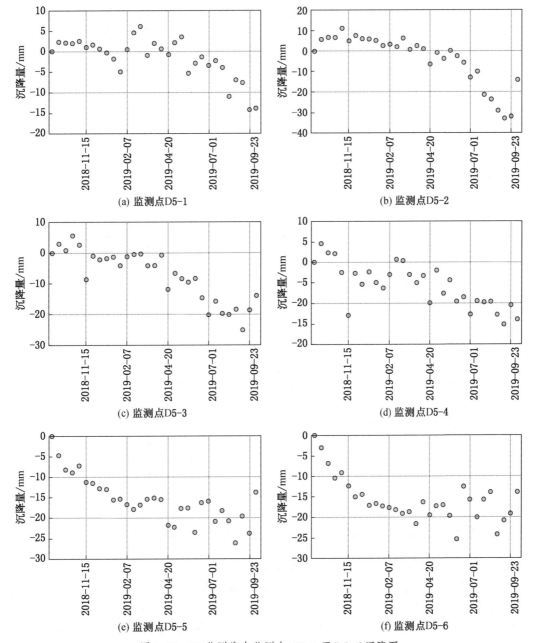

图 8-51 L1 监测线上监测点 D5-1 至 D5-6 沉降图

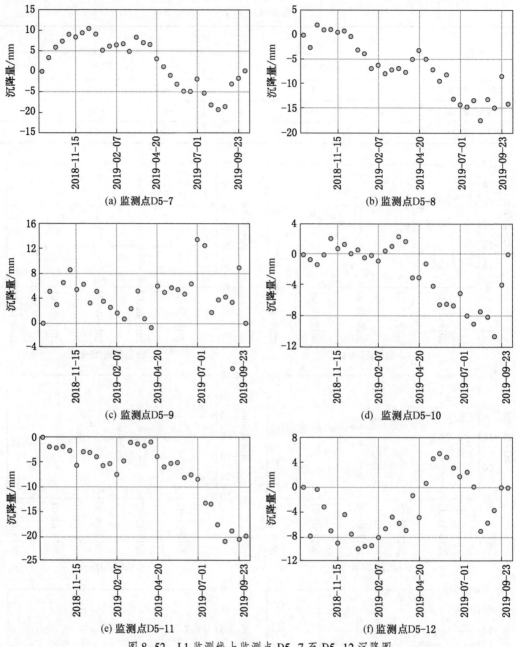

图 8-52 L1 监测线上监测点 D5-7 至 D5-12 沉降图

七、分析 L2 监测线上各监测点在特定时间发生的特殊形变

为了进一步精准判断矿区地表变形,将筛选出的各监测点进行以一年为单位的图表绘制。详细的数据可以反映监测点 8 年间发生的细小地表变化情况。相较于 8 年的累计变形量,该数据可以有效去除大气相位、DEM 误差、时间间隔、系统问题所导致的误差。此次选取的最大时间基线为 30 天,发生特殊变形的时间共有 3 个时间区段,分别为 2014 年 10 月 7 日至 2015 年 9 月 10 日、2015 年 10 月 14 日至 2016 年 9 月 14 日以及 2019 年 10 月 17 日至 2020 年 8 月 24 日。

由表 8-44、表 8-45 可知，L2 监测线上的各监测点在 2015 年 10 月至 2016 年 9 月均发生了一定程度的沉降，且沉降量变化较大，最大沉降量为 129mm，如图 8-53、图 8-54 所示。期间，各监测点的变化速率基本稳定，呈直线状态；各监测点均未发生特殊形变，但累计变形量达到 100mm 以上，推测该区域发生了土地沉降等地质灾害。

表 8-44　L2 监测线上监测点 D1-1 至 D1-6 变形数据　　　　　mm

日期	监测点					
	D1-1	D1-2	D1-3	D1-4	D1-5	D1-6
2014-10-07	0	0	0	0	0	0
2014-10-31	-7	-20	5	11	8	-5
2014-11-24	-22	-19	-7	-9	1	-7
2014-12-18	-15	-22	-11	-10	-5	-16
2015-01-11	-23	-27	-15	-14	-7	-23
2015-02-04	-26	-25	-22	-24	-12	-28
2015-03-12	-33	-28	-29	-26	-25	-28
2015-04-05	-34	-21	-40	-35	-32	-27
2015-04-29	-38	-37	-39	-38	-34	-32
2015-05-23	-33	-29	-39	-40	-38	-35
2015-07-10	-37	-48	-58	-47	-49	-36
2015-08-27	-35	-56	-72	-55	-60	-61
2015-09-20	-38	-62	-68	-59	-65	-58
2016-04-23	-18	-35	-64	-52	-57	-57
2016-05-17	-18	-42	-68	-60	-71	-67
2016-06-10	-24	-51	-80	-72	-78	-76
2016-07-04	-26	-58	-85	-78	-83	-79
2016-07-28	-30	-63	-93	-87	-95	-84
2016-08-21	-26	-65	-97	-90	-98	-83
2016-09-14	-33	-67	-104	-93	-104	-92

表 8-45　L2 监测线上监测点 D2-7 至 D2-12 变形数据　　　　　mm

日期	监测点					
	D2-7	D2-8	D2-9	D2-10	D2-11	D2-12
2015-10-14	-1	0	-10	-13	-2	0
2015-12-01	-14	-13	-24	-4	7	-7
2015-12-25	-20	-22	-31	-13	-1	-20
2016-01-18	-31	-27	-42	-21	-3	-22
2016-02-11	-37	-33	-49	-32	-9	-23
2016-03-06	-43	-43	-57	-45	-18	-31
2016-03-30	-51	-50	-69	-51	-13	-32
2016-04-23	-65	-64	-83	-67	-28	-33
2016-05-17	-69	-67	-87	-69	-23	-35
2016-06-10	-78	-81	-102	-80	-22	-37

表 8-45（续）   mm

日期	监测点					
	D2-7	D2-8	D2-9	D2-10	D2-11	D2-12
2016-07-04	-86	-89	-109	-90	-27	-43
2016-07-28	-93	-96	-117	-96	-28	-39
2016-08-21	-95	-100	-120	-101	-27	-40
2016-09-14	-97	-108	-129	-107	-36	-45

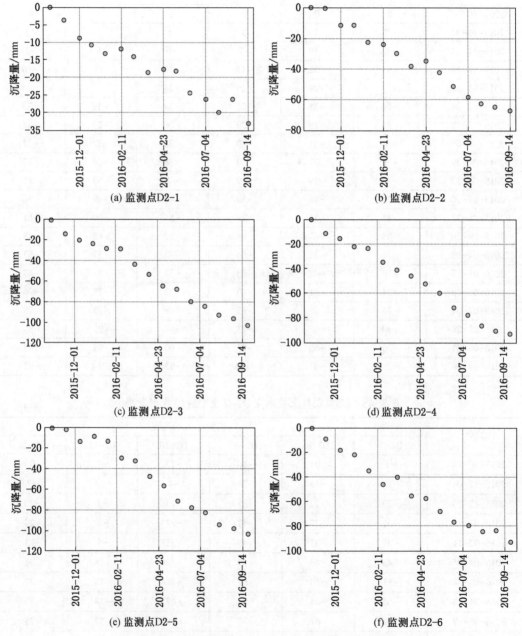

图 8-53 L2 监测线上监测点 D2-1 至 D2-6 沉降图

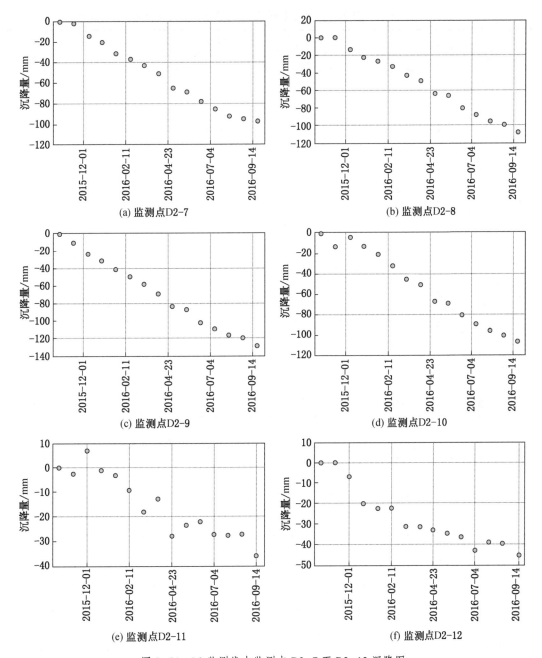

图 8-54 L2 监测线上监测点 D2-7 至 D2-12 沉降图

由表 8-46、表 8-47 可知，L2 监测线上各监测点在 2019 年 10 月至 2020 年 9 月均发生了一定程度的沉降，但沉降量相较于 2017 年以前大幅度减小，最大沉降量为 22mm，如图 8-55、图 8-56 所示。期间，L1 监测线上各监测点的沉降速率急缓不一，根本原因在于各监测点的沉降量变化较小，个别位置若发生人类活动等事件均有可能使地表沉降速率加快。2020 年以后各监测点发生了小程度的抬升，抬升数约为 10mm，结合时间分析，初步推断抬升是由于近年来实施的土地整治造成的。

表8-46 L2监测线上各监测点D6-1至D6-6变形数据   mm

日期	监测点					
	D6-1	D6-2	D6-3	D6-4	D6-5	D6-6
2019-10-17	-2	-1	-7	0	3	2
2019-11-10	-1	2	-5	3	4	0
2019-12-04	-2	-2	-1	15	9	0
2019-12-28	0	-5	-4	2	13	-1
2020-01-21	-2	0	4	12	18	2
2020-02-14	-1	-9	5	13	20	5
2020-03-09	-2	-6	4	4	10	3
2020-04-02	-2	-14	0	1	4	-7
2020-04-26	3	-12	-9	-3	-2	-5
2020-05-20	-2	-13	-9	-3	-3	-5
2020-06-13	1	-9	-7	-3	-2	-5
2020-07-07	-6	-11	-11	-6	-7	-12
2020-07-31	-6	-12	-15	-10	-9	-11
2020-08-24	-5	-10	-16	-12	-10	-15

表8-47 L2监测线上各监测点D6-7至D6-12变形数据   mm

日期	监测点					
	D6-7	D6-8	D6-9	D6-10	D6-11	D6-12
2019-10-17	4	1	2	5	-1	2
2019-11-10	8	3	-4	4	-1	2
2019-12-04	3	2	-2	7	0	2
2019-12-28	-1	-3	7	7	-3	1
2020-01-21	-5	5	8	1	-5	-1
2020-02-14	-10	9	11	6	-1	1
2020-03-09	-9	10	9	6	-3	-3
2020-04-02	-15	6	2	1	-6	4
2020-04-26	-14	-3	-5	1	-6	3
2020-05-20	-22	-1	-4	1	-5	-10
2020-06-13	-18	-2	-1	3	1	-1
2020-07-07	-23	-3	-10	-3	-6	-7

表 8-47（续） mm

日期	监测点					
	D6-7	D6-8	D6-9	D6-10	D6-11	D6-12
2020-07-31	-18	2	-9	-1	-1	-11
2020-08-24	-17	-4	-9	-5	-5	-7

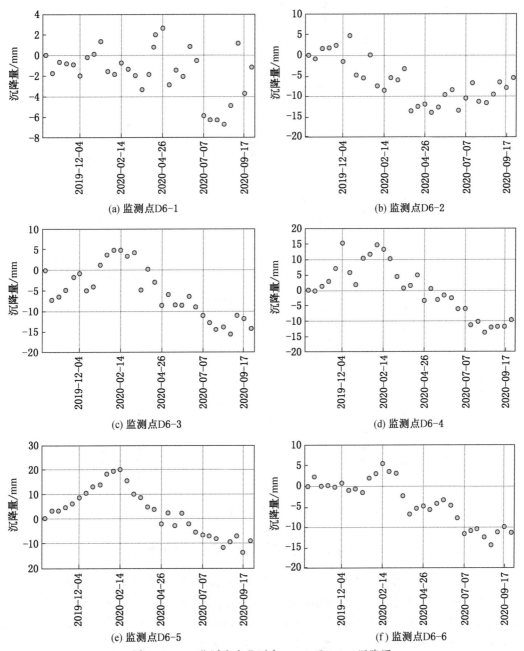

(a) 监测点D6-1

(b) 监测点D6-2

(c) 监测点D6-3

(d) 监测点D6-4

(e) 监测点D6-5

(f) 监测点D6-6

图 8-55 L2 监测线上监测点 D6-1 至 D6-6 沉降图

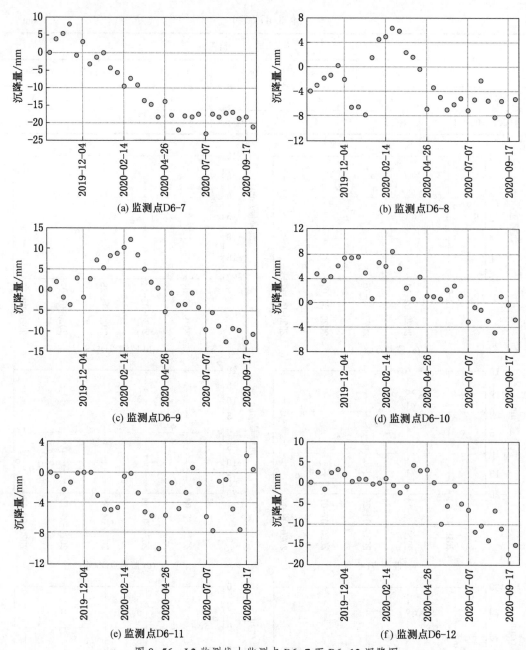

图 8-56　L2 监测线上监测点 D6-7 至 D6-12 沉降图

八、分析 L3 监测线上各监测点在特定时间发生的特殊形变

为了进一步精准判断矿区地表变形，将筛选出的各监测点进行以一年为单位的图表绘制。详细的数据可以反映监测点 8 年间发生的细小地表变化情况。相较于 8 年的累计变形量，该数据可以有效去除大气相位、DEM 误差、时间间隔、系统问题所导致的误差。此次选取的最大时间基线为 30 天，发生特殊变形的时间共有 3 个时间区段，分别为 2014 年 10 月 7 日至 2015 年 9 月 10 日和 2020 年 10 月 23 日至 2021 年 8 月 31 日。

由表 8-48、表 8-49 可知，L3 监测线上各监测点在 2014 年 10 月至 2015 年 9 月均发生了一定程度的沉降，且沉降量变化较大，最大沉降量为 131mm，如图 8-57、图 8-58 所示。期间，各监测点的变化速率基本稳定，呈直线状态。各监测点在 2015 年 4 月 29 日以后发生了小程度的抬升，抬升数约为 5mm，结合时间分析，初步推断由于人类进行种植使该区域发生了大范围的地表抬升变化。

表 8-48　L3 监测线上监测点 D1-1 至 D1-6 变形数据　　　　mm

日期	监测点					
	D1-1	D1-2	D1-3	D1-4	D1-5	D1-6
2014-10-07	0	0	0	0	0	0
2014-10-31	-19	-18	-16	-18	-16	-14
2014-11-24	-20	-12	-15	-15	-35	-26
2014-12-18	-28	-20	-20	-17	-38	-38
2015-01-11	-43	-37	-40	-32	-58	-54
2015-02-04	-54	-40	-45	-44	-68	-58
2015-03-12	-64	-52	-61	-58	-88	-73
2015-04-05	-75	-68	-69	-66	-96	-83
2015-04-29	-98	-85	-88	-91	-110	-93
2015-05-23	-88	-85	-88	-90	-113	-97
2015-07-10	-98	-89	-89	-96	-105	-106
2015-08-27	-103	-96	-114	-109	-129	-123
2015-09-20	-110	-116	-118	-116	-131	-126

表 8-49　L3 监测线上监测点 D1-7 至 D1-12 变形数据　　　　mm

日期	监测点					
	D1-7	D1-8	D1-9	D1-10	D1-11	D1-12
2014-10-07	0	0	0	0	0	0
2014-10-31	-11	-10	-13	-13	-12	-8
2014-11-24	-30	-18	-20	-23	-18	-14
2014-12-18	-32	-27	-35	-38	-25	-22
2015-01-11	-45	-50	-45	-51	-34	-29
2015-02-04	-54	-54	-53	-58	-43	-36
2015-03-12	-69	-66	-65	-71	-51	-45
2015-04-05	-74	-68	-70	-80	-66	-54
2015-04-29	-91	-79	-83	-84	-69	-64
2015-05-23	-89	-81	-82	-91	-60	-58

表 8-49（续）　　　　　　　　　　　　　　　　　mm

日期	监测点					
	D1-7	D1-8	D1-9	D1-10	D1-11	D1-12
2015-07-10	-93	-90	-89	-87	-67	-68
2015-08-27	-107	-95	-93	-101	-86	-75
2015-09-20	-126	-99	-98	-102	-92	-82

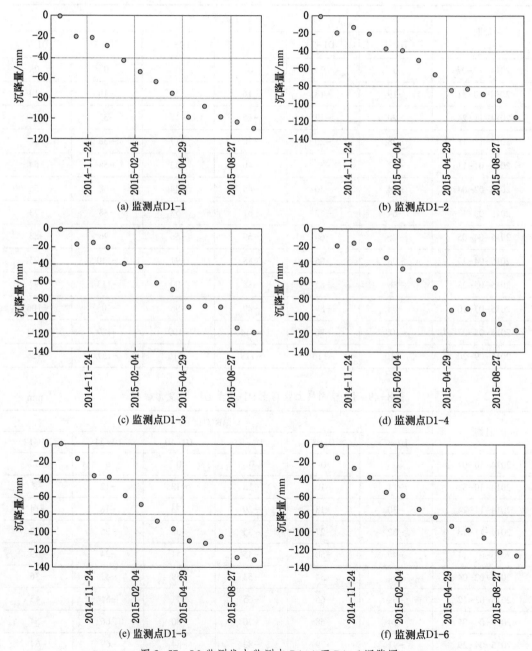

图 8-57　L3 监测线上监测点 D1-1 至 D1-6 沉降图

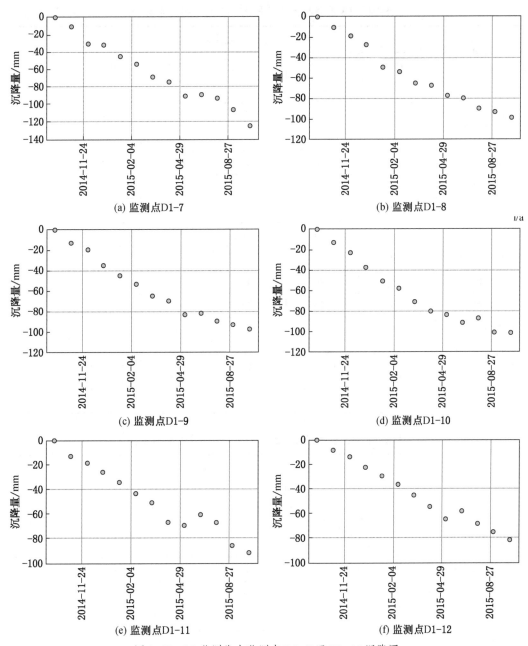

图 8-58 L3 监测线上监测点 D1-7 至 D1-12 沉降图

由表 8-50、表 8-51 可知，L3 监测线上各监测点在 2020 年 10 月至 2021 年 9 月均发生了一定程度的沉降，但沉降量相较于 2017 年以前大幅度减小，最大沉降量为 22mm，如图 8-59、图 8-60 所示。期间，L1 监测线上各监测点的沉降速率急缓不一，根本原因在于各监测点的沉降量变化较小，个别位置若发生人类活动等事件均有可能使地表沉降速率加快，并且存在抬升情况，抬升量达到 10mm，结合时间分析，初步推断抬升是由于近年来实施土地整治造成的。

表 8-50 L3 监测线上监测点 D7-1 至 D7-6 变形数据 mm

日期	监测点					
	D7-1	D7-2	D7-3	D7-4	D7-5	D7-6
2020-10-23	-2	-7	-1	-4	-7	-4
2020-11-16	-7	-10	-3	-9	-6	-9
2020-12-10	-6	-12	-6	-10	-6	-8
2021-01-03	-5	-12	-5	-12	-5	-7
2021-01-27	-8	-14	-8	-14	-6	-11
2021-02-20	-4	-13	-7	-13	-5	-9
2021-03-16	-5	-14	-6	-10	-8	-7
2021-04-09	-10	-23	-15	-14	-14	-2
2021-05-03	-6	-20	-13	-9	-12	1
2021-05-27	-14	-26	-15	-9	-15	-4
2021-06-20	-12	-24	-17	-16	-19	6
2021-07-14	-15	-30	-20	-17	-9	7
2021-08-07	-22	-31	-25	-18	-12	13
2021-08-31	-18	-30	-27	-25	-6	13

表 8-51 L3 监测线上监测点 D7-7 至 D7-12 变形数据 mm

日期	监测点					
	D7-7	D7-8	D7-9	D7-10	D7-11	D7-12
2020-10-23	2	0	-4	3	0	-3
2020-11-16	0	1	-7	3	0	-4
2020-12-10	-2	4	-3	3	-1	-4
2021-01-03	-3	5	-3	2	-1	-5
2021-01-27	-3	2	-4	1	-2	-6
2021-02-20	1	2	-2	1	-2	-6
2021-03-16	1	5	-5	0	-3	-6
2021-04-09	-1	3	-12	1	0	-6
2021-05-03	1	0	-9	1	2	-5
2021-05-27	-2	5	-10	3	3	-3
2021-06-20	0	2	-7	5	5	-1
2021-07-14	0	-6	-6	8	6	-3

表 8-51（续） mm

日期	监测点					
	D7-7	D7-8	D7-9	D7-10	D7-11	D7-12
2021-08-07	4	-4	0	8	9	-2
2021-08-31	-4	0	-1	4	5	-4

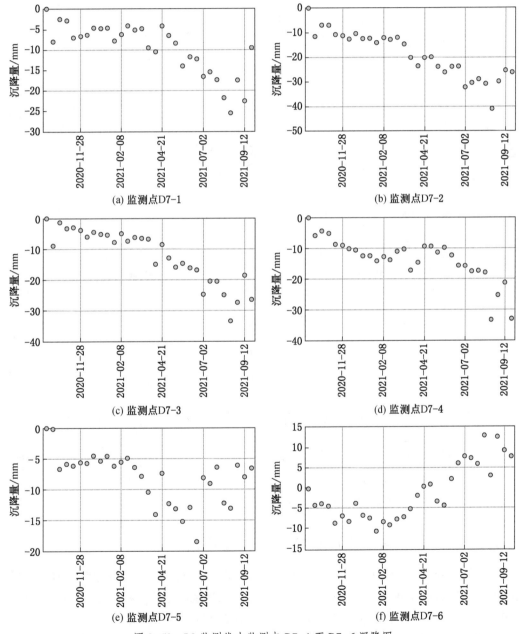

图 8-59 L3 监测线上监测点 D7-1 至 D7-6 沉降图

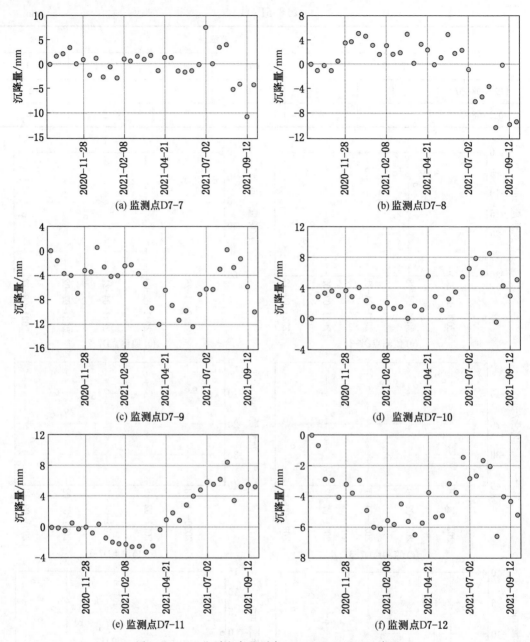

图 8-60　L3 监测线上监测点 D7-7 至 D7-12 沉降图

九、监测线走向累计沉降量与高密度电法成果分析

为了量化分析大通煤矿 L1、L2、L3 监测线走向和倾向方向的时序累计沉降量，将 3 条抛面线每年的累计量导入同一张折线图，进行一系列观测分析。将高密度电法（测线位置如图 8-61 所示）成果分析与监测线走向分析相结合可以得出新的结论。

由图 8-62 可知，L1 监测线在 2014 年 12 月以后，随着时间的变化，沉降量不断增加。该区域的沉降量，经过 8 年的累计变形，由开始的 0mm 增长到约 200m。由图 8-62 可以

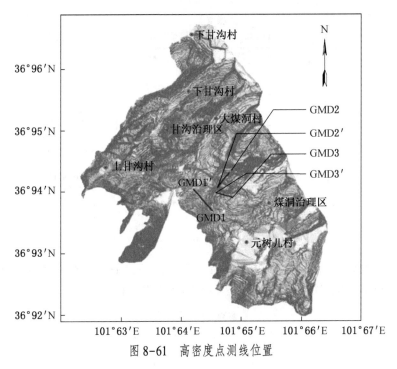

图 8-61 高密度点测线位置

看出，该监测线穿过的区域发生了整体沉降，平均沉降速度为 25mm/a；大通煤矿东南部地表沉降较活跃，这和实际地质报告相吻合。

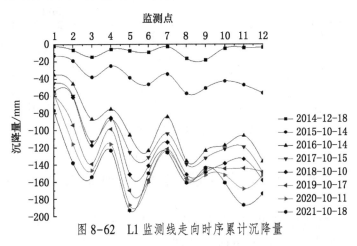

图 8-62 L1 监测线走向时序累计沉降量

由图 8-63 可知，L2 监测线在 2014 年 12 月以后，随着时间的变化，沉降量不断增加。该区域的沉降量经过 8 年的累计变形，由开始的 19mm 增长到 246m。由图 8-63 可以看出，该监测线两端的沉降量远低于中间区段的沉降量，可以推断监测线穿过的区域是一个下沉盆地，平均沉降速度约为 30mm/a；大通煤矿中部地表沉降较活跃，这和实际地质报告相吻合。

由图 8-64 可知，L3 监测线在 2014 年 12 月以后，随着时间的变化，沉降量不断增加。该区域的沉降量经过 8 年的累计变形，由开始的 30mm 增长到 320m。由图 8-64 可以看出，该监测线是 3 条监测线中沉降量最大的一条。靠近大煤洞村端点的沉降量大于另一端

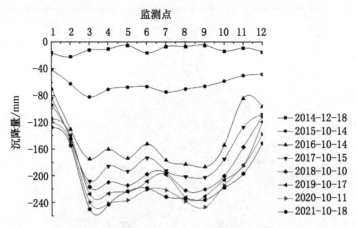

图 8-63   L2 监测线走向时序累计沉降量

的沉降量,可以推断监测线穿过的区域具有一定的倾角,平均沉降速度约为 40mm/a;大通煤矿大煤洞村部分地表沉降很活跃,这和实际地质报告相吻合。

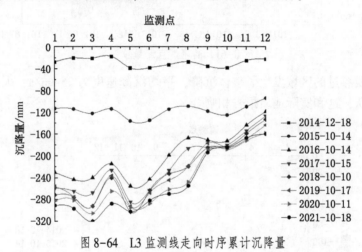

图 8-64   L3 监测线走向时序累计沉降量

第三节   沉陷区 InSAR 监测地表变形分析

在网络上获取数据后,通过 ENVI 软件进行基本的格式转换。将初始数据集解压备用,进行 ENVI 软件基础设置,利用 SARscape 模块中 Sentinel-1 数据处理项,将初始数据导入转换得到 SARscape 格式文件。由于初始数据覆盖范围远大于所需的研究区域范围,故进行图像裁剪,将收集的研究区域范围文件代入软件进行详细裁剪。

本章利用 SBAS-InSAR 方法进行处理,在进行干涉计算前,需要对之前处理好的裁剪数据和 DEM 文件进行数据匹配。标系与待处理数据的坐标相反,将 DEM 数据由本身的地理坐标系转化为雷达坐标系。此次配准计算 1024 个采样点中共找到 938 个同名点,range 和 azimuth 方向配准方差均小于 0.2,完全满足亚像元配准精度要求。将数据代入 SBAS-InSAR 程序,步骤为生成连接图、干涉差分处理、轨道精炼和重去平、第一次反演、地理编码。生成的数据可转入 Arcgis 软件进行更加细致详细的成像处理，并且可以简便地获取任意一点的数据。利用 Excel 将散乱的数据进行规划，并生成折线图。其中，部分数据使用 Oringin 软件进行图案绘制。通过分析图表可以得到以下结论：

（1）大通矿区 2014—2021 年主要沉降变形区集中在矿区中部和东部地区，可以分成两个片区；2014—2016 年的最大沉降速率超过了 220mm/a，2017 年以后矿区沉降变形范围和变形量都呈下降趋势。

（2）利用 SBAS-InSAR 技术观测 2014—2021 年的长时间序列变化，矿区自 2017 年以来区域沉降变形逐渐平稳，但是存在局部或某时间段内发生突然变形加速的现象。

（3）2014—2021 年的 3 条监测线上皆存在较明显的地形形变，原因是每条监测线都会受一个矿区的影响。L1 监测线为元树儿矿区、L2 监测线为小煤洞矿区、L3 监测线为大煤洞矿区。3 个矿区基本集中在大通煤矿中部，北部和西部沉降速率很小。

（4）2020 年 11 月至 2021 年 11 月的 InSAR 结果表明，高变形区主要分布在矿区东南部，整个矿区为零星分布点状变形，未出现大面积沉降区，但仍存在局部和短时间变形加速现象。

参 考 文 献

[1] 张宏刚，张卫东．多年冻土区木里露天煤矿边坡稳定性分析［J］．山西建筑，2014，40(16)：60-61.

[2] 徐拴海，李宁，王晓东，等．露天煤矿冻岩边坡饱和砂岩冻融损伤试验与劣化模型研究［J］．岩石力学与工程学报，2016，35(12)：2561-2571.

[3] 田延哲．高陡山体下煤层重复采动诱发岩质斜坡变形破坏过程分析［J］．煤矿安全，2021，52(3)：222-227.

[4] 董金玉，李自立，杨继红，等．离散元强度折减法在岩质边坡稳定分析的应用［J］．人民黄河，2010，32(7)：128-129.

[5] 涂鹏飞，吴学文．三峡库区链子崖危岩体变形破坏机理研究［J］．路基工程，2011(1)：38-40，44.

[6] 朱卫兵．浅埋近距离煤层重复采动关键层结构失稳机理研究［D］．徐州：中国矿业大学，2010.

[7] 成小雨．余吾矿高应力软岩煤巷失稳机理及加固技术研究［D］．西安：西安科技大学，2015.

[8] 曹广远，崔忠，苏南丁．大倾角煤层开采支架失稳机理分析及应用［J］．能源与环保，2017(3)：175-178，183.

[9] 于斌，杨敬轩，高瑞．大同矿区双系煤层开采远近场协同控顶机理与技术［J］．中国矿业大学学报，2018，47(3)：486-493.

[10] 王亚峰．青藏铁路地质灾害分布特征研究［D］．成都：西南交通大学，2016.

[11] 张以晨．吉林省地质灾害调查与区划综合研究及预报预警系统建设［D］．长春：吉林大学，2012.

[12] 王文静．煤矿地质灾害安全评价与损失预测研究［D］．青岛：山东科技大学，2011.

[13] 巴瑞寿．白龙江武都—汉王镇段地质灾害风险评价［D］．兰州：兰州大学，2014.

[14] 郝志勇，林柏泉，张家山，等．基于离散元的保护层开采中覆岩移动规律的数值模拟与分析［J］．中国矿业，2007(7)：81-84.

[15] 赵建军，肖建国，向喜琼，等．缓倾煤层采空区滑坡形成机制数值模拟研究［J］．煤炭学报，2014，39(3)：424-429.

[16] 李丽伟．基于离散元的开挖过程中覆岩移动规律研究［J］．煤炭与化工，2016，39(10)：46-47，50.

[17] 雷照源．急倾斜煤层综放面顶板失稳规律及控制研究［D］．西安：西安科技大学，2017.

[18] 严浩元．贵州省发耳煤矿尖山营变形体形成机制研究［D］．成都：成都理工大学，2019.

[19] 赵小龙，王耀强，高国强，等．基于离散元及沉陷预计的高速路下采煤路面安全性分析［J］．煤炭技术，2020，39(9)：123-127.

[20] 王玉涛，刘小平，毛旭阁，等．基于 Usher 时间函数的采空区地表动态沉陷预测模型研究［J］．煤炭科学技术，2021，49(9)：145-151.

[21] 刘晓帅，陶秋香，牛冲，等．DInSAR 与 SBAS InSAR 矿区地面沉降监测能力对比分析与验证［J/OL］．地球物理学进展：1-13(2022-03-18)［2022-04-14］．http://kns.cnki.net/kcms/detail/11.2982.9.20220317.1037.012.html.

[22] 冉培廉，李少达，戴可人，等．雄安新区 2017—2019 年地面沉降 SBAS-InSAR 监测与分析［J］．河南理工大学学报（自然科学版），2022，41(3)：66-73.

[23] 史珉，宫辉力，陈蓓蓓，等．Sentinel-1A 京津冀平原区 2016—2018 年地面沉降 InSAR 监测［J］．自然资源遥感，2021，33(4)：55-63.

[24] 王佟，杜斌，李聪聪，等．高原高寒煤矿区生态环境修复治理模式与关键技术［J］．煤炭学报，2021，46(1)：230-244.

［25］杜青松，武法东，张志光．煤矿类矿山公园地质灾害防治与地质环境保护对策探讨：以唐山开滦为例［J］．资源与产业，2011，13(4)：127-132.

［26］郭光．内蒙古乌海市新星矿区露天煤矿生态修复治理规划研究［D］．北京：北京林业大学，2020.

［27］李红慧，侯占东，李书建．基于时序 InSAR 的常州市地面沉降时空演变规律及成因分析［J］．大地测量与地球动力学，2022，42(1)：54-58，87.

［28］史珉，宫辉力，陈蓓蓓，等．Sentinel-1A 京津冀平原区 2016—2018 年地面沉降 InSAR 监测［J］．自然资源遥感，2021，33(4)：55-63.

［29］刘美扬，梁慧．基于 SBAS-InSAR 技术的合肥市中心城区地面沉降监测［J］．能源技术与管理，2021，46(5)：169-170.

［30］陈晨月．基于 SBAS-InSAR 技术与 Sentinel-1 数据的鹤壁市地面沉降监测与分析［J］．测绘与空间地理信息，2021，44(8)：179-181，184.

［31］刘强．时序 InSAR 技术在中型城市地表形变时空特征应用及预测分析［D］．南昌：东华理工大学，2021.

［32］晏霞，刘媛媛，赵振宇．利用时序 InSAR 技术监测南水进京后北京平原地区的地面沉降［J］．地球物理学进展，2021，36(6)：2351-2361.

［33］黄龙霄．基于时序 InSAR 技术的长春市地表形变监测［D］．吉林：吉林大学，2021.

［34］张玮．时序 InSAR 方法监测矿区地面沉降的研究［D］．北京：中国地质大学（北京），2021.

［35］李蓉蓉，杨维芳，李得宴．SBAS-InSAR 和 SDE 在兰州市城区地面沉降监测中的应用［J］．兰州交通大学学报，2021，40(2)：29-37.

［36］董华伟．基于 SBAS-InSAR 技术的焦作地面沉降监测及分析［D］．西安：长安大学，2021.

［37］刘胜男，陶钧，卢银宏．地面沉降监测多源数据融合分析［J］．测绘通报，2020(12)：46-49.

［38］夏玉成，雷通文，白红梅．煤层覆岩与地下水在采动损害中的互馈效应探讨［J］．煤田地质与勘探，2006，34(1)：41-45.

［39］孟召平，潘结南，刘亮亮，等．含水量对沉积岩力学性质及其冲击倾向性的影响［J］．岩石力学与工程学报，2009，28(S1)：2637-2643.

［40］郭春颖，李云龙，刘军柱．UDEC 在急倾斜特厚煤层开采沉陷数值模拟中的应用［J］．中国矿业，2010，19(4)：71-74.

［41］李树峰．急倾斜煤层壁式开采覆岩移动机理及地表移动规律研究［D］．太原：太原理工大学，2015.

［42］李辉．地下水诱发地面沉降数值模拟分析研究［D］．济南：山东大学，2017.

［43］王佟，杜斌，李聪聪，等．高原高寒煤矿区生态环境修复治理模式与关键技术［J］．煤炭学报，2021，46(1)：230-244.

［44］唐灵军．浅谈当前我国土地规划的问题和对策［J］．国土资源导刊，2006(1)：41-42.

［45］李毅．土地整理项目可行性研究探讨［D］．长沙：湖南农业大学，2008.

［46］陈胜华，段建国．浅析现代意义土地整理的内容［J］．山西高等学校社会科学学报，2004，(12)：57-58.

［47］吴郁玲．农用地整理问题研究［D］．乌鲁木齐：新疆农业大学，2004.

［48］于闻，周翔，邓志刚．系统聚类分析法在统筹区域土地利用分区研究中的应用［J］．国土资源导刊，2008(1)：44-46.

［49］徐建春．联邦德国乡村土地整理的特点及启示［J］．中国农村经济，2001(6)：75-80.

［50］曹治玉．土地平整时的设计高程及土方计算［J］．新疆水利，2009(2)：11

［51］沈立权．土地平整工程规划与设计［J］．黑龙江科技信息，2015(26)：283.

［52］冉艳艳．采煤沉陷区拟沉陷土地复垦阶段划分研究［J］．能源与环保，2018，40(10)：67-70.

[53] 刘海亮. 煤矿开采沉陷区土地复垦策略 [J]. 当代化工研究, 2019(8): 28-29.

[54] 朱文璟. 土地整治项目中土地平整工程设计技术的应用分析 [J]. 价值工程, 2019, 38(29): 67-68.

[55] 高波, 余强, 朱宇, 等. 大冶铁矿废石场复垦及矿区可持续发展研究: 以尖山废石场为例 [J]. 地质科技情报, 2001, 20(3): 65-69.

[56] 刘吉磊, 郝英. 土地整治项目中土地平整设计技术研究 [J]. 山西建筑, 2019, 45(5): 236-238.

[57] 李旭东. 对沉陷区搬迁后村庄土地整治工作的思考 [J]. 华北国土资源, 2014(2): 27.

[58] 武强, 薛东, 连会青. 矿山环境评价方法综述 [J]. 水文地质工程地质, 1998(1): 55-59, 72.

[59] 袁素凤, 李鑫, 杨亚慧. 基于 GIS 的青海高寒区矿山地质环境影响程度模糊评价 [J]. 地质灾害与环境保护, 2016(1): 91-97.

[60] 黄焱, 王彪, 郭磊, 等. 青海大通煤矿地质环境治理示范工程地表形变及地质灾害监测研究 [J]. 中国锰业, 2018(4): 174-177.

[61] 康禄荣, 于晓军, 马强, 等. 矿山地质环境恢复治理模式探析 [J]. 中国锰业, 2020(3): 135-137.

[62] 韩六六. 露天煤矿采剥技术的探究分析 [J]. 能源与节能, 2015(1): 42-43, 80.

[63] 康维海. 青海省国土资源部门争取的又一重大工程计划总投资 3.9 亿元的大通煤矿地质环境治理示范工程启动 [J]. 青海国土经略, 2012(3): 135-137.

[64] 张启元. 无人机航测技术在青藏高原地质灾害调查中的应用 [J]. 青海大学学报 (自然科学版), 2015(2): 67-72.

[65] 张宗祥, 郑娇. 贵州盘州市罗多村不稳定斜坡评价与治理 [J]. 现代矿业, 2022(1): 37-40.

[66] 马小强, 朱慧俭, 孙莹. 青海省大通煤矿地面塌陷现状及防治对策 [J]. 地质灾害与环境保护, 2013(2): 21-25.

[67] 李小玲, 胡才源, 孙全福, 等. UDEC 软件对矿山采空区崩塌过程进行应力分布的研究 [J]. 贵州地质, 2019, 36(3): 254-260.

[68] 李准, 刘建庄, 柳树弟, 等. 钱家营矿近距离煤层上行开采矿压规律研究 [J]. 煤炭与化工, 2022, 45(1): 16-21.

[69] 刘伟. 基于数值模拟法的综放开采顶煤冒放性规律研究 [J]. 能源技术与管理, 2020, 45(1): 73-75.

[70] 宋明. 阜生煤业保护层开采 UDEC 数值模拟研究 [J]. 煤, 2017, 26(10): 10-12, 32.

[71] 黄焱, 王彪, 郭磊, 等. 青海大通煤矿地质环境治理示范工程地表形变及地质灾害监测研究 [J]. 中国锰业, 2018, 36(4): 174-177.

[72] 赵伟锋. 瞬变电磁在勘察煤矿采空区中的应用 [J]. 工程地球物理学报, 2016, 13(2): 179-183.

[73] 王磊, 王树明, 陈星, 等. 文家坡矿煤层顶板离层动态发育特征 UDEC 数值模拟研究 [J]. 采矿技术, 2021, 21(5): 109-112.

[74] 吉学文, 刘辉, 潘张伟, 等. 基于数值模拟技术的井筒位置优化 [J]. 采矿技术, 2015, 15(2): 38-40.

[75] 朱川曲, 黄友金, 芮国相, 等. 采动作用下煤矿区地表裂缝发育机理与特征分析 [J]. 中国地质灾害与防治学报, 2017, 28(4): 47-52.

[76] Chen Jing, Yang Hao, Li Zhenhong, et al. Effect and economic benefit of precision seeding and laser land leveling for winter wheat in the middle of China[J]. Artificial Intelligence in Agriculture, 2022(6): 1-9.

[77] Blaikie P, Cannon T, Davis I, et al. At risk: natural hazards, people's vulnerability and Disasters[J]. Economic Geography, 1994, 2(4): 13-21.

［78］ K. A. Narayana. Assessment of land Parcel level planning with soil and water Parameters for enhancement of BiocaPacity in Gudiyattam block, Vellore District, Tamilnadu, India［J］. Materials Today Proceedings, 2020(37): 1449-1454.

［79］ Haifeng Wang, Yuanping Cheng, Liang Yuan. Gas outburst disasters and the mining technology of key protective seam in coal seam group in the Huainan coalfield［J］. Natural Hazards, 2013, 67(2): 763-782.

［80］ Bowen Wu. Study on Crack Evolution Mechanism of Roadside Backfill Body in Gob-Side Entry Retaining Based on UDEC Trigon Model［J］. Rock Mechanics and Rock Engineering, 2019, 52(9): 3385-3399.

［81］ Han Yakun, Zou Jingui, Lu Zhong, et. Ground Deformation of Wuhan, China, Revealed by Multi-Temporal InSAR Analysis［J］. Remote Sensing, 2020, 12(22): 3788.

［82］ Pablo Ezquerro, Matteo Del Soldato, Lorenzo Solari, Roberto Tomás, et. Vulnerability Assessment of Buildings due to Land Subsidence Using InSAR Data in the Ancient Historical City of Pistoia(Italy) ［J］. Sensors, 2020, 20(10): 2749.

［83］ Deniz Tuncay, Ihsan Berk Tulu, Ted Klemetti. Investigating different methods used for approximating pillar loads in longwall coal mines［J］. International Journal of Mining Science and Technology, 2021, 31(1): 23-32.

［84］ Zhu Jianjun, Xing Xuemin, Hu Jun et al. Monitoring of ground surface deformation in mining area with InSAR technique. The Chinese Journal of Nonferrous Metals. 2011, 21(10): 2564-2576.

图书在版编目（CIP）数据

大通煤矿沉陷区生态修复技术与实践/魏占玺等著.
--北京：应急管理出版社，2022
ISBN 978-7-5020-9547-5

Ⅰ.①大… Ⅱ.①魏… Ⅲ.①矿山环境—生态恢复—
研究—西宁 Ⅳ.①X322.244.1

中国版本图书馆 CIP 数据核字（2022）第 188021 号

大通煤矿沉陷区生态修复技术与实践

著　　者	魏占玺　谢飞鸿　曹生鸿　等
责任编辑	成联君　杨晓艳
责任校对	赵　盼
封面设计	于春颖

出版发行	应急管理出版社（北京市朝阳区芍药居 35 号　100029）
电　　话	010-84657898（总编室）　010-84657880（读者服务部）
网　　址	www.cciph.com.cn
印　　刷	北京建宏印刷有限公司
经　　销	全国新华书店

开　　本	787mm×1092mm 1/16	印张	18 1/2	字数	450 千字
版　　次	2022 年 9 月第 1 版　2022 年 9 月第 1 次印刷				
社内编号	20221228		定价	72.00 元	
